Ilja Bohnet | Thomas Naur

DAS RÄTSELHAFTE UNI

Ilja Bohnet | Thomas Naumann

DAS RÄTSELHAFTE UNIVERSUM

Die fundamentalen Fragen der modernen Wissenschaft

KOSMOS

Impressum

Umschlaggestaltung von Büro Jorge Schmidt, München, unter Verwendung einer Illustration von Getty Images/oxygen.

Mit 31 Schwarzweißabbildungen, darunter 28 Illustrationen von Sam Eadington. Abbildung Seite 152: Johannes Kepler/Mysterium Cosmographicum/Wikipedia; Seite 187: Shutterstock/Vit Smolek; Seite 228: Shutterstock/Hal_P

Unser gesamtes Programm finden Sie unter **kosmos.de.**
Über Neuigkeiten informieren Sie regelmäßig unsere Newsletter, einfach anmelden unter **kosmos.de/newsletter**

Gedruckt auf chlorfrei gebleichtem Papier

ISBN 978-3-440-17346-6
Redaktion: Sven Melchert
Gestaltung und Satz: DOPPELPUNKT, Stuttgart
Produktion: Ralf Paucke
Druck und Bindung: Friedrich Pustet GmbH & Co. KG, Regensburg
Printed in Germany/Imprimé en Allemagne

„Fragen beantworten ist Evolution.
Fragen stellen – Revolution.“

Dieses Buch widmen die Autoren einander.
Es wäre ohne ein ständiges Geben und Nehmen
weder entstanden noch fertig geworden.
Ilja Bohnet und Thomas Naumann

INHALT

9 Grußwort

12 Prolog

17 **TEIL 1: DAS WELTBILD DER PHYSIK**

17 **Die Welträtsel gestern und heute**

17 Was ist ein Welträtsel?

18 Welträtsel von der Antike bis zur Neuzeit

21 Die sieben Welträtsel zu Beginn der Moderne

24 **Die Physik um 1900**

24 Die klassische Physik

30 Widersprüchliches und Unerwartetes

34 Aufbruch in die Moderne: die Relativitätstheorie …

36 … und die Quantentheorie

40 **Der Makrokosmos und die Kosmologie**

40 Der Anfang der modernen Kosmologie

42 Das Standardmodell des Kosmos

47 Die Inflation – eine kühne Hypothese

54 Schwarze Löcher und Gravitationswellen

62 Die Struktur des Kosmos in Raum und Zeit

67 **Der Mikrokosmos und die Teilchenphysik**
67 Die Bausteine der Welt
80 Die Wechselwirkungen
91 Higgs-Feld und Higgs-Boson
101 Das Standardmodell der Teilchenphysik und seine Symmetrien

111 **TEIL 2: DIE SIEBEN WELTRÄTSEL HEUTE**
111 **Was sind Raum und Zeit?**
111 Raum und Zeit – Apriori des Denkens
112 Die Zeit
117 Der Raum
126 Einsteins spukhafte Fernwirkung

134 **Woraus besteht das dunkle Universum?**
134 Die Rolle der Teilchen
137 Dunkle Materie und dunkle Energie
146 Die skalare Ära

150 **Leben wir in der besten aller Welten?**
150 Die Harmonien der Welt
153 Hatte Gott eine Wahl?
155 Die Feinabstimmung der Naturkonstanten
164 Ist die Welt für uns gemacht?
169 Die Multiversums-Hypothese

178 **Was ist der Ursprung des Lebens?**
178 Das Leben aus dem Nichts
180 Die Grenzen des Determinismus
182 Chaos und Selbstorganisation
189 Was ist Bewusstsein?
193 Sind wir allein im Weltall?

199 **Gibt es ein Gesetz hinter den Dingen?**
199 Können wir Gesetze erkennen?
207 Was ist Wahrheit?
213 Gibt es eine Weltformel?
221 Warum ist etwas – und nicht etwa nichts?

224 **Ist Schönheit ein Kriterium der Wahrheit?**
224 Wahrheit und Schönheit
230 Ideal und Wirklichkeit
233 Schönheit und Hässlichkeit

240 **Was ist die Zukunft des Universums?**
240 Der Anfang vom Ende
243 Weltendämmerung

249 **Epilog**

255 **Danksagung**
255 **Literaturhinweise**
261 **Physikalische Einheiten**
263 **Originalzitate**
267 **Sach- und Personenregister**

GRUSSWORT

„Wir haben heute einen Meilenstein in unserem Verständnis von der Natur erreicht. Die Entdeckung eines Kandidaten für das Higgs-Boson öffnet uns den Weg für noch detailliertere Untersuchungen […] und wird wahrscheinlich Licht auf andere Geheimnisse unseres Universums werfen.“[1]

Prof. Dr. Rolf-Dieter Heuer in seiner Funktion als Generaldirektor des Europäischen Forschungszentrums für Teilchenphysik CERN in Genf anlässlich der Verkündung der Entdeckung des Higgs-Bosons am 4. Juli 2012

Dieser Tag wird mir immer im Gedächtnis bleiben. Frühmorgens betrat ich das Labor-Gelände des CERN und stieß sogleich auf eine große Schar Menschen: Wissenschaftlerinnen und Wissenschaftler, Techniker, Ingenieure, Studenten, Kolleginnen und Kollegen, Frauen und Männer aus aller Herren Länder, darunter sehr viele junge Menschen. Offenbar hatten sich die meisten von ihnen schon in der Nacht eingefunden – alle in erwartungsvoller Vorfreude auf die bevorstehende Verkündigung einer großen Entdeckung, eines Meilensteins in der Wissenschaftsgeschichte. Ich blickte in strahlende Gesichter, in denen eine unfassbare Spannung lag auf das, was nun kommen würde. Ich war auf dem Weg zum großen Hörsaal des CERN und lief quasi im Spalier der Menschen. Und obwohl völlig klar war, dass nicht alle Wartenden in den Hörsaal des Forschungszentrums hineingelassen werden konnten, gab es kein Gedränge oder Gewühl. Ob sie nun in den Hörsaal reinkommen würden oder weiter auf den Korridoren oder Eingängen ausharren müssten, einerlei, Dabeisein war alles. Und diesen Augenblick zu erleben, diese Stimmung zu spüren und diese Freude in den Gesichtern zu sehen, das war ein unglaublich schönes, ein berührendes wie faszinierendes Erlebnis für mich.

Als ich schließlich den Anfang der Menschenschlange erreicht hatte und endlich die Tür zum vollbesetzten Hörsaal öffnete, brach großer Jubel aus, als hätte ich persönlich das Higgs-Boson entdeckt. Dabei war ich doch lediglich der Überbringer einer frohen Botschaft. Die Menschen klatschten und jubelten. Es war ein Festtag. Für alle.

Fast 50 Jahre hatte es gebraucht, um von der theoretischen Vorhersage des Higgs-Felds, genauer des Brout-Englert-Higgs-Felds, bis zur experimentellen Verifikation, bis zur Entdeckung des Higgs-Bosons zu kommen. Und auch die eigentliche Entdeckung hatte viel Zeit beansprucht, bis sie spruchreif war. Es mussten erst etliche spannende Jahre des Betriebs am Large Hadron Collider (LHC) am CERN vergehen, mit Höhen und auch Tiefen, weil eine solche Teilchen-Maschine naturgemäß sehr anspruchsvoll ist, und sich zudem ein solches Signal, das die Existenz des Higgs-Bosons beweist, nur langsam aus den vielen Daten der LHC-Experimente herausschält. Bis zu jenem Tag der Verkündigung der Entdeckung, als die Analyse der Messungen die sogenannte Nachweisschwelle überschritten hatte, und damit klar war: Hier waren wir tatsächlich dem letzten Baustein des Standardmodells der Teilchenphysik auf die Spur gekommen.

Aber war es das jetzt? Kann die Physik damit als abgeschlossen gelten? Nein. Denn wie schon Alexander von Humboldt wusste: „Jedes Naturgesetz, das sich dem Beobachter offenbart, lässt auf ein höheres, noch unerkanntes schließen." Oder in anderen Worten: Mit jedem Erkenntnisgewinn eröffnen sich für uns neue Rätsel. Und genau das fasziniert mich so an der Forschung. Wir wissen inzwischen: Das Standardmodell der Teilchenphysik beschreibt nicht mal 5 % der Materie des Universums. Es wird höchste Zeit, dass wir die restlichen 95 % endlich verstehen lernen und in den Griff bekommen – eines der großen Welträtsel von heute, das unter anderem in dem vorliegenden Buch behandelt wird.

Dieses Buch besteht aus zwei Teilen. Im ersten skizzieren die Autoren das bisher erarbeitete physikalische Wissen, ausgehend von der klassischen Physik über die Relativitätstheorie bis hin zur Quantenphysik. Im zweiten Teil widmen sie sich den großen offenen Fragen und Rätseln, an denen die Naturwissenschaft heute arbeitet. Was für ein Bild von unserer Welt vermittelt uns die moderne Wissenschaft? Was wissen wir über das Allergrößte, den Makrokosmos, das Universum? Und was über die Welt des Allerkleinsten, den Mikrokosmos, die Elementarteilchen? Und vor allem: Vor welchen fundamentalen offenen Fragen und Rätseln steht die Physik heute beim Blick ins unendlich Große und ins unendlich Kleine? Wo liegen die Grenzen unseres Wissens? Sind sie unüberwindlich? Begleiten Sie die beiden auf ihrer Reise vom Mikrokosmos zum Makrokosmos und lassen Sie sich fesseln von den großen Rätseln, vor denen die Wissenschaft im 21. Jahrhundert steht.

Rolf-Dieter Heuer

PROLOG

Wir schauen heute in der Zeit zurück bis zum Anfang der Welt, dem Urknall. Wir blicken im Raum bis an den Rand des sichtbaren Universums, auf Galaxien, die über 13 Milliarden Lichtjahre von uns entfernt sind. Dieses Wissen ist elegant in zwei bewährten Modellen zusammengefasst: dem für die Physik des Allerkleinsten, der Teilchenphysik, und dem für die Physik des Allergrößten, der Kosmologie. Diese großartigen Gedankengebäude liefern uns ein geschlossenes Weltbild. Es erstreckt sich im Raum vom winzigen Elementarteilchen Proton mit einem Radius von 10^{-15} Metern (das sind 0,000.000.000.001 Millimeter) bis zum Radius des beobachtbaren Universums von 10^{26} Metern (100.000.000.000.000.000.000.000 Kilometer). Auch in der Zeit überblicken und untersuchen wir von Teilchenkollisionen von 10^{-24} Sekunden bis zum Alter des Kosmos von mehr als 10^{17} Sekunden (10 Milliarden Jahren) mehr als 40 Größenordnungen. Das ist eine bis vor Kurzem unvorstellbare Erweiterung des Horizonts unserer Erfahrungen und ein unerhörter Triumph menschlichen Denkens und Forschens.

Aber die aktuellen Erkenntnisse der Naturwissenschaften werfen zugleich neue, ungelöste Fragen auf, die rätselhaft und völlig ungeklärt sind. Sie schließen teilweise an Fragestellungen an, die schon die Naturphilosophen im antiken Griechenland rund 500 Jahre vor dem Beginn unserer Zeitrechnung und Forscher wie Emil du Bois-Reymond im 19. Jahrhundert stellten. Der unerklärte, im Verborgenen liegende

Teil unserer Welt scheint trotz der beeindruckenden Fortschritte der Naturwissenschaften nicht kleiner geworden zu sein. Im Gegenteil: Es ist der größere Teil unserer Welt, der sich einer Erklärung entzieht. Je mehr Wissen wir erlangen, desto mehr unbekanntes Territorium tut sich auf, desto rätselhafter wird die Welt.

Im ersten Teil des Buches rüsten wir uns für die Auseinandersetzung mit den Rätseln der Gegenwart und beschreiben zunächst den gesicherten Teil unseres Weltbildes und die Fundamente des Wissens, auf denen wir stehen. Dazu stellen wir zunächst die Welträtsel im Wandel der Zeit dar und unternehmen eine Reise durch die Wissenschaftsgeschichte mit ihren zahlreichen Umbrüchen und Paradigmenwechseln. Wir reisen dann durch Raum und Zeit, vom Urknall, als die Welt auf kleinstem Raum konzentriert war, bis in die Weiten des heutigen Universums. Wir dringen vom Mikrokosmos zum Makrokosmos vor, von den elementaren Teilchen bis zum gesamten Weltall. Weil der Kosmos im Moment seiner Geburt durch die Elementarteilchen und deren Felder geprägt war, schließt sich ein Kreis zwischen der Erforschung des Universums und den Bausteinen der Welt. In der Mitte zwischen den Extremen des Größten und des Kleinsten, zwischen Mikro- und Makrokosmos, liegen die Dimensionen des Lebens, das eine der in dem Buch diskutierten Fragestellungen aufwirft.

Im zweiten Teil diskutieren wir die sieben fundamentalen Welträtsel der heutigen Physik. Wie seinerzeit Emil du Bois-Reymond formulieren wir die Rätsel als prägnante Fragen, hinter denen sich umfangreiche Forschungsthemen auftun:

1. Was sind Raum und Zeit? Sie bilden die Fundamente und Bühne des physikalischen Geschehens.
2. Woraus besteht das dunkle Universum? Seit kurzem wissen wir, dass der größte Teil des Universums unsichtbar ist und aus dunkler Materie und dunkler Energie besteht, deren Natur uns jedoch noch völlig unklar ist.

3. Leben wir in der Besten aller Welten? Winzige Änderungen der Naturkonstanten schaffen ganz andere Universen. Sind diese denkbar? Was (oder wer) ist für diese Feinabstimmung verantwortlich?
4. Was ist der Ursprung des Lebens? Welche physikalischen Prinzipien können unbelebter Materie Leben einhauchen? Diese Frage stellte schon Emil du Bois-Reymond. Sie ist nach wie vor ungeklärt.
5. Gibt es ein Gesetz hinter allen Dingen? Diese Frage ist noch älter. Sie wurde schon von den alten Griechen gestellt. Gibt es die Naturgesetze nur in unserem Denken oder auch unabhängig von uns? Woher kommen die Gesetze, und wie prüfen wir, ob sie wahr sind?
6. Ist Schönheit ein Kriterium der Wahrheit? Diese Frage ist eng verknüpft mit der Frage nach dem Gesetz und den Voraussetzungen unserer Erkenntnis.
7. Was ist die Zukunft des Universums? Setzt sich der Urknall für immer fort? Brennen die Sterne ewig? Und wenn nicht – was ist ihr Schicksal? Hier wagen wir einen Ausblick auf die zukünftige Entwicklung des Universums.

Am Ende ziehen wir ein Resümee, fassen das heutige Weltbild zusammen und rekapitulieren die damit verbundenen großen Rätsel und fundamentalen Grenzen der heutigen Physik. Vor welchen Problemen steht die Wissenschaft der Gegenwart? Auf welche ungelöste Fragen sollten sich die Forscher im 21. Jahrhundert konzentrieren? Wie und wohin werden die Grenzen der Erkenntnis verschoben?

Auch wenn wir einzelne Wissenschaftler zitieren, muss uns bewusst sein: Physik ist die Leistung Vieler. Schon der große Isaac Newton bemerkte im 17. Jahrhundert: „Wenn ich weiter geblickt habe, so deshalb, weil ich auf den Schultern von Riesen stehe." Die Physik kennt weder nationale noch kulturelle, politische oder ideologische Grenzen. Auch ist sie keine Männersache. Es gab und gibt geniale

Frauen in der Physik wie Maria Mitchell, Henrietta Swan Leavitt, Marie und Irène Curie, Lise Meitner, Emmi Noether, Maria Goeppert-Mayer, Chien Shiung Wu, Donna Strickland oder Andrea Ghez. Physikerinnen nehmen heute einen festen Platz in der Wissenschaft ein. Wir verzichten jedoch in diesem Buch auf aktuelle Formen geschlechtergerechter Sprache, weil sie aus unserer Sicht die Lesbarkeit behindern und dem berechtigten Anliegen der Gleichberechtigung keinen Dienst erweisen. Wenn also im Folgenden von Physikern und Forschern gesprochen wird, sind immer sowohl Frauen als auch Männer gemeint. Und nun beginnen wir mit unserer Reise durch das rätselhafte Universum.

Die Erforschung des Kosmos vom Mikrokosmos zum Makrokosmos: von der winzigen Planckskala beim Urknall über Quarks, Kerne, Atome, Kristalle und den Menschen bis zu Planeten, Sternen, Galaxien und dem gesamten Universum.

TEIL 1

DAS WELTBILD DER PHYSIK

DIE WELTRÄTSEL GESTERN UND HEUTE

> *„Das Schönste und Tiefste, was der Mensch erleben kann, ist das Gefühl des Geheimnisvollen […] Es ist mir genug, diese Geheimnisse staunend zu ahnen und zu versuchen, von der erhabenen Struktur des Seienden in Demut ein mattes Abbild geistig zu erfassen."*
>
> ALBERT EINSTEIN, *MEIN GLAUBENSBEKENNTNIS* (1932)

Wir besprechen, was unter Welträtseln zu verstehen ist und untersuchen einige Welträtsel aus der Wissenschaftsgeschichte. Schließlich kommen wir zu den sieben Welträtseln des Emil du Bois-Reymond und stellen ihnen die großen Rätsel der heutigen Wissenschaft gegenüber.

Was ist ein Welträtsel?

Dieses Buch beschäftigt sich mit „Welträtseln". Darunter verstehen wir fundamentale Fragen an die Natur, die sich mit bestehenden Konzepten und Modellen der Naturwissenschaft nicht oder nicht befriedigend beantworten lassen. Es sind insofern Welträtsel, da sie sich auf die Welt als Ganzes beziehen, vom Kleinsten bis zum Größten, vom Mikrokosmos bis zum Makrokosmos, vom Elementarteilchen bis zum Universum – und damit auch uns betreffen, die wir in dieser Welt leben. Dazu gehören Fragen wie: Was sind Raum und Zeit? Wie und woraus ist unsere Welt entstanden? Was war vor dem Urknall? Gibt es etwas außerhalb dieser Welt? Was ist ihre Zukunft? Nach welchen Gesetzen funktioniert sie? Hätte unsere Welt auch anders entstehen können?

Der Begriff des Welträtsels ist nicht neu. Die Menschen waren zu allen Zeiten mit Phänomenen konfrontiert, die sie sich nicht erklären konnten. Ihre Antworten auf unbegreifliche Erscheinungen waren meist ganzheitlicher Art und eingebettet in den Rahmen ihres Weltbildes oder ihrer Religion. So stoßen Welträtsel außerhalb der Naturwissenschaften auch heute noch auf ein breites Interesse. Wir wenden uns in diesem Buch allerdings ausschließlich jenen zu, für die es wissenschaftlich überprüfbare Erklärungen geben muss. Dem Begriff der „Wahrheit“ in der Wissenschaft widmen wir deshalb ein gesondertes Kapitel.

Welträtsel von der Antike bis zur Neuzeit

Auch die Beschäftigung mit Welträtseln in einem strengeren wissenschaftlichen Sinn reicht weit in die Menschheitsgeschichte zurück. Bereits der griechische Gelehrte Aristoteles (384–322 v. Chr.) setzte sich mit ihnen auseinander. In seinem Hauptwerk *Physica* versucht er, die Welt mit physikalischen Gesetzen und mathematischen Methoden zu erklären. In seinem zweiten großen Werk *Metaphysica* begründet Aristoteles die Metaphysik, die auf das Studium der Physik und der Natur folgt und über ihr steht. Hier fragt Aristoteles nach den letzten grundlegenden Ursachen und Prinzipien der Welt – eine Frage, die an Aktualität nichts verloren hat. Über viele Epochen hinweg sollte Aristoteles der einflussreichste Naturforscher bleiben. Er ist wie die anderen antiken Philosophen davon überzeugt, man könne die Gesetze des Universums allein durch pures Nachdenken, durch Philosophieren entdecken. Entsprechend wenig fühlten sich Aristoteles und seine Anhänger bemüßigt, ihre Theorien durch Experimente zu überprüfen.

Erst Galileo Galilei führt um 1600 das Experiment als Grundlage naturwissenschaftlicher Forschung ein, wobei auch für ihn noch das Gedankenexperiment maßgeblich ist. Isaac Newton gelingt es schließlich 1687, in seinem Werk *Philosophiae Naturalis Principia Mathematica* Galileis Gesetze zur Bewegung irdischer Körper und Keplers Gesetze zur Planetenbewegung im Rahmen seiner Newtonschen Mechanik einheitlich zu beschreiben. Das revolutionär Neue daran war: Newtons Gesetze gelten „wie im Himmel, so auf Erden." Mit der Aufstellung seines Gravitationsgesetzes schafft Newton das erste universelle Kraftgesetz und damit eine umfassende Grundlage für eine Mechanik des Himmels und die klassische Physik. Dennoch kann Newton die Fernwirkung der Gravitation nicht erklären, also die Frage, wie sich die Wirkung der Schwerkraft von einem Körper auf einen anderen überträgt. Mit seinem berühmten Ausspruch „Hypotheses non fingo", ich erfinde keine Hypothesen, bleibt er ehrlich, indem er diese Frage offenlässt – und ein neues Welträtsel formuliert.

Ab dem 18. Jahrhundert, in der Zeit der Aufklärung, beginnen sich viele Philosophen mit erkenntnistheoretischen Aspekten der Naturforschung zu beschäftigen und Welträtsel zu formulieren. So der Schotte David Hume, der „das Ganze der Welt" für ein Rätsel hält und Naturwissenschaft bloß für eine Anhäufung von Wahrscheinlichkeiten. Oder die Deutschen Immanuel Kant und Arthur Schopenhauer, die vom „Ding an sich" sprechen, für das es keine sinnliche oder erfahrbare Anschauung gibt, und das sich einer naturwissenschaftlichen Erklärung entzieht.

Nach der Optik entsteht im 19. Jahrhundert die Elektrizitätslehre als neues physikalisches Teilgebiet. Und mit der Erforschung physikalischer Eigenschaften von Gasen und Flüssigkeiten wird durch die Wärmelehre die Grundlage für das aufkommende Zeitalter der Dampfmaschinen gelegt. Angesichts dieser rasanten Entwicklungen behauptet der Mathematiker Pierre-Simon Laplace, dass bei Kenntnis des genauen Ortes und Impulses aller Objekte im Universum die Zukunft wie die Vergangenheit aller Dinge exakt berechenbar seien. Dieser „Laplacesche Dämon" ist Ausdruck eines rigorosen mechanistischen und deterministischen Weltbilds. Er besagt, dass man bei genauer Kenntnis aller Gesetze und Vorbedingungen die Vergangenheit und Zukunft aller Prozesse exakt berechnen kann. Doch in der anschließenden Entwicklung der statistischen Mechanik und Thermodynamik spielt die Dialektik von Zufall und Notwendigkeit eine zunehmend wichtige Rolle, die den Dämon schließlich vertreibt.

Im Laufe des 19. Jahrhunderts werden epochale Erkenntnisse über den Aufbau der Materie gewonnen: Sämtliche Formen der Materie bestehen aus nur 92 chemischen Elementen. Wärme ist nichts anderes als die ungeordnete Bewegung von Atomen und Molekülen dieser chemischen Elemente. Elektrische, magnetische und optische Erscheinungen sind letztlich Ausdruck ein und desselben Phänomens, nämlich von elektromagnetischen Feldern, die durch elektrische Ladungen erzeugt werden und sich in Gestalt von Licht und anderen elektromagnetischen Wellen im Raum ausbreiten.

Mit Mechanik, Wärmelehre und Elektrodynamik findet die klassische Physik Ende des 19. Jahrhunderts ihren Abschluss. In der Biologie wird die Evolution des Lebens postuliert und bakterielles Leben entdeckt. Die Geologie bestimmt das Alter der Erde, die millionenfach älter ist, als es die Bibel beschreibt. Die Psychologie entdeckt die Seele des Menschen als Untersuchungsgegenstand. Es gibt auch Widersprüchliches oder Unerklärtes, doch die meisten Wissenschaftler jener Zeit glauben, dass die Wissenschaft alle Rätsel der Welt grundsätzlich zu erklären vermag.

Die sieben Welträtsel zu Beginn der Moderne

Mitten in dieser Zeit eines triumphalen Erkenntnisfortschritts hält 1872 der Physiologe Emil Heinrich du Bois-Reymond, Mitbegründer der Deutschen Physikalischen Gesellschaft (DPG) und enger Freund von Hermann von Helmholtz, eine Rede *Über die Grenzen des Naturerkennens* und beendet sie mit dem Ruf „Ignorabimus" – Wir werden es niemals wissen: „Es braucht nicht gesagt werden, dass der menschliche Geist von dieser vollkommenen Naturerkenntnis stets weit entfernt bleiben wird." In dieser Rede kritisiert er zwar die Reduktion der Naturerkenntnis auf reine Mechanik, sucht aber Antworten auf letzte Fragen in der Physik. Acht Jahre später formuliert er in einer weiteren Rede seine „Sieben Welträtsel", die bis zum heutigen Tag nicht als endgültig gelöst gelten können. Sie lauten:

1. Was ist das Wesen von Materie und Kraft?
2. Was ist der Ursprung der Bewegung? Er fragt hier nach dem ersten Anstoß der Welt. Heute würden wir fragen: Was hat den Urknall bewirkt?
3. Woher kommt das erste Leben?
4. Wieso ist die Natur anscheinend so absichtsvoll und zweckmäßig eingerichtet?

Diese vier Fragen werden wir im zweiten Teil des Buches aufgreifen. Die letzten drei der sieben Welträtsel du Bois-Reymonds liegen zunehmend außerhalb des Fokus unserer Diskussion:

5. Woher stammt die bewusste Empfindung in den unbewussten Nerven?
6. Woher kommen das vernünftige Denken und die Sprache?
7. Woher stammt der „freie", sich zum Guten verpflichtet fühlende Wille?

Letztere drei Fragen betreffen mehr oder weniger das Rätsel des Bewusstseins und eines bewussten und ethischen Handelns. Einige dieser Welträtsel waren für du Bois-Reymond „transzendent", einer rationalen Erkenntnis nicht zugänglich. Andere unter gewissen Voraussetzungen auflösbar. Obwohl wir nach fast 150 Jahren rasanter Entwicklung der Naturwissenschaften die Fragen heute etwas anders formulieren würden, ist es doch erstaunlich, dass die von du Bois-Reymond gestellten Grundfragen auch heute noch fundamentale Rätsel darstellen.

Emil du Bois-Reymond gilt trotz seines „Ignorabimus" nicht als Kulturpessimist. In seinen Schriften preist er die Naturwissenschaft als das „absolute Organ der Cultur" und betrachtet sie als den einzigen menschlichen Fortschritt und ihre Geschichte als die eigentliche Kulturgeschichte der Menschheit. Was jedoch die Aufklärung seiner Rätsel anbetrifft, bleibt du Bois-Reymond wenig zuversichtlich: „Der menschliche Geist kann es nicht weiterbringen, als bis zu einem schwachen Abbild des Laplaceschen Geistes. Da diesem dieselben Grenzen des Erkennens gezogen, dieselben Rätsel unlösbar bleiben würden, wie uns, so lautet unabänderlich und unerbittlich der Wahrspruch: *Ignorabimus.*"

Diese pessimistische Feststellung stieß damals in der von einem Erfolg zum nächsten eilenden Wissenschaft auf starke Gegenwehr und provozierte in der Öffentlichkeit eine heftige Kontroverse. Du Bois-Reymond kritisierte unverhohlen, dass „die Naturwissenschaft selber an manchen Punkten beim Philosophieren angelangt ist." Sein „Ignorabimus" führte schließlich zum Eklat. Die Gegenthese formulierte kurz darauf der Zoologe und Naturforscher Ernst Haeckel in seinem Werk *Die Welträtsel*. Um die Jahrhundertwende stand es in vielen bürgerlichen Haushalten des Kaiserreichs. Selbstbewusst verkündet Haeckel darin die baldige Entschlüsselung sämtlicher bis dato bekannter Welträtsel.

So mutet es aus heutiger Sicht nicht verwunderlich an, dass in jener Epoche der arrivierte Münchner Physik-Professor Philipp von Jolly einem sechzehnjährigen jungen Mann namens Max Planck davon abrät, seine Begabung an ein Physikstudium zu verschwenden, da in dieser Wissenschaft keine wesentlichen Entdeckungen mehr zu erwarten seien. Was alle damals nicht ahnen, weder Emil du Bois-Reymond noch Ernst Haeckel, weder von Jolly noch der junge Max Planck: dass der Wissenschaft gewaltige Erschütterungen bevorstehen, die das Weltbild der Physik aus den Angeln heben werden. Dafür sollte ausgerechnet Max Planck selbst sorgen. Und etwas später noch ein anderer junger Mann: Albert Einstein.

Resümee

Welträtsel begleiten die Menschen, seit sie versuchen, die Natur und ihre Umwelt zu verstehen – von Aristoteles über Newton bis Kant. Nachdem man am Ende des 19. Jahrhunderts glaubte, mit der klassischen Physik ein geschlossenes wissenschaftliches Weltbild geschaffen zu haben, zogen Emil du Bois-Reymond und Ernst Haeckel eine Bilanz und formulierten die Welträtsel ihrer Zeit. Mehr als ein Jahrhundert später fragen wir: Vor welchen Welträtseln und fundamentalen Fragen stehen wir heute?

DIE PHYSIK UM 1900

> *„Die wichtigsten fundamentalen Gesetze und Fakten der Physik sind bereits alle entdeckt.“*
>
> ALBERT A. MICHELSON, *LIGHT WAVES AND THEIR USES* (1903)

Zunächst erläutern wir die Grundsätze der klassischen Physik und ihre Widersprüche, die am Ende des 19. Jahrhunderts zunehmend erdrückender werden. Dann skizzieren wir den Aufbruch der Physik in die Moderne, der mit der Entdeckung unerwarteter Phänomene und der Formulierung von Relativitätstheorie und Quantentheorie einhergeht.

Die klassische Physik

Ende des 19. Jahrhunderts, als der Disput zwischen Emil du Bois-Reymond und Ernst Haeckel hinsichtlich der Grenzen der Erkenntnis entbrannte, war die Physik längst zu einer tragenden Säule der industriellen Revolution geworden. Mit der Mechanik, Thermodynamik und Elektrodynamik konnte sie einen Großteil der den Menschen umgebenden Welt erklären. Mehr noch, sie wies einen Weg in eine völlig neue Welt von Wärme, Strahlung und Elektrizität. Die drei Gebiete der klassischen Physik basieren auf streng deterministischen Theorien. Das Verhalten deterministischer Systeme ist vollständig durch ihre Anfangsbedingungen bestimmt, es lässt keinen Raum für Zufall. Im Folgenden wollen wir kurz die Konzepte der klassischen Physik beschreiben, aber auch auf Widersprüche hinweisen, die schon seinerzeit bekannt waren und nicht mehr ignoriert werden konnten.

Beginnen wir mit der klassischen Mechanik. Das ist der Zweig der Physik, der die Bewegung von Körpern unter dem Einfluss von Kräften beschreibt – zum Beispiel von Kreiseln oder Pendeln bis hin zur

Bewegung von Planeten um ihr Zentralgestirn. Sie basiert auf fundamentalen physikalischen Größen wie Raum, Zeit, Masse, Energie und Kraft. Die Grundlage der klassischen Mechanik bilden die drei Newtonschen Gesetze aus dem Jahr 1687. Das erste ist das Trägheitsprinzip, wonach Körper ihre Bewegungsrichtung oder Geschwindigkeit ohne Einwirkung einer äußeren Kraft nicht ändern. Das zweite Newtonsche Gesetz beschreibt den Zusammenhang zwischen der Kraft, die auf eine Masse wirkt und ihrer Beschleunigung: Kraft ist Masse mal Beschleunigung. Das dritte Gesetz besagt, dass jede Kraft eine gleich große, aber entgegengesetzte Gegenkraft erzeugt: Der Abschuss einer Kugel aus einer Kanone erzeugt einen gleich großen Rückstoß – das Prinzip von „Actio“ und „Reactio“.

Der englische Naturforscher Isaac Newton formuliert bald darauf das Gravitationsgesetz, wonach die Anziehungskraft zwischen zwei Körpern quadratisch mit ihrem Abstand abnimmt – bei Verdoppelung des Abstandes sinkt die Kraft auf ein Viertel des ursprünglichen Wertes. Mit diesem Kraftgesetz stellt er ein universelles Prinzip auf, das für die Planetenbewegung ebenso verantwortlich ist wie für den Apfel, der vom Baum fällt. Für Newton ist das Universum ein absoluter und unveränderlicher Raum. Die Zeit vergeht in diesem Raum überall und für jeden Beobachter immer gleichmäßig. Obwohl Newton die Gravitationskraft beschreiben kann, bleibt es für ihn rätselhaft, wie sie sich im Raum von einem Punkt zum anderen überträgt, also über Entfernungen wirkt.

In der Folgezeit entwickelten sich die Mathematik und die Physik Hand in Hand mit der Differential- und Integralrechnung wesentlich weiter. In der Zeit nach der Französischen Revolution diskutiert Laplace um 1814 den nach ihm benannten Dämon, der in Kenntnis aller Naturgesetze sowie der Lage und Impulse aller Objekte im Universum den Zustand der Welt von der Vergangenheit bis in alle Zukunft exakt berechnen und damit determinieren könne. Die Idee von einem solchen Dämon entsprang sowohl dem Erkenntnisoptimismus der Aufklärung als auch den neuen Fähigkeiten der Menschen, die Welt mit Physik und Mathematik zu erfassen. Sie war zugleich ein Versuch, einen allwissenden und allmächtigen Gott durch die menschliche Vernunft zu ersetzen und entsprach damit der atheistischen Tendenz jener Zeit.

Am Ende des 19. Jahrhunderts weist allerdings der französische Mathematiker Henri Poincaré nach, dass es selbst unter Annahme idealer Randbedingungen auch in der klassischen Mechanik nur in Ausnahmefällen stabile Lösungen gibt. Schon im Fall von drei miteinander wechselwirkenden Teilchen gibt es in der mathematischen Beschreibung des Systems im Allgemeinen keine eindeutige Lösung mehr. Es hängt von den Abständen und Impulsen der drei Massen ab, ob ein System stabil und vorhersagbar ist oder ob es in einen instabilen und chaotischen Zustand gerät. Eine beliebig kleine Störung kann zu völlig unterschiedlichem Verhalten des Systems führen. Das damit verbundene komplexe Verhalten ist nicht mehr durch eine geschlossene mathematische Lösung beschreibbar. Dieses Problem wurde noch lange von vielen Wissenschaftlern ignoriert, die an einem streng deterministischen Weltbild und dem Laplaceschen Dämon festhielten.

In dieser Zeit entwickelte sich die statistische Mechanik als mikroskopische Grundlage der Thermodynamik. Sie beschreibt die ungeordnete Bewegung von Atomen und Molekülen. Die klassische Thermodynamik verknüpft Eigenschaften der Materie wie Druck, Temperatur, Volumen, Wärme oder geleistete Arbeit und basiert auf den sogenannten Hauptsätzen der Thermodynamik.

Der erste Hauptsatz – der berühmte Satz von der Erhaltung der Energie – besagt, dass sich die Energie eines geschlossenen Systems nicht verändert. Hermann von Helmholtz beschreibt als Erster mathematisch und physikalisch korrekt, dass Energie weder vernichtet noch aus dem Nichts geschaffen werden kann, sondern sich lediglich von einer Energieform in eine andere umwandelt. Zum Beispiel mechanische Energie oder Wärme in elektrische Energie.

Der zweite Hauptsatz der Thermodynamik schränkt die spontan in der Natur ablaufenden Prozesse weiter ein. Er macht Aussagen über die Richtung des Wärmeflusses und dessen Folgen: Spontan fließt Wärme immer von warm nach kalt. Wie der erste Hauptsatz mit dem Begriff der Energie verknüpft ist, ist der zweite Hauptsatz mit dem Begriff der Entropie verbunden. Die Entropie ist ein Maß für die Unordnung eines Systems. Der Zustand der größten Entropie ist das maximale Chaos – die vollständige Unordnung und Durchmischung. Dagegen stellt die perfekte Ordnung, wie die Konzentration aller Atome an einem Ort oder die perfekte Trennung eines Systems in ein heißes und ein kaltes Untersystem, einen Zustand minimaler Entropie dar. In einem geschlossenen System kann die Entropie, also die Unordnung, aufgrund der höheren statistischen Wahrscheinlichkeit ungeordneter mikroskopischer Zustände nicht spontan abnehmen. Nur Prozesse, bei denen sich die Entropie nicht ändert, zum Beispiel das Schwingen eines Pendels, sind reversibel, also umkehrbar.

Nimmt die Entropie dagegen zu, sind die Prozesse irreversibel. So kann zwar ein Glas in tausend Stücke zerspringen, die Splitter werden sich aber spontan nicht wieder zu dem Glas zusammenfinden. Die Entropie des Splitterhaufens wird nicht abnehmen. Eine anschauliche Interpretation der Entropie findet sich in der Anzahl der Mikrozustände eines Systems, beispielsweise der Orte und Impulse von Atomen und Molekülen in einer Flüssigkeit oder in einem Gas. Der Zusammenhang zwischen der Wahrscheinlichkeit eines makroskopischen Zustands und seiner Entropie wird zuerst von Ludwig Boltzmann im Jahr 1877 erkannt. Demnach gibt es extrem viele Möglichkeiten, die Atome eines Gases in einem Volumen zu verteilen. Es ist aber äußerst unwahrscheinlich, dass sich alle heißen Atome an einem Ort und alle

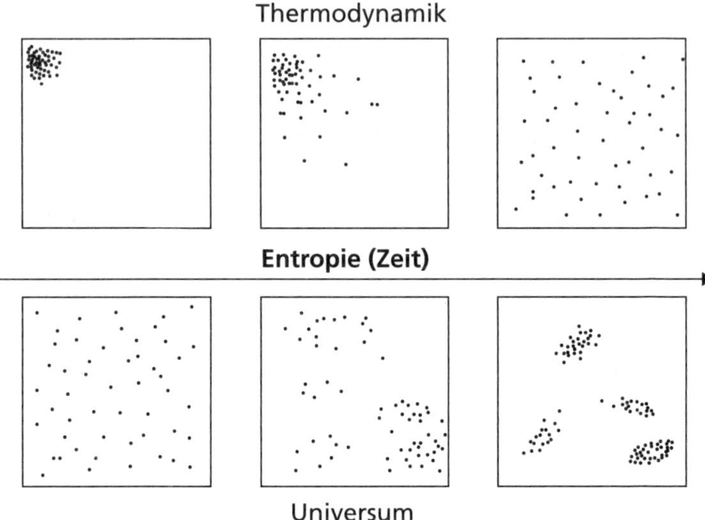

In einem abgeschlossenen System im thermodynamischen Gleichgewicht nimmt die Unordnung oder Entropie mit der Zeit zu (oder bleibt gleich). Im Universum nimmt die Unordnung unter dem Einfluss der Schwerkraft jedoch ab. Es strukturiert sich im Laufe von Milliarden Jahren in Galaxien, Sonnensystemen und anderen Objekten.

kalten an einem anderen Ort konzentrieren. Der wahrscheinlichste und damit stabile Zustand eines Systems ist also der mit der größten Unordnung, der maximalen Entropie des Systems.

Die klassische Thermodynamik beschreibt typischerweise ein thermodynamisches Gleichgewicht, den stabilen Zustand maximaler Unordnung. Doch in der Natur wird es genau dann interessant, wenn sich geordnete Zustände bilden, die instabil und nicht im Gleichgewicht mit ihrer Umgebung sind. Beispiele reichen von Wirbeln in der Erdatmosphäre über biologische Zellen bis hin zu ganzen Organismen. All diese Systeme sind offen und fern des thermodynamischen Gleichgewichts. Sie alle verwandeln Energie aus ihrer Umgebung in negative Entropie, um so die Ordnung ihrer Strukturen aufzubauen. Die Thermodynamik des Nichtgleichgewichts war aber am Ende des 19. Jahrhunderts noch wenig bekannt.

Parallel zur Thermodynamik entwickelte sich im 18. und 19. Jahrhundert die Physik des Elektromagnetismus. Obwohl für das Auge unsichtbar, finden Charles Augustin de Coulomb und später Michael Faraday und andere in ihren physikalischen Experimenten positive und negative elektrische Ladungen, zwischen denen die elektrische Kraft wirkt. Elektrische Ladungen können aufgenommen oder abgegeben werden. Eine Ladung erzeugt an jedem Punkt im Raum ein elektrisches Feld mit einer bestimmten Stärke und Richtung. Bewegte Ladungen verursachen einen elektrischen Strom. Es wurden jedoch bis heute keine isolierten magnetischen Ladungen gefunden.

Der Zusammenhang zwischen elektrischen und magnetischen Phänomenen ist wechselseitig: Jeder elektrische Strom erzeugt ein magnetisches Wirbelfeld. Umgekehrt erzeugt ein veränderliches Magnetfeld ein elektrisches Feld und damit eine Spannung. Veränderliche magnetische Felder sind also immer mit elektrischen Feldern und veränderliche elektrische Felder mit magnetischen Feldern gekoppelt. Beide können sich gemeinsam als elektromagnetische Welle im Raum ausbreiten. Auch Licht ist eine elektromagnetische Welle. Die Theorie der bewegten elektrischen Ladungen und der zeitlich veränderlichen elektrischen und magnetischen Felder wird Elektrodynamik genannt. Ihre Grundgleichungen wurden erstmals 1861 vom schottischen Physiker James Clerk Maxwell beschrieben.

Die Einführung des Feldbegriffs durch Maxwell gilt als einer der bedeutendsten Meilensteine der Physik des 19. Jahrhunderts und bildet den krönenden Abschluss der klassischen Physik. Doch an einem Problem der Elektrodynamik sollten sich die Wissenschaftler noch drei Jahrzehnte lang die Zähne ausbeißen: Woraus besteht das Medium, in dem sich die elektromagnetischen Wellen ausbreiten?

Widersprüchliches und Unerwartetes

Trotz der überragenden Erfolge der drei physikalischen Disziplinen klassische Mechanik, Thermodynamik und Elektrodynamik vermochten sie nicht alle bis dahin beobachteten Phänomene zu erklären, noch ließen sie sich innerhalb eines einheitlichen physikalischen Weltbilds zusammenführen. So hatten schon zu Beginn des 19. Jahrhunderts die deutschen Forscher Joseph von Fraunhofer, Robert Wilhelm Eberhard Bunsen und Gustav Robert Kirchhoff im Rahmen ihrer optischen Experimente mit Spektrometern die Abstrahlung und Aufnahme von Licht untersucht, also die Lichtemission und -absorption von Stoffen, und dabei Erstaunliches entdeckt. Sowohl Fraunhofers dunkle Absorptionslinien im Sonnenspektrum als auch die hellen Emissionslinien von Elementen wie Natrium waren so faszinierend wie unverstanden und im Rahmen der klassischen Elektrodynamik nicht zu erklären. Ebenso wenig konnten die Konzepte der Mechanik und Elektrodynamik sinnvoll miteinander vereint werden. Drei Schlüsselexperimente brachten schließlich das physikalische Weltbild um das Jahr 1900 ins Wanken. Auf sie wollen wir im Folgenden kurz eingehen.

Trotz aller Erfolge der Elektrodynamik war völlig unklar, was da eigentlich bei der Übertragung von elektromagnetischen Wellen schwingt. Jede mechanische Welle benötigt ein Medium. So pflanzt sich beispielsweise eine Wasserwelle in Wasser fort. Weshalb aber breiten sich elektromagnetische Wellen auch im Vakuum aus – in einem völlig leeren Raum? Welches Medium ist im Fall der elektromagnetischen Wellen dafür verantwortlich? Es blieb den Physikern damals nichts Anderes übrig, als das Konzept eines Äthers einzuführen – die Vorstellung von einem unendlich elastischen Medium, das den gesamten Raum erfüllt. Eine alles durchdringende Substanz, die an das fünfte Element von Aristoteles erinnerte – die „quinta essentia“, die Quintessenz, den Äther. Der Widerstand dieses Äthers gegenüber der Bewegung der Himmelskörper musste jedoch unmerklich klein sein, sonst hätte er den Lauf der Planeten mit der Zeit abgebremst. Zudem stellte sich die Frage, ob dieser ominöse Äther ruhte oder in Bewegung war. Gegen einen mitgeführten Äther sprachen optische Experimente wie Untersuchungen zur stellaren Aberration. Das ist die scheinbare Bewegung von Sternen um ihre wahre Position, die von der Geschwindigkeit des Beobachters auf der Erde abhängt.

Wenn der Äther aber ruhte, hieß das umgekehrt, dass die Geschwindigkeit der von Himmelskörpern ausgesandten elektromagnetischen Wellen aufgrund der Bewegung der Erde durch den Äther in verschiedenen Raumrichtungen unterschiedlich ausfallen musste. Je nachdem, ob die elektromagnetischen Wellen in Bewegungsrichtung der Erde ausgesandt wurden oder ihr entgegengesetzt, sollte die Geschwindigkeit des Lichts kleiner oder größer ausfallen. Denn selbstverständlich war davon auszugehen, dass sich die Geschwindigkeiten addieren – wie die eines Fahrgasts in einem Zug, die relativ zur vorbeiziehenden Landschaft größer ausfällt, wenn der Fahrgast in Fahrtrichtung des Zuges marschiert, und entsprechend kleiner, wenn der Fahrgast in entgegengesetzter Richtung läuft.

Zur Bestimmung der Lichtgeschwindigkeit relativ zur Bahngeschwindigkeit der Erde um die Sonne machten Albert A. Michelson und Edward W. Morley in den 1880er Jahren eine Reihe sorgfältig präparierter Experimente an verschiedenen Orten und zu verschiedenen Jahreszeiten. Zu ihrer großen Verblüffung zeigte sich dabei, dass die Lichtgeschwindigkeit unabhängig von der Orientierung zur Bewegungsrichtung der Erde stets konstant ist. Das war im Sinne einer mechanischen Wellenausbreitung in einem wie auch immer gearteten Äther nicht zu verstehen. Erst Albert Einstein sollte viele Jahre später diesen Gordischen Knoten der Erkenntnis zerschlagen. Wir kommen später darauf zurück.

Mehr oder weniger zeitgleich zu der erfolglosen Suche nach einem Äther ließen sich zum Schrecken der Physiker auch andere aktuelle

Messungen der elektromagnetischen Strahlung nicht im Rahmen der klassischen Elektrodynamik und Thermodynamik erklären. Das betraf zum Beispiel die Hohlraumstrahlung eines sogenannten Schwarzen Körpers. Ein Schwarzer Körper nimmt die auftreffende elektromagnetische Strahlung jeglicher Wellenlänge vollständig auf, während er gleichzeitig elektromagnetische Strahlung als Wärmestrahlung aussendet. Er befindet sich also im perfekten thermischen Gleichgewicht mit der ihn umgebenden elektromagnetischen Strahlung. Die Intensität der Wärmestrahlung hängt nur von der Temperatur des Schwarzen Körpers ab. Ein idealer Schwarzer Körper sollte nach der damaligen Vorstellung im thermischen Gleichgewicht kontinuierlich über alle Frequenzen und mit zunehmender Frequenz immer mehr Strahlung abgeben können, was bei beliebig hohen Frequenzen paradoxerweise zu einer unendlich hohen Abstrahlung führt.

Die Abhängigkeit der Leistung der elektromagnetischen Strahlung eines solchen Schwarzen Körpers von der Wellenlänge konnte lange nicht vom infraroten bis zum ultravioletten Licht durch eine Formel erklärt werden. Erst 1900 gelang es Max Planck, die Strahlungsleistung bei einer gegebenen Temperatur von großen bis zu kleinen Wellenlängen durch eine einheitliche Formel auszudrücken. Als Preis seiner kompakten Beschreibung musste er allerdings die Existenz einer kleinsten Wirkung als das Verhältnis der Energie eines Strahlers zu seiner Frequenz annehmen. Sie sollte später als Plancksches Wirkungsquantum nach ihm benannt werden.

Die Wirkung ist in der Physik das Produkt von Energie mal Zeit oder Länge mal Impuls. In der Mechanik bewegen sich Körper nach dem Prinzip der kleinsten Wirkung. Der Energieaustausch des Körpers mit der ihn umgebenden Strahlung konnte demnach nicht kontinuierlich erfolgen, sondern in Form kleinster diskreter Energiepakete, die später Quanten genannt wurden. Das war im Rahmen der klassischen Physik absolut unverständlich.

Auch ein drittes Experiment wurde über Jahrzehnte wiederholt und verfeinert, ohne dass es mit den Vorstellungen der klassischen Physik in Einklang zu bringen war. Das Experiment ging einher mit einer Reihe von Entdeckungen, die in eine ganz neue Richtung wiesen. Dies waren die Entdeckung der Röntgenstrahlen durch Conrad Wilhelm Röntgen 1895 und die nicht minder überraschende Entdeckung der Radioaktivität durch Henri Becquerel 1896. Kurz darauf entdeckte Joseph John Thomson 1897 in den sogenannten Kathodenstrahlen die Elementarladung des Elektrons, deren Existenz schon Hermann von Helmholtz vorausgesagt hatte. In diesem Zusammenhang wurden viele spannende Experimente gemacht. Dazu gehörten Messungen zum sogenannten photoelektrischen Effekt, bei dem Licht beim Auftreffen auf ein Material Elektronen freisetzt, die sich als Strom messen lassen. Die experimentellen Ergebnisse widersprachen allerdings auch hier den Vorstellungen des klassischen Elektromagnetismus. Dieser sagte nämlich voraus, dass eine Änderung der Lichtintensität die Energie der emittierten Elektronen verändern würde, weil das Licht kontinuierlich Energie auf Elektronen übertragen könne. Stattdessen zeigten die Messungen, dass Licht erst ab einer bestimmten Frequenz Elektronen aus dem Material herauslöst – unabhängig von der Intensität des Lichts oder der Dauer der Belichtung. Im selben Jahr 1905, in dem er seine Spezielle Relativitätstheorie veröffentlichte, schlug Albert Einstein vor, dass Licht aus Teilchen besteht, den sogenannten Photonen, die eine gequantelte Energie besitzen. Er griff Plancks Strahlungsformel auf und schlussfolgerte, dass die Energie des Lichts das Produkt aus seiner Frequenz und Plancks Wirkungsquantum ist.

Die Experimente von Michelson und Morley zur Lichtgeschwindigkeit wie auch die Untersuchungen der Schwarzkörperstrahlung und die Messungen zum photoelektrischen Effekt deckten innere Widersprüche der alten Physik auf. Diese drei Schlüsselexperimente öffneten zusammen mit der Entdeckung des Elektrons, der Röntgenstrahlung und der Radioaktivität das Fenster in eine bis dahin unbekannte Welt. Sie ebneten den Weg zur Entwicklung zweier bahnbrechender Theorien, die unser modernes physikalische Weltbild bestimmen: die Relativitätstheorie und die Quantentheorie.

Aufbruch in die Moderne – die Relativitätstheorie …

Mehr als drei Jahrzehnte hatten die Physiker versucht, den Äther als Trägersubstanz der elektromagnetischen Wellen und als besonderes, absolutes Bezugssystem nachzuweisen. Weshalb aber ist die Lichtgeschwindigkeit unabhängig von der Bewegungsrichtung der Erde im Weltall stets konstant? 1887 formulierte der niederländische Physiker Hendrik Lorentz dazu einen ersten Lösungsansatz – die später nach ihm benannte gleichzeitige Transformation von Raum und Zeit. Dabei handelt es sich um eine Umrechnung von einem Koordinatensystem in Raum und Zeit in ein anderes, das sich relativ zu ersterem mit konstanter Geschwindigkeit bewegt. Lorentz stellte zwar damit die Existenz eines Äthers nicht in Frage, löste sich aber bereits von der Newtonschen Vorstellung eines absoluten Raums. Neben der vom Bezugssystem unabhängigen Konstanz der Lichtgeschwindigkeit versuchte er mittels der heute nach ihm benannten Transformationen auch die Symmetrien in den Gleichungen des Elektromagnetismus zu verstehen. Aber erst 1905 schuf Albert Einstein mit seiner Speziellen Relativitätstheorie eine logisch widerspruchsfreie Formulierung der Elektrodynamik. Sie beruht auf der Erkenntnis, dass die Lichtgeschwindigkeit universell ist und eine nicht überschreitbare Grenze für die Ausbreitung von Kräften und Feldern darstellt. Hier folgte der Theoretiker Einstein strikt der Beobachtung aus dem Experiment. Diese Feststellung hat allerdings Konsequenzen, die unserer Alltagserfahrung widersprechen und auch die klassische Physik in ihren Grundfesten erschüttert: Es gibt kein besonderes Bezugssystem – und damit keinen Äther.

Einsteins Postulate lassen sich mit Hilfe der Lorentz-Transformationen miteinander in Einklang bringen. Diese transformieren zugleich Raum und Zeit von einem Koordinatensystem in ein anderes. Deshalb gibt es weder eine absolute Zeit noch einen absoluten Raum und auch keine universelle, globale und absolute Zeit und Gleichzeitigkeit. Genau wie die elektromagnetischen Felder existieren physikalische Bezugssysteme und damit auch Raum und Zeit nicht absolut und global, sondern nur relativ und lokal. Raum und Zeit sind in einer Raumzeit vereint. Beim Übergang von einem zu einem anderen System müssen sie mit der Lorentz-Transformation ineinander überführt werden. Daraus folgt unter anderem die Äquivalenz von Energie E und Masse m, Einsteins berühmte Formel $E = mc^2$ mit der Lichtgeschwindigkeit c als Umrechnungsfaktor.

In der Allgemeinen Relativitätstheorie geht Einstein 1915 wesentlich weiter. Darin behauptet er, dass Masse die Raumzeit krümmt und umgekehrt die Bewegung der Massen der Krümmung der Raumzeit folgt, dass Gravitation oder Schwerkraft also die Wirkung der Krümmung der Raumzeit durch Masse ist. Die Aussagen der Allgemeinen Relativitätstheorie sind formal ähnlich der klassischen Elektrodynamik: Während dort beschleunigte Ladungen elektromagnetische Wellen aussenden, senden im Fall von Gravitation beschleunigte Massen Gravitationswellen aus. Beide breiten sich mit Lichtgeschwindigkeit aus.

Der Nachweis der Ablenkung des Lichts aus dem Universum während der totalen Sonnenfinsternis am 29. Mai 1919 durch die Engländer Arthur Stanley Eddington und Frank Dyson ist der erste direkte Beweis für die Richtigkeit von Einsteins Theorie und stellt einen Meilenstein der Wissenschaftsgeschichte dar. Die Allgemeine Relativitätstheorie wird zum Fundament der modernen Kosmologie und der Beschreibung des Makrokosmos. Fast einhundert Jahre später, im Jahr 2015, werden erstmals Gravitationswellen direkt nachgewiesen.

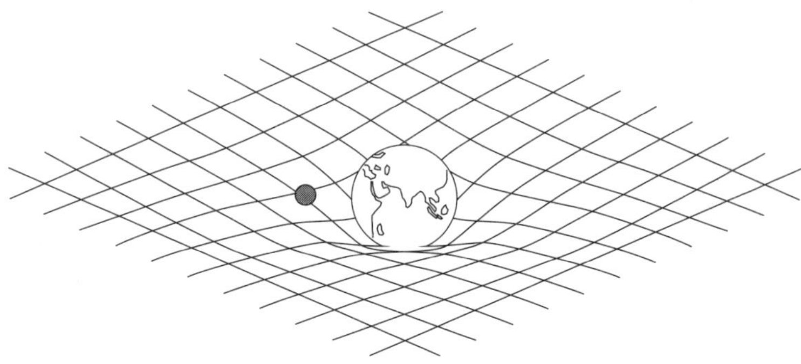

Die Deformation der Raumzeit durch Massen.

... und die Quantentheorie

Zwar rüttelte der Verlust der Vorstellung vom absoluten Raum und absoluter Zeit heftig an den Grundfesten des Weltbildes der Menschen des 19. Jahrhunderts, dennoch ist die Relativitätstheorie noch streng deterministisch. Der eigentliche Bruch mit der klassischen Physik vollzieht sich erst mit der Entwicklung der Quantentheorie und ihrer Beschreibung des mikroskopisch Kleinen im Bereich der Moleküle, Atome, Atomkerne und Elementarteilchen.

Mit Max Plancks Charakterisierung der Hohlraumstrahlung beziehungsweise Schwarzkörperstrahlung und Albert Einsteins Erklärung des Photoeffekts zeigt sich, dass sich Größen wie die Energie im atomaren Bereich nur in sprunghaften, gequantelten Schritten verändern. Diese diskreten Zustandsänderungen bilden auch die Grundlage des von Niels Bohr in den 1920er Jahren beschriebenen und nach ihm benannten Atommodells. Die möglichen Zustände eines Quantenteilchens werden durch Quantenzahlen gekennzeichnet, die in der Dynamik eines Quantensystems erhalten bleiben und in wohldefinierten Werten vorliegen.

Das können seine Energie, sein Drehimpuls, seine Ladung oder Symmetrieeigenschaften sein. Die Quantelung der Energie und anderer physikalischer Größen ist eine Vorstellung, die in der klassischen Mechanik nicht auftaucht. Ebenso neu ist der Welle-Teilchen-Dualismus atomarer Objekte: Mikroskopische Teilchen sind beides zugleich – Welle und Teilchen. Zwar gelten auch im Mikrokosmos nach wie vor die Gesetze von der Erhaltung des Impulses, Drehimpulses und der Energie, doch muss die Quantentheorie auf eine exakte Beschreibung der Zustände atomarer Teilchen im Sinne der klassischen Mechanik verzichten. Der Zustand eines mikroskopischen Systems ist nur über Wahrscheinlichkeiten beschreibbar. Damit gibt die Quantentheorie auch den strengen Determinismus der klassischen Physik auf, wonach physikalische Ereignisse durch ihre Vorgeschichte eindeutig bestimmt sind.

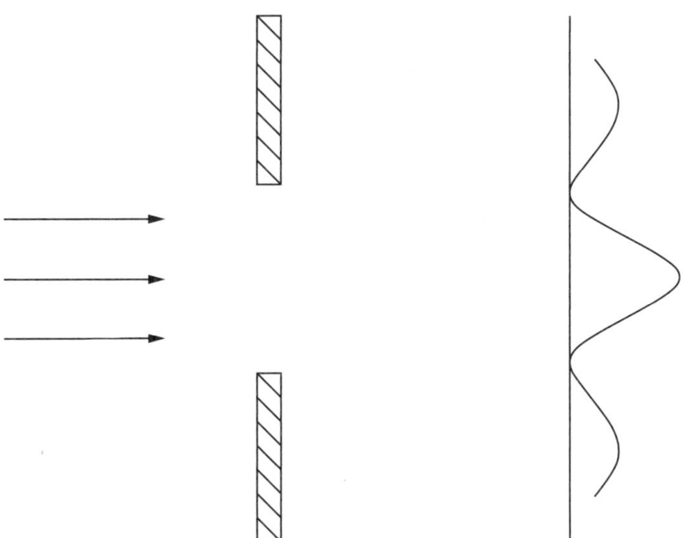

Ein Elektronenstrahl tritt durch eine Blende und erzeugt auf einem Schirm die Intensitätsverteilung einer gebeugten, ebenen Welle.

Diesen Verlust von klassischem Determinismus und Realität konnte und wollte Einstein nicht akzeptieren. In einem Brief an Max Born, einen der Mitbegründer der Quantentheorie, schrieb er 1926: „Die Quantenmechanik ist sehr Achtung gebietend. Aber eine innere Stimme sagt mir, dass das noch nicht der wahre Jakob ist. Die Theorie liefert viel, aber dem Geheimnis des Alten bringt sie uns kaum näher. Jedenfalls bin ich überzeugt, dass der Alte nicht würfelt." Dieses Zitat von Einstein wird oft verkürzt zu dem Bonmot „Gott würfelt nicht."

Die Arbeit an der Quantentheorie führte weiter zu Heisenbergs Unschärferelation, wonach komplementäre Eigenschaften eines atomaren Teilchens wie sein Ort und sein Impuls oder seine Energie und seine Zeit nicht gleichzeitig beliebig genau bestimmbar sind. Unschärfe als Naturprinzip – für die Anhänger der klassischen Physik eine unerträgliche Vorstellung.

Wichtige Akteure wie Louis de Broglie, Erwin Schrödinger, Werner Heisenberg und Niels Bohr entwickelten die Quantentheorie schrittweise weiter. Sie wird zur Grundlage für die Physik der Atome, in denen die negativ geladenen Elektronen der Atomhülle um den positiv geladenen Atomkern kreisen. Sie erklärt die Stabilität des Atoms sowie die Struktur seiner Hülle und liefert damit die Grundlage für die Chemie und die Systematik des Periodensystems der Elemente. Paul Dirac erschafft kurz darauf eine Quantentheorie des relativistischen Elektrons. In den folgenden Jahrzehnten beziehen Richard Feynman und andere im Rahmen der Quantenfeldtheorie auch die elektromagnetischen Felder in die Quantentheorie ein. Das führt zur Entwicklung der Quantenelektrodynamik. Diese gilt inzwischen als die am besten geprüfte physikalische Theorie überhaupt.

Die Quantentheorie ist die Grundlage für die Physik des Allerkleinsten – von der Physik der Moleküle und Atome über die Kernphysik bis zur Elementarteilchenphysik. Auch die Festkörperphysik, Laserphysik, Quantenoptik und die Plasmaphysik sowie die Elektronik und damit auch die Computertechnik beruhen auf der Quantentheorie. Trotz dieser eindrücklichen Erfolgsgeschichte ist es jedoch bisher nicht gelungen, die Quantentheorie mit der Allgemeinen Relativitätstheorie zu einer Theorie der Quantengravitation zu vereinigen. Wir kommen darauf zurück.

Resümee

Wir haben in diesem Kapitel die klassische Physik und ihre Widersprüche besprochen. Bereits das Dreikörperproblem in der klassischen Mechanik sprengt die Grenzen des Determinismus. Gemäß dem zweiten Hauptsatz der Thermodynamik kann in einem geschlossenen System die Unordnung nicht abnehmen. Nur in offenen Systemen und fernab des Gleichgewichts kann unter Zufuhr von Energie Ordnung entstehen. Die klassische Elektrodynamik kann nicht erklären, in welcher Substanz sich die elektromagnetischen Wellen ausbreiten und erfindet zur Erklärung einen mysteriösen Äther.

Zu diesen Widersprüchen kommen am Ende des 19. Jahrhunderts drei im Rahmen der klassischen Physik nicht erklärbare Schlüsselexperimente hinzu, nämlich die zur Lichtgeschwindigkeit in der Elektrodynamik, zur Hohlraumstrahlung in der Thermodynamik und zum Photoeffekt auf dem neuen Gebiet der Quantenphysik. Völlig unerwartet werden zu dieser Zeit das Elektron, die Röntgenstrahlung und die Radioaktivität entdeckt.

Schließlich macht Albert Einstein mit seiner Relativitätstheorie den Äther überflüssig und führt die Einflussnahme von Massen auf die Raumzeit und umgekehrt ein. In der Mikrowelt bilden Max Plancks Quantelung der Strahlungsenergie und Einsteins Erklärung des Photoeffekts durch Lichtquanten die Basis für die Entwicklung der Quantentheorie. Diese zwei neuen physikalischen Disziplinen werden bald darauf zur Grundlage der Kosmologie und Teilchenphysik.

DER MAKROKOSMOS UND DIE KOSMOLOGIE

„Und Gott sprach: Es werde Licht! Und es ward Licht.“

GENESIS (BIBEL)

Zuerst skizzieren wir die Entstehung der modernen Kosmologie als Lehre vom Weltall als einem einheitlichen Ganzen. Nach Einführung des Standardmodells der Kosmologie präsentieren wir einige interessante Hypothesen, wie sich der Urknall ereignet haben könnte. Schließlich beschreiben wir Schwarze Löcher, Gravitationswellen und die Strukturen des Kosmos in Raum und Zeit.

Der Anfang der modernen Kosmologie

Ein entscheidender Moment in der Entwicklung der modernen Kosmologie war Einsteins Formulierung der Allgemeinen Relativitätstheorie im Jahre 1915. Zwar war die Astronomie, also die Stern- und Himmelskunde, bereits zu diesem Zeitpunkt weit entwickelt, aber damals waren nur unsere eigene Galaxis, die Milchstraße, und ihre nähere Umgebung bekannt. Was heute häufig vergessen wird: Einstein musste davon ausgehen, dass unser Universum statisch, also in Raum und Zeit unveränderlich ist. Das kosmologische Prinzip besagt zudem, dass das Universum auf großen Skalen homogen und isotrop ist, dass also die Verteilung der Materie überall und in allen Raumrichtungen im Wesentlichen gleich ist.

Einstein war bei der Formulierung seiner Allgemeinen Relativitätstheorie mit einem Problem konfrontiert: Die Schwerkraft ist stets anziehend, sodass sich ihre Wirkung über alle Massen im Universum summiert. Weshalb bricht unser Universum dann nicht unter der Wirkung der ausschließlich anziehenden Schwerkraft zusammen? Einstein musste in seiner Gleichung einen solchen Gravitationskollaps des Universums unterbinden. Das gelang ihm nur, indem er eine neue Konstante einführte, eine fiktive Gegenkraft, die der Gravitation entgegenwirkt – die sogenannte kosmologische Konstante.

Knapp ein Jahrzehnt nach der Formulierung der Allgemeinen Relativitätstheorie entdeckte der Astronom Edwin Hubble in den USA, dass sich Galaxien umso schneller von uns wegbewegen, je weiter sie von uns entfernt sind. Das war eine sensationelle Entdeckung. Der belgische Priester und Physiker Georges Lemaître schloss 1927 aus Einsteins Relativitätstheorie, dass unser Universum nicht statisch ist, sondern expandiert. Wenn wir diese Expansion zeitlich zurückverfolgen, gelangen wir zurück bis zum Ursprung unserer Welt, zu einem Zeitpunkt vor 13,8 Milliarden Jahren, als das Universum in einem unvorstellbar winzigen Volumen konzentriert war und explodierte – zum Urknall. Nach Hubbles sensationeller Entdeckung strich Einstein die kosmologische Konstante wieder aus seinen Gleichungen. Der Kosmologe George Gamow, einer der frühen Verfechter der Urknall-Hypothese, berichtete später, Einstein selbst habe seine Konstante einmal als seine „größte Eselei" bezeichnet. Die Expansion beim Urknall stellt eine der anziehenden Gravitation entgegengesetzte Bewegung des Universums dar. Ihre Stärke wird im Standardmodell der Kosmologie durch den sogenannten Hubble-Parameter beschrieben. Dieser variiert mit der Zeit und hat nur zu einem bestimmten Zeitpunkt einen festen Wert. Die Hubble-Konstante stellt dementsprechend seinen heute gemessenen Wert dar.

Einen weiteren Beweis für den Urknall lieferten 1964 die amerikanischen Physiker Arno Penzias und Robert Woodrow Wilson. Sie entdeckten an den Bell-Laboratorien mit einer großen Hornantenne eine das ganze Universum erfüllende isotrope Hintergrundstrahlung im Mikrowellen-Bereich mit einer Temperatur von 2,7 Kelvin. Sie lässt sich als Relikt der ursprünglich extrem heißen Strahlung des Urknalls deuten, als eine Art Nachglühen.

Das Standardmodell des Kosmos

Mit dem zunehmenden Wissen über den Urknall und die Entwicklung der Sterne und Galaxien entstand erstmals die Vorstellung eines zeitlich veränderlichen Kosmos, der einer Evolution unterliegt. Die Expansion eines homogenen und isotropen Universums wird durch die von dem russischen Mathematiker und Physiker Alexander Alexandrowitsch Friedmann im Jahr 1922 entwickelte und nach ihm benannte Friedmann-Gleichung beschrieben. Sie stellt eine Vereinfachung der Einsteinschen Feldgleichungen der Allgemeinen Relativitätstheorie dar und bildet das Rückgrat der modernen Kosmologie. Wichtiger Ansatz darin ist, die Energieerhaltung im expandierenden Universum zu garantieren und das Konzept einer kritischen Dichte einzuführen. Unterstützt wird diese Vorstellung durch Experimente an Teilchenbeschleunigern, an denen Bedingungen, wie sie unmittelbar nach dem Urknall herrschten, im Labor erzeugt werden. Demnach bestand das Universum kurz nach dem Urknall aus einer heißen „Ursuppe" aus Elementarteilchen, auf die wir im nächsten Kapitel noch zurückkommen werden.

Im 20. Jahrhundert wurden zwei weitere Entdeckungen gemacht, die für die Kosmologie äußerst bedeutsam sind. Zunächst zeigte sich, dass die für uns sichtbare Materie im Universum nur einen kleinen Teil der gesamten Materie ausmacht, dass der überwiegende Teil der Materie aber für uns dunkel und unsichtbar ist. Bereits 1933 schloss der Astronom Fritz Zwicky in den USA aus der Bewegung von Galaxien in Galaxienhaufen auf die Existenz dunkler Materie. Detailliertere Hinweise auf dieses Phänomen entdeckten die Astrophysiker Vera Rubin und Kent Ford Mitte der 1960er Jahre. Diese dunkle Materie wurde bisher nur indirekt nachgewiesen: über die Dynamik von Sternen in Galaxien, von Galaxienhaufen, die Strukturbildung im Kosmos oder aus ihrer Wirkung als Gravitationslinsen. Denn dunkle Materie wechselwirkt mit uns nicht elektromagnetisch, sondern nur über die Schwerkraft. Sie stellt einen neuen Typ von bislang unbekannter Materie dar. Außerdem entdeckten zwei Forschergruppen aus den USA und Australien um Brian Schmidt, Saul Perlmutter und Adam Riess im Jahr 1998, dass sich die Expansion des Universums seit etwa dem halben Alter des Universums, also seit knapp sieben Milliarden Jahren, zu beschleunigen scheint. Dafür erhielten die Forscher 2011 den Physik-Nobelpreis. Die Ursache dieser Beschleunigung der Expansion des Universums ist bis heute rätselhaft und wird einer mysteriösen „dunklen Energie" zugeschrieben.

Es gibt jedoch auch kritische Stimmen, die andere Erklärungen suchen. Zu nennen wäre beispielsweise der Astrophysiker Subir Sakar von der Universität Oxford, der anhand von astrophysikalischen Beobachtungen das kopernikanische Prinzip in Zweifel zieht. Dieses Prinzip besagt, dass der Mensch keine spezielle, herausgehobene, sondern eine typische Stellung im Kosmos einnimmt. Sakar vermutet, dass es in unserer Region des Kosmos einen großräumigen Fluss der Materie gegen den kosmischen Mikrowellenhintergrund gibt, der eine beschleunigte Expansion vortäuscht. Weiterhin sollte man erwähnen, dass es neben Einsteins kosmologischer Konstante auch flexiblere Erklärungen mit einem zeitabhängigen und dynamischen kosmologischen Term gibt, der oft als Quintessenz bezeichnet wird. Auch darauf kommen wir zurück.

Mit Einführung der dunklen Materie und der dunklen Energie in die moderne Kosmologie lässt sich die Entwicklung unseres Universums in drei Phasen einteilen: Kurz nach dem Urknall wird das Universum von Strahlung in Form von Photonen und anderen Teilchen dominiert, deren Masse gegenüber ihrer Energie vernachlässigbar ist. Bei der weiteren Expansion des Universums verringert sich die Energiedichte schneller als die Materiedichte, sodass etwa 50.000 Jahre nach dem Urknall die Nukleonen, also Protonen und Neutronen, sowie die dunkle Materie die Energiedichte im Universum dominieren. Auf die strahlungsdominierte Ära der kosmischen Entwicklung folgt also eine materiedominierte. In den folgenden etwa fünf Milliarden Jahren der Expansion des Universums verringert sich jedoch die Materiedichte im Universum stetig weiter, während die dunkle Energie zunimmt und gegenüber der sichtbaren und der dunklen Materie zu dominieren beginnt. Sie macht gegenwärtig knapp zwei Drittel der Energiedichte des Universums aus. Ein materiedominiertes Universum war also nur eine – wenn auch für die Strukturbildung im Universum entscheidende – Episode in der kosmischen Geschichte.

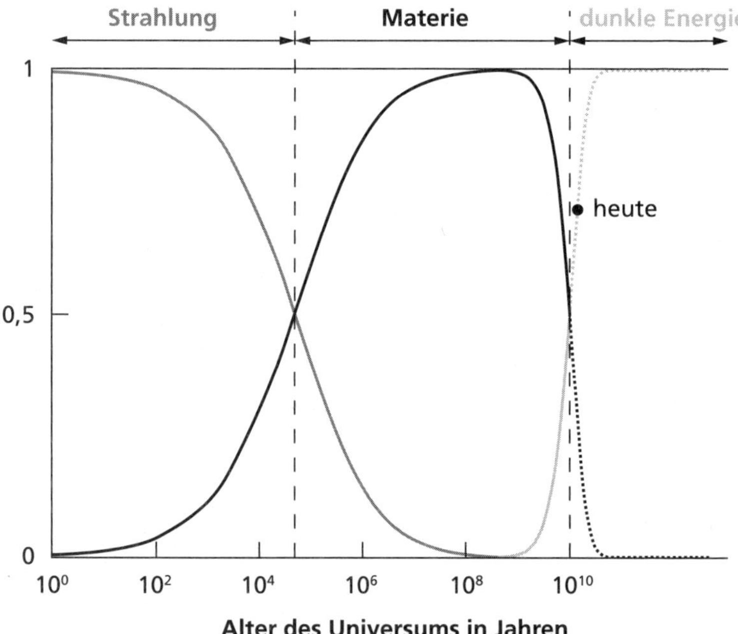

Die zeitliche Entwicklung des Inhalts des Universums. Die ersten etwa 50.000 Jahre nach dem Urknall war das Universum heiß und von Strahlung dominiert. Danach bildete Materie den Hauptteil seines Inhalts. Seit einigen Milliarden Jahren beginnt aber die mysteriöse dunkle Energie, Inhalt und Schicksal des Universums zu dominieren.

Einsteins Allgemeine Relativitätstheorie enthält noch eine weitere Komponente, die für die Beschreibung des Kosmos wesentlich ist, die sogenannte Krümmung des Raums. Eine positive Krümmung bedeutet, dass sich Parallelen im Endlichen schneiden. Wie lässt sich das veranschaulichen? Am Äquator der Erde verlaufen die Längengrade parallel. Wegen der Krümmung der Erdoberfläche schneiden sie sich aber an den Polen. Eine negative Krümmung des Universums wiederum bedeutet, dass gedachte parallele Linien im Endlichen auseinanderlaufen. Eine Krümmung von Null bedeutet schließlich, dass sie wie auf einer Ebene stets parallel verlaufen. Die tatsächliche Krümmung des Universums war lange experimentell schlecht zu bestimmen. Nach sehr genauen Vermessungen der kosmischen Hintergrundstrahlung durch das Planck-Weltraumteleskop und der sogenannten „baryonischen akustischen Oszillationen" wissen wir heute, dass diese Krümmung des leeren Raums fast genau null beträgt.

Diese Oszillationen sind Dichteschwankungen der Materie, die sich im frühen Universum durch das Wechselspiel von Gravitation und Strahlungsdruck ausgebildet haben. Ein Universum ohne Krümmung bedeutet, dass es zurzeit nicht in sich geschlossen ist, sondern mit einer schwer zu erklärenden Präzision euklidisch, also flach. Die Krümmung des Universums ist gekoppelt an seine Zusammensetzung: an die Anteile der Dichte von dunkler Materie, sichtbarer Materie, Strahlung und dunkler Energie. Wie bereits erwähnt, haben sich diese Anteile im Laufe der Zeit dramatisch verändert. Es gibt daher keinen Grund, dass die Krümmung des Universums gerade heute den Wert null hat. In früheren Phasen des Universums war sie definitiv ungleich null, und in ferner Zukunft dürfte sie sich ebenfalls von null unterscheiden. Dass die Krümmung aber derzeit nahe null ist, hat für uns lebenswichtige Konsequenzen. Sie schafft in der Evolution des Kosmos eine Phase der Stabilität und ermöglicht damit die Bildung komplexer Strukturen. Wir kommen später noch darauf zu sprechen.

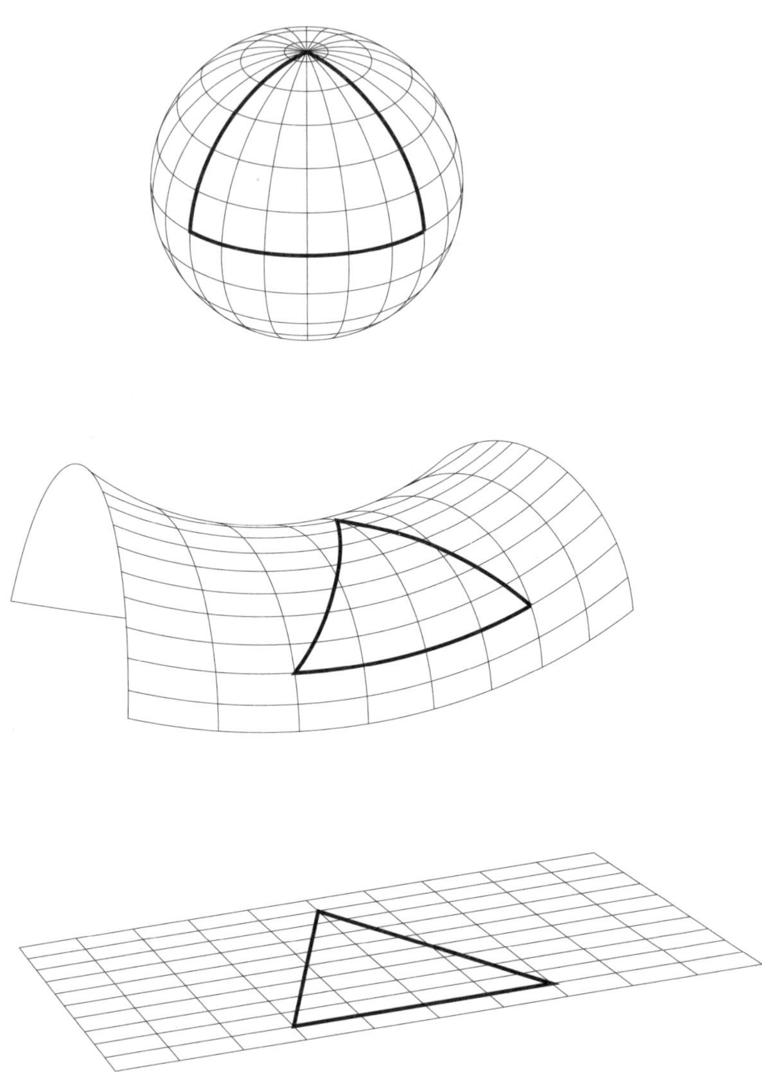

Zweidimensionale Modelle für die Krümmung des Universums: Unten ein flaches, euklidisches Universum ohne Krümmung und oben ein geschlossenes Universum mit positiver Krümmung. In der Mitte ein offenes Universum mit negativer Krümmung.

Fassen wir zusammen: In das Standardmodell der Kosmologie fließen die Hubble-Konstante als Maß für die Geschwindigkeit der kosmischen Expansion, die Anteile von dunkler und sichtbarer Materie und dunkler Energie, die Krümmung des Universums sowie einige wenige weitere Parameter ein. Das Modell wird auch Lambda-CDM-Modell genannt: Lambda bezeichnet die kosmologische Konstante, CDM steht für „cold dark matter", die kalte dunkle Materie. Das Modell beschreibt anhand des heutigen physikalischen Wissens die Entwicklung des Universums vom Urknall bis heute und stimmt sehr gut mit den bisherigen astrophysikalischen und kosmologischen Messungen überein.

Die Inflation – eine kühne Hypothese

Die Geschichte der Naturwissenschaften ist nicht denkbar ohne gewagte Hypothesen, also Ideen für Theorien, die noch nicht überprüft sind. Manche Hypothesen bewahrheiten sich im Laufe der Zeit, andere nicht. Das Atom, der Planet Neptun, die elektromagnetischen Wellen, die Gravitationswellen wie auch das Neutrino und das Higgs-Boson: Allen diesen physikalischen Phänomenen ist gemeinsam, dass sie vorhergesagt wurden, zum Teil lange bevor sie experimentell beobachtet werden konnten. Im Folgenden möchten wir auf einige Hypothesen zu sprechen kommen, denen die Forschung im Zusammenhang mit dem Standardmodell der Kosmologie nachgeht.

Eine der kühnsten Hypothesen der Kosmologie – wie der Naturwissenschaften überhaupt – ist die der kosmischen Inflation: Das ist eine mutmaßliche Phase extrem rascher Expansion des Universums unmittelbar nach dem Urknall bei Energien, die zwölf Größenordnungen über denen des Large Hadron Collider (LHC) am Europäischen Zentrum für Kernforschung CERN in Genf liegen. Die Inflation begann etwa 10^{-36} Sekunden nach dem Urknall und endete nach spätestens 10^{-32} Sekunden. Die Idee einer kosmischen Inflation wurde 1981 von den Physikern Alan Guth und Andrei Linde entwickelt. Demnach verursachten kurz nach dem Urknall heftige Quantenfluktuationen in einem instabilen Vakuumzustand innerhalb eines winzigen Bruchteils einer Sekunde eine unvorstellbare Ausdehnung des Universums. Solche Fluktuationen, also Schwankungen physikalischer Größen im Rahmen der Heisenbergschen Unschärferelation, sind ein wesentlicher Bestandteil der Quantenmechanik. In dieser extrem kurzen Zeit wird das Universum um etwa 26 Größenordnungen aufgeblasen. Das entspricht einer Vergrößerung des Radius eines Protons von 10^{-15} Metern auf 10^{11} Meter, also etwa dem Radius der Erdumlaufbahn um die Sonne. Die Inflations-Hypothese stellt eine der weitreichendsten Vorhersagen in der Geschichte der Naturwissenschaften dar. Aber wie lässt sie sich beweisen? Die sogenannten primordialen, das heißt ursprünglichen Quantenfluktuationen, die als Saatkeime der Inflation angenommen werden, müssten der Raumzeit Gravitationswellen aufgeprägt haben, die heute langwelliger sind als die bisher nachgewiesenen Gravitationswellen, die später aus der Verschmelzung von Schwarzen Löchern oder Neutronensternen entstehen. Nach diesen langwelligen, niederfrequenten Gravitationswellen der kosmischen Inflation könnte schon bald der Gravitationswellen-Detektor LISA im Weltraum suchen, dessen Detektorsystem aus drei jeweils 2,5 Millionen Kilometer voneinander entfernten Satelliten bestehen soll. LISA (für Laser Interferometer Space Antenna) ist ein geplantes Gemeinschaftsprojekt der US-amerikanischen Raumfahrtbehörde NASA und der Europäischen Raumfahrtagentur ESA. Das Detektorsystem LISA könnte so mit Hilfe der Gravitationswellen in eine Ära der Geburtsstube des Universums zurückblicken, als dieses von einem für alle elektromagnetischen Wellen undurchsichtigen Plasma erfüllt war.

Am Ende dieser ultrakurzen Ära der Inflation begann das Universum, gemächlicher zu expandieren. Jedoch reichte die Wucht der

Explosion aus, die Ausdehnung des Universums für weitere Milliarden Jahre wie von den Friedmann-Gleichungen beschrieben fortzusetzen. In dieser Zeit der Expansion und gleichzeitigen Abkühlung des Universums bildete sich Schritt für Schritt das Inventar unserer heutigen Welt: Protonen, Atomkerne, Atome, Moleküle, Galaxien, Sterne, Planeten und schließlich das Leben, und mit dem Leben auch wir. Das Universum durchlief also gewissermaßen Phasen der Teilchenphysik, der Kernphysik, der Atomphysik, der Chemie sowie der Biologie. Aber was genau war die Ursache dieser kosmischen Inflation?

Um das besser zu verstehen, wählen wir ein Beispiel aus dem Alltag: Beim sogenannten Siede- und Gefrierverzug von Wasser befindet sich das Wasser zeitweilig in einer metastabilen Phase, in einem „falschen" Grundzustand. Dabei wechselt das Wasser erst bei Temperaturen oberhalb des Siedepunkts beziehungsweise unterhalb des Gefrierpunkts seinen Aggregatzustand. Noch bei 100 Grad Celsius ist das Wasser ruhig. Erst bei über 110 Grad Celsius bilden sich plötzlich Dampfblasen und lassen es quasi explodieren. Ein ähnlicher Mechanismus könnte der primären Expansion oder Inflation unseres Universums kurz nach dem Urknall zugrunde liegen – ein Phasenübergang eines skalaren Feldes mit metastabilen Grundzuständen. Dieses als Inflaton-Feld bezeichnete skalare Feld kann eventuell im Rahmen der Theorien einer vereinheitlichten Urkraft aus dem Higgs-Feld hergeleitet werden. Skalare Felder besprechen wir später genauer. Ein solches Inflaton-Feld verursacht im Universum einen negativen Druck, der nach der Allgemeinen Relativitätstheorie eine abstoßende Kraft bewirkt – eine Art Anti-Gravitation, welche die ständige Ausdehnung des Universums erklären würde.

Die kosmische Inflation ist für die Physiker deshalb so attraktiv, weil sie eine physikalische Erklärung für eine ganze Reihe großer kosmologischer Probleme bietet: Erstens beobachten wir auf kosmologischen Skalen eine erstaunliche Ortsunabhängigkeit der Verteilung

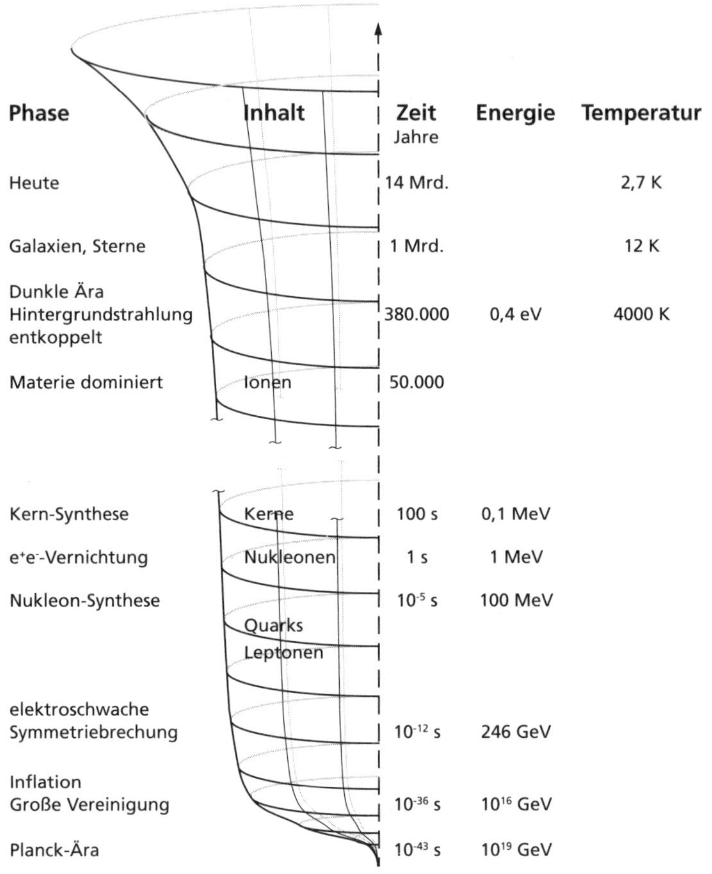

Die Entwicklung des Universums vom Urknall über die Inflation bis heute in Abhängigkeit von der Zeit, Temperatur, Energie und seinem Inhalt.

der Materie im Universum sowie eine fast perfekte Richtungsunabhängigkeit der kosmischen Hintergrundstrahlung. Einen solchen Kosmos bezeichnet man als homogen und isotrop. Bei einer Expansion ohne Inflation hätten weit voneinander entfernte Regionen des Universums nie kausal miteinander in Wechselwirkung treten können, um so gleichförmig zu werden. Dass sie einander dennoch so stark ähneln, wird als das Horizont-Problem bezeichnet, das im Rahmen einer normalen Expansion des Weltalls nicht erklärbar ist. Im Fall einer Inflation hätte dagegen ein winziger, kausal zusammenhängender Bereich des frühen Universums zu dem homogenen und isotropen Universum expandieren können, das wir heute beobachten. Zweitens weist, wie schon erwähnt, unser heute sichtbares Universum keine messbare Raumkrümmung auf. Bei einer normalen Expansion wäre dazu unmittelbar nach dem Urknall eine extrem präzise Abstimmung zwischen der Materiedichte und der von der Hubble-Konstanten bestimmten Kraft des ersten Anstoßes erforderlich. Das ist eins der zahlreichen Probleme der Feinabstimmung der modernen Physik, eines der Welträtsel, das uns im Folgenden noch beschäftigen wird. Im Fall einer Inflation hingegen wäre die wundersame Flachheit des Raums lediglich eine Folge seiner enormen Expansion während der Inflationsphase. Mit anderen Worten: Eine derartige extreme Expansion macht jedes Universum annähernd flach. Sie bedürfte keiner weiteren Erklärung durch ein anthropisches Prinzip, das wir im Zusammenhang mit der Feinabstimmung noch diskutieren werden. Drittens erklärt die Inflations-Hypothese sehr gut die Größe der Dichtefluktuationen, aus denen die Galaxien und Galaxienhaufen hervorgegangen sind, und zwar als Folge von Quantenfluktuationen im frühen Universum. Nur eine extreme Expansion konnte diese Fluktuationen auf makroskopische Dimensionen vergrößern. Es spricht also viel dafür, dass das Universum eine Phase der Inflation durchlief. Diese Hypothese durch Beobachtungen eindeutig zu belegen, ist derzeit, wie gesagt, noch schwierig. Aber auch die Idee des Urknalls blieb jahrzehntelang nur eine Hypothese, bis 1964 die kosmische Hintergrundstrahlung entdeckt wurde.

Die Erweiterung der uns bekannten Gesetze der Physik auf die extremen Zustände der Materie am Ursprung des Universums führt uns indessen an die Grenzen unserer begrifflichen Vorstellungskraft – und damit auch an die Grenzen unserer Sprache und unseres Denkens. Der Sinn von Fragen wie „Was ist außerhalb unseres Universums?" oder „Was war vor dem Urknall?" ist schwer zu definieren. Damit sind aber auch diese Fragen selber schwer zu beantworten. Bei der ersten Frage ist zu klären, was genau wir unter dem Begriff „Raum" verstehen: nur den uns zu einem gegebenen Zeitpunkt wie heute sichtbaren Bereich des Universums, oder auch Regionen außerhalb unseres Beobachtungshorizonts? Dieser ist dadurch beschränkt, dass wir heute kein Licht oder andere Informationen aus Regionen empfangen können, die weiter von uns entfernt sind als das Produkt vom Alter des Weltalls und der höchsten Geschwindigkeit, mit der Informationen ausgetauscht werden können, der Lichtgeschwindigkeit. Außerdem expandiert das Universum während der Reise des Lichts durch den Raum. Sind die Galaxien, die in den vergangenen Jahrmilliarden unseren Beobachtungshorizont verlassen haben oder in Zukunft verlassen werden, real? Ebenso wenig ergibt der Begriff einer „Zeit vor dem Urknall" einen Sinn. Streng genommen stellt der Urknall eine mathematische Singularität mit unendlich großer Dichte und Temperatur dar. Reale physikalische Größen können aber keine unendlichen Werte annehmen. Einem Zeitpunkt Null lässt sich also keine physikalische Realität zuschreiben. Mathematisch ließe sich das dadurch umgehen, indem wir die Zeit logarithmisch betrachten. Dadurch verschieben wir den Anfang der Zeit, den Nullpunkt, ins negativ Unendliche. Tatsächlich wird der Ablauf von Urknall und kosmischer Expansion und Evolution meist logarithmisch in der Zeit dargestellt. Darüber hinaus gibt es ernsthafte Überlegungen, die Zeit nicht als fundamentale physikalische Größe, sondern als ein abgeleitetes, sprich emergentes Phänomen zu interpretieren. Hinzu kommt, dass unsere physikalischen Begriffe von Raum und Zeit kurz nach dem Urknall, also innerhalb der sogenannten Planck-Zeit von 10^{-43}

Sekunden, aufgrund von Quantenfluktuationen der extrem starken Gravitation keinen Sinn ergeben. Kausalität, der Zusammenhang zwischen Ursache und Wirkung als Grundlage unseres wissenschaftlichen Denkens, existiert bei der Entstehung des Universums während der Planck-Ära noch nicht. Wir kommen darauf zurück.

Die Grenzen der Erkenntnis und unseres Denkens spiegeln sich auch in unserer Sprache wider. Als die Astronomen im Jahre 1998 beobachteten, dass sich die Expansion des Universums seit einigen Milliarden Jahren zunehmend beschleunigt, schrieben sie die unverstandene Ursache für die Expansion einer „dunklen Energie" zu. Der Begriff „dunkel" wurde gewählt, weil wir keinerlei Idee haben, welche Kraft dafür in Frage kommen könnte, die Expansion des Universums nach dem Urknall ein zweites Mal zu beschleunigen. Einsteins kosmologische Konstante ist zwar in der Lage, die beobachtete beschleunigte Expansion in die Sprache der Mathematik zu kleiden. Sie ist aber auch nur ein Ausdruck für etwas, das wir nicht im Entferntesten verstehen. Weil dieser Parameter in Einsteins Gravitationsgleichung aber nicht konstant sein muss, sondern sich auch zeitlich verändern kann, drücken wir unsere Unwissenheit über diese dunkle Kraft im Universum durch einen anderen Begriff aus: Wir verallgemeinern sie zu der bereits angesprochenen Quintessenz. Die Dichte dieser Quintessenz ist im frühen Universum geringer als die der Strahlungs- und Energiedichte. Erst später wirkt die Quintessenz als dunkle Energie und dominiert langfristig den Inhalt und die Entwicklung des Universums. Der Begriff Quintessenz stammt aus dem antiken Griechenland, genauer von den Pythagoreern. Sie kannten die vier irdischen Elemente Feuer, Wasser, Erde und Luft. Oberhalb der Erde folgte in ihrem Weltbild das Firmament, die himmlische Sphäre der Fixsterne – eine weit entfernte Kugelschale. Aber schon den Griechen war klar, dass die Fixsterne sehr weit von uns entfernt sein müssen. Damit standen sie vor der Frage: Was liegt zwischen den irdischen Gefilden und den himmlischen Sphären, zwischen Himmel und Erde? Die Substanz dieser mystischen Region bezeichneten sie als fünftes Element, eine fünfte Essenz, als die „quinta essentia", zu Deutsch „fünftes Seiendes", die zu den vier klassischen Elementen hinzukommt. Sie nannten diese mystische Substanz auch Äther. Beide Begriffe spielten in der griechischen Naturphilosophie eine wichtige Rolle. Später trieb Einstein den Äther aus dem Elektromagnetismus aus – und führte ihn nach eigenen Worten mit der Berücksichtigung der Metrik des Raums in völlig anderer Gestalt in seine Allgemeine Relativitätstheorie wieder ein. In diesem Sinn könnte man auch das Higgs-Feld als Quintessenz oder Äther betrachten. Doch dazu später mehr.

Schwarze Löcher und Gravitationswellen

Im Folgenden beschäftigen wir uns mit zwei astrophysikalischen Phänomenen, deren Nachweis – sofern man an ihre reale Existenz überhaupt glauben wollte – lange Zeit als nahezu unmöglich galt: Schwarze Löcher und Gravitationswellen. Die Beschreibung beider Phänomene ist ebenfalls eng mit Einsteins Relativitätstheorie verknüpft.

Ein Schwarzes Loch ist der kompakte ausgebrannte Rest eines schweren Sterns, dessen Masse in einen extrem kleinen Bereich kollabiert ist, oder die Konzentration vieler solcher ausgebrannter Sterne wie beispielsweise das supermassereiche Schwarze Loch im Zentrum unserer Galaxis. Die Gravitation eines Schwarzen Lochs ist so stark, dass ihm nicht einmal Licht entkommen kann – was den Namen erklärt. Ähnlich wie der Mond die Oberfläche der Ozeane und der Erde anzieht und die Gezeiten verursacht, knetet die gewaltige Gravitation eines Schwarzen Lochs alle Objekte in seiner Umgebung mit seiner Gezeitenkraft buchstäblich durch. Es vermag gasförmige Sterne sogar zu zerreißen und für immer hinter seinen Ereignishorizont aufzusaugen. Der Ereignishorizont eines Schwarzen Lochs ist eine fundamentale Grenze in Raum und Zeit, die von keiner Kraft überwunden werden kann. Was sich jenseits eines solchen Horizonts abspielt, ist für einen außenstehenden Beobachter grundsätzlich nicht erfahrbar. Jedoch lassen sich der Schatten eines Schwarzen Lochs und seine Umgebung abbilden. Genau das ist erstmals im Jahr 2019 dem Event Horizon Telescope (EHT) gelungen, als es die Umgebung des supermassereichen Schwarzen Lochs mit knapp sieben Milliarden Sonnenmassen in der Galaxie M 87 abbildete. Fast hundert Jahre nach ihrer Vorhersage durch die Allgemeine Relativitätstheorie können wir nun die schwarzen Massemonster in den Zentren von Galaxien zumindest indirekt sichtbar machen. Das ist ein indirekter Beweis für eine der Vorhersagen der Allgemeinen Relativitätstheorie.

Das in Bau befindliche Radioteleskop Square Kilometre Array (SKA) soll in Zukunft die Allgemeine Relativitätstheorie mittels der Signale sogenannter Pulsare genauer testen. Dabei handelt es sich um magnetisierte, rotierende, kompakte Neutronensterne, die an ihren Magnetpolen elektromagnetische Strahlung aussenden. Das Pulsieren beobachten wir von der Erde aus, wenn solch ein Strahl durch die schnelle Rotation des Neutronensterns kurzzeitig in unsere Richtung weist. Beim Kollaps superschwerer Schwarzer Löcher entstehen langwellige Gravitationswellen, die auf der Erde nicht mehr messbar sind. Die Europäische Weltraumorganisation ESA plant deshalb wie erwähnt mit der Laser Interferometer Space Antenna (LISA) im Weltall den Bau eines Gravitationswellen-Empfängers, der aus drei Satelliten in 2,5 Millionen Kilometern Abstand bestehen soll. Mit einem weiteren geplanten Detektor, dem Event Horizon Imager (EHI), liegt zudem ein Vorschlag für ein Radio-Interferometer auf dem Tisch, bei dem drei oder mehr Radioantennen in verschiedenen Abständen um die Erde kreisen, um Bilder der Umgebung von Schwarzen Löchern von bisher unerreichter Schärfe und Qualität zu erstellen. Damit könnten wir die extrem starke Gravitation am Ereignishorizont Schwarzer Löcher mit einer Genauigkeit im Promillebereich untersuchen.

Die theoretische Physik sagt Schwarze Löcher schon seit langem voraus. Anfang des 20. Jahrhunderts beschrieb der Astronom Karl Schwarzschild erstmalig auf Basis der Allgemeinen Relativitätstheorie ein kugelsymmetrisches, nichtrotierendes, ungeladenes Schwarzes Loch. In der sogenannten Schwarzschild-Lösung von Einsteins Feldgleichungen ist der kritische Radius durch den Schwarzschild-Radius $R_S = 2\,GM/c^2$ definiert, wobei G die Gravitationskonstante, M die Masse und c die Lichtgeschwindigkeit bezeichnen. Damit beträgt der Schwarzschild-Radius eines Schwarzen Lochs mit der Masse der Sonne etwa drei Kilometer, der des Schwarzen Lochs namens Sagittarius A* im Zentrum unserer Galaxis mit etwa vier Millionen Sonnenmassen dagegen rund zwölf Millionen Kilometer. Das ist etwa das Dreißigfache der Entfernung des Mondes von der Erde. Für das supermassereiche Schwarze Loch in der Radiogalaxie M 87 mit fast sieben Milliarden Sonnenmassen beträgt der Schwarzschild-Radius sogar 20 Milliarden Kilometer. Das ist 120-mal der mittlere Abstand zwischen Sonne und Erde. Der Radius des Ereignishorizonts eines Schwarzen Lochs ist proportional zu seiner Masse, seine Dichte ist gleich seiner Masse pro Volumen. Das entsprechend kugelförmige Volumen wiederum ist proportional zur dritten Potenz des Radius des Objekts. Damit ist die Dichte eines Schwarzen Lochs umgekehrt proportional zum Quadrat seiner Masse. Schwarze Löcher haben mit steigender Masse somit eine geringere Dichte. Ein Schwarzes Loch mit der Masse unserer Sonne hat eine 40-mal höhere mittlere Dichte als ein Atomkern. Ein Schwarzes Loch von 100 Millionen Sonnenmassen, wie es im Zentrum der Andromeda-Galaxie vermutet wird, hat jedoch gerade einmal die mittlere Dichte von Wasser. Auch erfährt eine Person auf der Erdoberfläche und am Ereignishorizont eines Schwarzen Lochs mit zehn Millionen Sonnenmassen etwa die gleiche Gezeitenkraft als Differenz der Schwerkraft zwischen Kopf und Füßen. Schwarze Löcher sind also nicht unbedingt superdichte Monster!

Ist ein Schwarzes Loch wirklich völlig schwarz? Nicht ganz. Theoretisch sendet es die nach dem Physiker Stephen Hawking benannte Hawking-Strahlung aus. Diese Strahlung beruht auf dem quantenmechanischen Phänomen, dass im Vakuum ständig Teilchen-Antiteilchen-Paare entstehen, die einander anschließend wieder vernichten. Das passiert auch am Ereignishorizont Schwarzer Löcher. Da sich ein Partner des Teilchenpaares nach innen und der andere nach außen bewegen kann, können auf diese Weise einzelne Teilchen entkommen. Damit erlaubt die Quantenmechanik etwas, was über die Allgemeine Relativitätstheorie hinausgeht: Schwarze Löcher können verdampfen. Die größere Dichte haben wie besprochen kleinere Schwarze Löcher. Deshalb verdampfen Schwarze Löcher über die Hawking-Strahlung umso schneller, je kleiner sie sind. Und wenn sie irgendwann hinreichend klein sind, können sie schließlich explodieren. Große Schwarze Löcher hingegen verdampfen sehr langsam. Ein Schwarzes Loch mit der Masse unserer Sonne beispielsweise verdampft erst in 10^{67} Jahren. Das ist eine viel längere Dauer als das aktuelle Alter unseres Universums von etwa 14 Milliarden Jahren. Ein kleines Schwarzes Loch mit der Masse von 100 Millionen Tonnen verdampft hingegen schon nach wenigen Milliarden Jahren, also innerhalb des Alters unserer Welt. Es ist wie bei der Abkühlung eines jeden Körpers: Ist das Verhältnis seiner Oberfläche zum Energieinhalt klein, ist der Energieverlust gering, ist dieses Verhältnis groß, strahlt der Körper schneller ab.

Astrophysiker vermuten, dass kurz nach dem Urknall urzeitliche, das heißt primordiale Schwarze Löcher in großer Zahl entstanden sein könnten, allerdings nicht durch den Gravitationskollaps am Ende eines Sternenlebens, sondern aufgrund ungleichmäßiger Dichteverteilungen der Materie im frühen Universum. Verschiedene astrophysikalische Randbedingungen schließen primordiale Schwarze Löcher mit niedrigen oder hohen Massen als Ursache für die dunkle Materie weitgehend aus. Immerhin lassen die Modellrechnungen einen Massebereich für primordiale Schwarze Löcher zwischen einem Milliardstel und einem Tausendstel der Masse des Mondes zu – vergleichbar der Masse von Asteroiden mit einer Größe zwischen einem und hundert Kilometern. Der Horizont eines primordialen Schwarzen Lochs mit einem Tausendstel der Mondmasse ist nur tausend Mal größer als die Größe eines Atoms und vergleichbar der Größe eines Virus oder der Wellenlänge des sichtbaren Lichts. Besteht also die dunkle Materie aus primordialen Schwarzen Löchern oder anderen massereichen, kompakten Objekten? Wenn das so wäre, müssten sie sich zum Beispiel als Gravitationslinsen bemerkbar machen. Ein solcher Effekt wurde bisher nicht beobachtet, so dass Schwarze Löcher allein die dunkle Materie nicht erklären können.

Eines dürfen wir aber bei unseren Überlegungen zu Schwarzen Löchern und ihrer Entwicklung nicht vergessen: Um Hawking-Strahlung abgeben zu können, muss ein Schwarzes Loch wärmer sein als die das Universum erfüllende kosmische Hintergrundstrahlung. Und das ist nur der Fall für Schwarze Löcher mit Massen kleiner als der unseres Mondes. Der Mond würde also als Schwarzes Loch in 10^{22} Jahren verdampfen. Normale Schwarze Löcher werden dagegen ihre Strahlung im Wärmebad des Universums nicht los.

Weniger spekulativ als Schwarze Löcher, aber als unmessbar galten für fast hundert Jahre die Gravitationswellen, deren Existenz Einstein im Jahr 1916 im Zusammenhang mit seiner Formulierung der Allgemeinen Relativitätstheorie vorausgesagt hatte. Aufgrund der extremen Schwäche der Gravitation herrschte in der Forschung lange Zeit die fast einhellige Ansicht, dass es praktisch unmöglich sein würde, Gravitationswellen experimentell nachzuweisen. Es bedurfte einer bisher unerreichten experimentellen Präzision, um schließlich im Jahr 2015 am amerikanischen Laser Interferometer Gravitational Wave Observatory (LIGO) erstmals Gravitationswellen aufzuspüren.

Diese Entdeckung war derart sensationell, dass für sie gleich 2017, ein Jahr nach Bekanntgabe der Entdeckung im Frühjahr 2016, ein Nobelpreis verliehen wurde. Derart schnelle Verleihungen von Nobelpreisen sind selten. 1983 gelang Carlo Rubbia und seinen Kollegen am Super-Proton-Synchrotron SPS des CERN die Entdeckung der seit vielen Jahren vorausgesagten schweren Eichbosonen bzw. Austauschteilchen der schwachen Wechselwirkung, die wir im nächsten Kapitel besprechen. Auch sie wurde gleich im darauffolgenden Jahr mit dem Nobelpreis gewürdigt. Eine ähnlich bedeutsame Entdeckung gelang dem CERN im Jahr 2012 am Large Hadron Collider (LHC) mit dem Higgs-Boson, das bereits 1964 vorhergesagt worden war. Auch hier folgte der Nobelpreis im Jahr darauf. Das sind jedoch seltene glückliche Momente in der Geschichte der Wissenschaft. Sie beruhen meistens auf erwarteten und theoretisch zuverlässig vorhergesagten Entdeckungen.

Auch beim Nachweis der Gravitationswellen hundert Jahre nach Einsteins berühmter Vorhersage handelt es sich um eine solche erwartete Entdeckung. Das schmälert aber keineswegs ihre Bedeutung, denn die Gravitationswellen sind etwas völlig Neues für die Physik. Materie wechselwirkt mit ihrer näheren Umgebung fast ausschließlich über Elektromagnetismus. In der Astronomie nutzen wir heute alle Frequenzbereiche des elektromagnetischen Spektrums, beginnend mit den langwelligen Radiowellen über die Mikrowellen der Hintergrundstrahlung, weiter über das infrarote, sichtbare und ultraviolette Licht bis zur Röntgen- und Gamma-Strahlung. Heute benutzt die sogenannte „Multi-Messenger"-Astronomie die Analyse des gesamten elektromagnetischen Spektrums über mehr als 20 Größenordnungen ihrer Energie oder Wellenlänge mit Apparaturen von klassischen Fernrohren bis zu großflächigen Detektorsystemen.

Mit der Untersuchung der kosmischen Strahlung durch Pioniere wie den Österreicher Victor Hess oder den Franzosen Pierre Auger entwickelte sich Anfang des 20. Jahrhunderts die Astroteilchenphysik. Damit wurde das Spektrum der kosmischen Strahlung durch elementare Teilchen ergänzt. Mit der Beobachtung von Gravitationswellen betreten wir nun eine ganz neue Ära der Astrophysik. Hundert Jahre nach Einsteins Allgemeiner Relativitätstheorie öffnet sich mit den Gravitationswellen ein völlig neues Fenster ins Universum. Es ermöglicht uns, tief ins Weltall hineinzuschauen und gigantische kosmische Katastrophen in unvorstellbaren Entfernungen zu vermessen.

Wenn wir beispielsweise mithilfe von Gravitationswellen die Verschmelzung zweier Schwarzer Löcher mit mehr als zehn Sonnenmassen beobachten und dabei feststellen, dass das Endprodukt dieser Verschmelzung um mehrere Sonnenmassen leichter ist als die Summe der Massen der beiden verschmolzenen Löcher, dann werden wir Zeuge eines unglaublichen kosmischen Ereignisses: In weniger als einer Sekunde verwandeln sich Sonnenmassen gemäß Einsteins Formel $E = mc^2$ in Gravitationswellen, in reine Gravitationsenergie. Machen wir dazu eine kurze Rechnung und betrachten, wieviel Energie durch die Verschmelzung von zwei Schwarzen Löchern im Vergleich zur normalen Abstrahlung von Energie durch Sterne freigesetzt wird. Nehmen wir dazu unsere Sonne, sie ist ein typischer Stern und wird insgesamt etwa zehn Milliarden Jahre alt werden. Das sind 10^{10} Jahre mal 10^7 Sekunden pro Jahr. Die Lebensdauer unserer Sonne beträgt also etwa 10^{17} Sekunden. In dieser Zeit verbrennt sie nur etwa ein Promille ihrer Masse, pro Sekunde also einen Anteil von 10^{-20} ihrer Masse. Bei der Verschmelzung Schwarzer Löcher, wie wir sie neuerdings beobachten können, wird dagegen in wenigen Millisekunden die Energie von mehreren Sonnenmassen freigesetzt. Die abgestrahlte Leistung entspricht somit mehreren Hundert Sonnenmassen pro Sekunde. Derartige kosmische Katastrophen setzen also pro Sekunde hunderttausend Mal mehr Energie frei als das, was ein normaler Stern wie unsere Sonne über seine gesamte Lebensdauer abstrahlt, also einen Faktor 10^{23} pro Sekunde mehr. Eine einzelne Verschmelzung setzt damit in dieser Sekunde mehr Energie um als die etwa 10^{21} Sterne des beobachtbaren Universums. Insofern ist es berechtigt, von kosmischen Katastrophen zu sprechen.

Diese wahrhaft gigantischen Energien durchpflügen als Gravitationswellen für Milliarden von Jahren das Universum. Sie erreichen am Ende unsere Milchstraße und unsere Erde und werden schließlich in den Interferometern LIGO in den USA, Virgo in Italien und KAGRA in Japan nachgewiesen – und hoffentlich bald im Einstein-Teleskop (ET), dessen Realisierung zum Beispiel im Dreiländereck zwischen Belgien, den Niederlanden und Deutschland diskutiert wird. Die Gravitationswellen blieben bisher nur deshalb unbemerkt und nicht nachweisbar, weil die Gravitation selbst extrem schwach ist – etwa 40 Zehnerpotenzen schwächer als die elektrische Kraft. Das veranschaulicht ein eindrückliches Beispiel: Die magnetische Kraft, die einen kleinen Magneten an der Metalltür eines Kühlschranks festzuhalten vermag, ist offensichtlich stärker als die Schwerkraft des gesamten Planeten Erde, die den Magneten nach unten zieht.

Die Gravitation ist also schwach, und die Gravitationswellen von herkömmlichen Objekten verschwindend klein. Wie aber kann man sich Gravitationswellen vorstellen? Es handelt sich um wellenartige Deformationen der reinen Metrik, also der Struktur der leeren Raumzeit. Wie ist das zu verstehen? Die Metrik der Raumzeit wird in der Relativitätstheorie unter anderem durch die bereits diskutierte Krümmung des Raums sowie die Art der Verknüpfung des Raums mit der Zeit bestimmt. Die euklidische Metrik unseres Alltagsraums weist keine Krümmung auf. Parallelen schneiden sich nicht, und Raum und Zeit bleiben getrennt. Wir gehen darauf im zweiten Teil des Buches noch genauer ein. Nur gigantische Energien aus kosmischen Katastrophen sind in der Lage, die Metrik des leeren Raums merklich zu verzerren. Das mag eigentümlich klingen. Aber auch die elektromagnetischen Wellen, mit denen wir Fernsehen oder Mobilfunk empfangen, sind nichts anderes als eine mathematische Eigenschaft des leeren Raums. Das zeigt bereits die klassische Elektrodynamik. Man kann nämlich die Maxwell-Gleichungen und damit die elektromagnetischen Wellen aus zwei Eigenschaften des leeren Raums herleiten: Die Physik in unserer Welt hängt weder von der Festlegung der elektromagnetischen Potentiale noch von den relativistischen Transformationen von Raum und Zeit ab. Der leere Raum spielt also eine größere Rolle in unserer Welt, als wir gemeinhin ahnen.

Die Struktur des Kosmos in Raum und Zeit

Eine eindrucksvolle und wunderschöne Eigenschaft unseres Universums wird häufig zu wenig beachtet: Unser Kosmos ist in Raum und Zeit tief und optimal strukturiert. Was das heißt, wollen wir im Folgenden näher betrachten.

Wir starten unsere Reise in Raum und Zeit in der „dunklen Ära“. Sie wird bei der Betrachtung der Entwicklung des Kosmos häufig vergessen. Die dunkle Ära begann mit dem Ende der Ionisation des Universums etwa 400.000 Jahre nach dem Urknall und legte den Grundstock für seine heutige Struktur. Es war der Moment, als das Universum aufhörte, ein homogenes heißes Plasma zu sein, ein Feuer aus ionisiertem Gas. In einem solchen Flammenmeer sieht man buchstäblich die Hand vor Augen nicht. Elektromagnetische Wellen werden in einem Plasma ähnlich wie in Metall von den freien Ladungen der Ionen und Elektronen gedämpft. Auch die Sonne und ihre äußerste Schicht, die Photosphäre, bilden ein solches ionisiertes Gas – ein Plasma. Wenn wir meinen, unsere Sonne am Himmel zu sehen, sehen wir sie nicht wirklich. Wir erblicken nur eine dünne Schicht an der Oberfläche der Sonne, deren Licht kaum Informationen über die Vorgänge in ihrem Inneren preisgibt. Ein Plasma wie das der Sonne erfüllte aber das gesamte Universum während seiner ersten fast 400.000 Jahre. Es folgte ein dramatischer Moment: Nachdem sich das Universum etwas abgekühlt hatte und die Ionisationsenergie des Plasmas unterschritten war, vereinigten sich die positiv geladenen Ionen mit den negativen geladenen Elektronen. Das Plasma wurde zu einem elektrisch neutralen Gemisch aus Wasserstoff und Helium. Das Universum wurde durchsichtig und dunkel und bestand nur aus unstrukturiertem verdünntem Gas. Winzige Fluktuationen sowohl der Hintergrundstrahlung (die damals mit mehreren Tausend Grad deutlich heißer war als heute) als auch des Gasgemisches aus primordialem Helium und Wasserstoff sind jedoch geblieben und geben noch heute Zeugnis ab vom frühen Universum. Eine der ältesten molekularen Verbindungen aus dieser Zeit wurde 2019 mithilfe des Infrarotspektrometers GREAT an Bord der Flugzeugsternwarte SOFIA des Deutschen Zentrums für Luft- und Raumfahrt (DLR) und der NASA entdeckt: das Heliumhydrid-Ion, ein positiv geladenes Ion aus Helium und Wasserstoff, nachgewiesen in dem 3000 Lichtjahre von uns entfernten planetarischen Nebel NGC 7027.

In der weiteren Entwicklung des Universums verstärkten sich die vorhandenen Inhomogenitäten durch das Wirken der Schwerkraft. Nach ungefähr 100 Millionen Jahren entstanden die ersten Protogalaxien, die dunkle Materie muss bereits damals eine entscheidende Rolle gespielt haben. Das kontrahierende Gas begann, sich unter dem steigenden Druck lokal aufzuheizen. Auf diese Weise entstanden die ersten Keime von Galaxien und anschließend die Galaxien selbst mit ihren komplexen Strukturen. Aus in kosmischen Maßstäben kleinen Spritzern kontrahierten Gases entstanden die ersten Sterne, in denen die physikalischen Prozesse der Kernfusion zündeten. Um diese Sterne herum bildeten sich weitere Spritzer von Materie, die allerdings nicht massereich genug waren, um nukleare Prozesse zu zünden und deshalb schnell erkalteten. So entstanden Planeten wie die Erde, ihre Monde und Asteroiden.

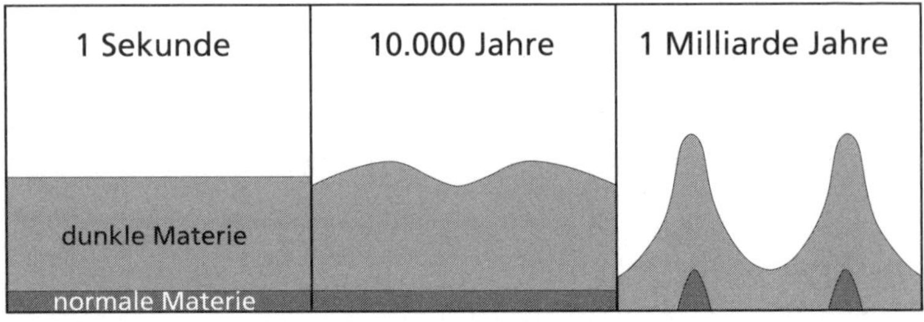

Die Entwicklung der räumlichen Verteilung von dunkler und normaler Materie im Laufe der Strukturbildung im Universum. Die dunkle Materie wechselwirkt nicht mit der normalen Materie. Deshalb bildete sie schon früh im noch heißen Plasma Strukturen aus. Erst nach dem Entkoppeln der kosmischen Hintergrundstrahlung in der dunklen Ära nach 380.000 Jahren folgte die normale Materie der dunklen Materie und bildete Galaxien und Sterne.

Das 2021 gestartete James-Webb-Weltraumteleskop ist ein gemeinsames Projekt der amerikanischen, europäischen und kanadischen Weltraumagenturen NASA, ESA und CSA. Es soll nach den ersten leuchtenden Objekten und Galaxien suchen, die nach dem Urknall und dem darauffolgenden dunklen Zeitalter vor mehr als 13 Milliarden Jahren entstanden sind. Wegen der kosmologischen Rotverschiebung der Strahlung aus der Frühzeit des Universums ist das Webb-Teleskop für diesen infraroten Spektralbereich besonders empfindlich ausgelegt – anders als das äußerst erfolgreiche Hubble-Teleskop. Die Entwicklung von Galaxien und Sternen dauerte einige Milliarden Jahre, bis die planetarische und biologische Evolution begann. Zurzeit kennen wir allerdings nur die biologische Evolution unserer Erde; sie kann aber kaum einmalig sein in den unendlichen Weiten des Universums. Deshalb sucht die Forschung nach sogenannten Exoplaneten und fernen Zivilisationen, was wir im zweiten Teil des Buches diskutieren werden. Interessant ist, dass sich in diesen ersten Milliarden Jahren unser Universum tief und hierarchisch durchstrukturiert hat. Wir sehen Gruppen und Haufen von Galaxien am Himmel. Oder

Filament-Strukturen in der Galaxiendichte des Universums. Wir beobachten eine Fülle von Galaxien-Typen in einer fast biologisch zu nennenden Vielfalt. Es gibt strukturlose Galaxien und Spiralgalaxien. Die Milchstraße, unsere eigene Galaxis, wie auch unsere Nachbargalaxie, der Andromeda-Nebel, stellen dabei typische Spiralgalaxien dar. Diese Galaxien haben zumeist einen Zentralbereich und in ihrer Mitte ein Schwarzes Loch mit Hunderten bis Milliarden von Sonnenmassen. In Spiralgalaxien umgeben Wellen der Sterndichte diese Schwarzen Löcher und bilden die galaktischen Arme. Unsere Sonne, ein typischer Stern in einem typischen Alter, nimmt in unserer Galaxis mit einer Entfernung von ungefähr zwei Drittel ihres Radius vom Zentrum einen ganz unspektakulären Platz ein.

Die nächstkleinere Struktur in dieser kosmischen Hierarchie sind die Planetensysteme. Auch unsere Erde nimmt in unserem Sonnensystem einen durchschnittlichen Platz ein. Sie ist nicht zu nah an der Sonne, sonst wäre sie zu warm, und es gäbe auf ihr kein Wasser und kein Leben. Sie ist aber auch nicht zu weit von ihr entfernt, sonst wäre es zu kalt für Leben.

Wir erkennen also eine tiefe und vielfältige hierarchische Struktur des Kosmos in Raum und Zeit. Was wir dabei nicht vergessen dürfen: All das unterliegt einer Evolution, dem Werden und Vergehen. Der Prozess der Sternbildung wird sich nicht in alle Ewigkeit fortsetzen. Zwar gibt es noch Galaxien mit relativ aktiver Sternbildung, aber auch schon recht betagte Galaxien, in denen die Sternbildung bereits nachzulassen beginnt. Diese Alterung des Universums wird sich über Milliarden und Billionen von Jahren fortsetzen. Auch unsere Sonne hat ungefähr die Mitte ihrer Lebenszeit erreicht. Sie ist also mit ihren etwas mehr als viereinhalb Milliarden Jahren nach menschlichen Maßstäben ungefähr im besten Alter von etwa 40 Jahren.

Das Universum hat also eine Struktur nicht nur im Raum, sondern auch in der Zeit. Wir können unser Universum wie ein Lebewesen betrachten, das in Raum und Zeit gut durchstrukturiert ist und einer Evolution unterliegt. Auch unser Universum vollzieht – wie wir Lebewesen – eine Entwicklung von der Geburt bis zum Tod. Diesen Gedanken werden wir später nochmals aufgreifen.

Resümee

In diesem Kapitel haben wir die Entwicklung der modernen Kosmologie besprochen. Einstein musste in seiner Allgemeinen Relativitätstheorie das Universum noch als unveränderlich betrachten. Eine Evolution des Universums zeigte sich erst in Hubbles Beobachtung seiner Expansion sowie in der Entdeckung der Mikrowellen-Hintergrundstrahlung – dem Nachhall des Urknalls. Von der Allgemeinen Relativitätstheorie vorhergesagte Phänomene wie Schwarze Löcher und Gravitationswellen wurden inzwischen nachgewiesen. Die Entdeckung der dunklen Materie und der dunklen Energie offenbaren die dunkle und bis heute mysteriöse Seite des Universums. Die dunkle Energie als Ursache der beschleunigten Expansion des Weltalls wird am einfachsten durch Einsteins kosmologische Konstante abgebildet. Die Hypothese einer extrem starken Inflation des Universums versucht, die Dynamik kurz nach dem Urknall zu erklären. Eine mysteriöse dunkle Materie scheint die räumliche Verteilung der Materie im Universum zu dominieren.

Das kosmologische Standardmodell enthält damit drei Hauptkomponenten des Universums: erstens die dunkle Energie, zweitens die dunkle Materie, drittens die gewöhnliche Materie und Strahlung. Die beiden dunklen Komponenten sind uns noch verborgen und stellen eines der größten Rätsel der Physik dar. Wir kommen im zweiten Teil des Buches darauf zurück. Immerhin können wir heute die Entwicklung des Kosmos vom Urknall bis zur Gegenwart sehr genau nachzeichnen. Dieser Kosmos ist in Raum und Zeit tief strukturiert und ermöglichte die Evolution des Lebens auf der Erde.

DER MIKROKOSMOS UND DIE TEILCHENPHYSIK

„Who ordered that?"

ISIDOR RABI (NACH DER UNERWARTETEN ENTDECKUNG DES MYONS 1936)

Emil du Bois-Reymonds erstes Welträtsel lautet: „Was ist das Wesen von Materie und Kraft?" Auch wir werden bei der Beschreibung des Mikrokosmos zwischen den Bausteinen der Welt und ihren Wechselwirkungen unterscheiden, also zwischen Materie und Kraft. Zudem werden wir sehen, wie wichtig der Begriff des physikalischen Feldes ist und dass Symmetrien einem umfassenden Bild des Mikrokosmos, dem sogenannten Standardmodell der Teilchenphysik zugrunde liegen.

Die Bausteine der Welt

Die Frage nach den Bausteinen der Welt ist eine der ältesten Fragen in der Naturforschung. Schon im antiken Griechenland versuchte man, sie zu beantworten. Die alten Griechen stellten sich vier Elemente der Welt vor: Feuer, Wasser, Erde und Luft. Über Jahrhunderte lebte die Naturphilosophie mit diesen vier Elementen. An Elementen im heutigen Sinn kannte man nur die in der Natur in Reinform vorkommenden Elemente Kohlenstoff und Schwefel. Daneben auch die aus Erzen schmelzbaren Metalle Silber, Kupfer, Gold, Eisen, Zinn, Zink, Blei und Quecksilber. Erst mit der sich zu einer Naturwissenschaft entwickelnden Chemie kamen ab dem 17. Jahrhundert einige weitere Elemente dazu. Im aufregenden 19. Jahrhundert entdeckten die Chemiker dann Dutzende neue Elemente. Der russische Chemiker Dmitri Iwanowitsch Mendelejew schafft schließlich 1869 mit seinem Periodensystem der Elemente eine Ordnung unter den 92 stabilen chemischen Elementen.

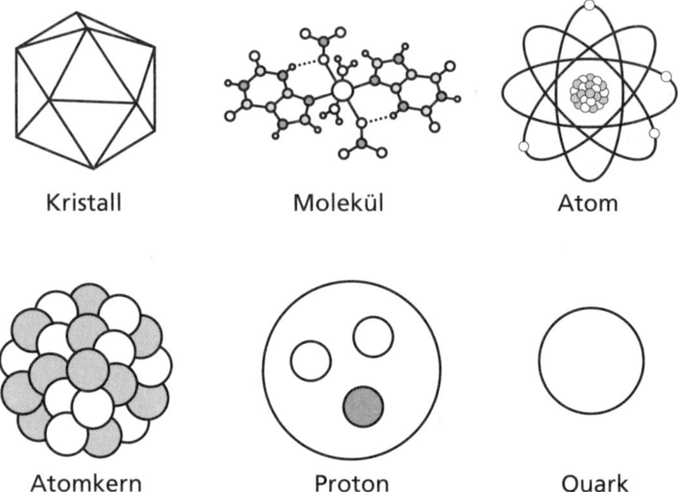

Die Strukturebenen der Materie vom Kristall über die Moleküle, das Atom, den Atomkern und das Proton bis zum Quark.

Natürlich stellt sich daraufhin die Frage nach dem Ursprung dieser Ordnung. Der neuseeländisch-britische Physiker Ernest Rutherford misst im Jahr 1908 und den Folgejahren mit seinen Assistenten Hans Geiger und Ernest Madsen die Streuung von Alpha-Teilchen (Helium-Kernen) an einer dünnen Goldfolie. Dabei stellt er fest, dass normale Materie im Wesentlichen leer ist bis auf ein im Vergleich zum Atom zehntausendfach kleineres Streuzentrum. Daraufhin entwickelt er 1911 ein erstes Atommodell mit einem Atomkern im Zentrum. Schnell wird deutlich, dass der Atomkern eine positive Ladung trägt und umgeben ist von einer Hülle elektrisch negativ geladener Elektronen. Im Jahr 1913 formuliert der Däne Niels Bohr sein Atommodell. Damit scheint um das Jahr 1920 die Materie relativ einfach aufgebaut zu sein: nämlich aus Protonen im Atomkern und Elektronen in der Hülle. Die Ordnung der chemischen Elemente ergibt sich aus der Kernladungszahl, sprich der Anzahl der Protonen, und der im Rahmen der frühen Quantentheorie berechenbaren Kreisbahnen um den Kern, auf denen die Elektronen kreisen. Wasserstoff besteht aus einem Proton im Kern und einem Elektron in der Atomhülle. Das (elektrisch neutrale) Kohlenstoffatom hat im Kern sechs positive Ladungen und in der Hülle sechs Elektronen, jedoch die zwölffache Masse des Wasserstoffatoms. Wie war das zu erklären? Enthält der Kern noch unbekannte, neutrale Teilchen? Diese Annahme sollte sich als richtig erweisen. Zu Beginn der 1930er Jahre folgten weitere bahnbrechende Entdeckungen. Zuerst spürt James Chadwick 1932 das Neutron als den noch fehlenden neutralen Bestandteil des Atomkerns auf. Im selben Jahr entdeckt Carl Anderson völlig unerwartet in einer Nebelkammer ein positives Elektron, das später als Positron bezeichnet wird – das erste Beispiel für die Existenz von Antimaterie. Ebenfalls im Jahr 1932 postuliert Wolfgang Pauli angesichts des kontinuierlichen Energiespektrums der Elektronen bei radioaktiven Beta-Zerfällen die Existenz eines neuen, extrem schwach wechselwirkenden Teilchens, um zu erklären, wo ein Teil der Energie bei diesen Zerfallsprozessen verbleibt. Später wird dieses Teilchen Neutrino genannt. Überdies entdecken Carl Anderson und Seth Neddermeyer 1936 in der kosmischen Höhenstrahlung ein weiteres, völlig unerwartetes Teilchen, das Myon.

Schien also die Welt der kleinsten Teilchen in den Goldenen Zwanziger Jahren des 20. Jahrhunderts noch in Ordnung, so explodierte die gerade erst verstanden geglaubte Vielfalt des Mikrokosmos zu Beginn der 1930er Jahre schon wieder. In rascher Folge wurden weitere exotische Teilchen entdeckt wie das Positron als Form der Antimaterie, das Neutrino sowie das Myon. Mit dem Neutrino fand sich zudem der erste Sendbote einer bisher unbekannten Kraft, der sogenannten schwachen Wechselwirkung. All das war hochgradig verwirrend. Das Myon hat bis auf seine größere Masse die gleichen Eigenschaften wie das Elektron und passte absolut nicht in das damalige Weltbild. „Who ordered that?“ – „Wer hat das bestellt?“, fragte dann auch der Physiker und Nobelpreisträger Isidor Isaac Rabi angesichts dieses völlig unerwünschten und unerwarteten Teilchens.

In dieser Zeit entwickelt sich auch die Kernphysik. Sie beschäftigt sich mit den Atomkernen und ihren Bestandteilen, den Nukleonen (Protonen und Neutronen), sowie deren Wechselwirkungen, der Kernkraft. Bei der Kernkraft handelt es sich, wie man später herausfindet, um eine Restkraft der starken Kraft, die zwischen den Farbladungen sogenannter Quarks herrscht. Wir kommen darauf gleich zu sprechen. Die starke Kraft ist die stärkste der fundamentalen Wechselwirkungen, die allerdings nicht über den Atomkern hinausreicht. Im Atomkern wirkt zudem eine weitere fundamentale Kraft – die schwache Wechselwirkung. Ihre Reichweite ist um einen weiteren Faktor hundert kürzer, und sie ist, wie ihr Name sagt, wesentlich schwächer als die starke. Sie zeigt sich bei radioaktiven Zerfällen oder Umwandlungen von Atomkernen. Pioniere wie Lise Meitner, Otto Hahn und Enrico Fermi vertiefen in der ersten Hälfte des 20. Jahrhunderts unser Wissen über den Atomkern. Die Prozesse der starken Wechselwirkung innerhalb des Atomkerns finden bei extrem hohen Energien statt, deren Freisetzung durch Kernspaltung schier unfassbare technische Möglichkeiten eröffnet: im Rahmen der friedlichen Nutzung als Kernreaktor zur Energieerzeugung oder für militärische Zwecke in Form der Atombombe. Der Atompilz der Bombenexplosion versinnbildlicht beunruhigender als alles andere die Schattenseite des menschlichen Erkenntnisstrebens.

Aus der Kernphysik entwickelt sich ab Mitte des 20. Jahrhunderts die Teilchenphysik. Entscheidenden Anstoß erhält sie dabei durch die Erforschung der hochenergetischen kosmischen Höhenstrahlung. Das ist jene Teilchenstrahlung aus dem Kosmos, in der schon 20 Jahre zuvor die Positronen und Myonen entdeckt wurden. In dieser kosmischen Höhenstrahlung fand man 1947 mit fotografischen

Emulsionen endlich den lang gesuchten Träger der Kernkraft, das Pion. Bald darauf zeigten sich sowohl in der Höhenstrahlung als auch an den neuen hochenergetischen Beschleunigern eigentümliche neue Elementarteilchen mit Lebensdauern von nur wenigen Millionstel Sekunden und seltsamen Eigenschaften. So werden diese seltsamen Teilchen in den starken Kernwechselwirkungen zwar stets paarweise erzeugt, zerfallen aber immer einzeln über schwache Wechselwirkung in normale Teilchen.

Der amerikanische Physiker Murray Gell-Mann wies diesen Teilchen eine neue Eigenschaft zu, die er „Strangeness" (Seltsamkeit) nannte und die in der starken Wechselwirkung immer erhalten bleibt. In der schwachen Wechselwirkung hingegen, die für den relativ langsamen Zerfall dieser seltsamen Teilchen verantwortlich ist, geht diese Eigenschaft stets verloren, wird also verletzt. Die absolute Erhaltung der Seltsamkeit dieser Teilchen in der starken Wechselwirkung und andererseits ihre regelmäßige Verletzung in der schwachen Wechselwirkung bildeten einen eigenartigen Widerspruch. Aber die Welt der kleinsten Teilchen wurde ab der Mitte des 20. Jahrhunderts noch kurioser. In Teilchenkollisionen an immer größeren Beschleunigern wurden Hunderte weitere Elementarteilchen entdeckt. Diese vielen Teilchen konnten unmöglich alle elementar sein. Was war der Grund für die Existenz eines solchen Teilchenzoos? Das war das große Rätsel der Teilchenphysik zu Beginn der 1960er Jahre.

Um eine Systematik in diesem zoologischen Garten von Elementarteilchen zu schaffen, postuliert Murray Gell-Mann im Jahr 1964 die sogenannten Quarks. Er mutmaßt, dass die stark wechselwirkenden Teilchen wie die Nukleonen aus diesen noch kleineren, fundamentalen Bausteinen zusammengesetzt sind. Gell-Mann bezeichnet sie als „Quarks", weil ihm seine Hypothese sehr gewagt erschien. Das Wort Quark stammt aus dem Roman *Finnegans Wake* von James Joyce: „Three quarks for Muster Mark!" Gell-Man baut sein Teilchen-

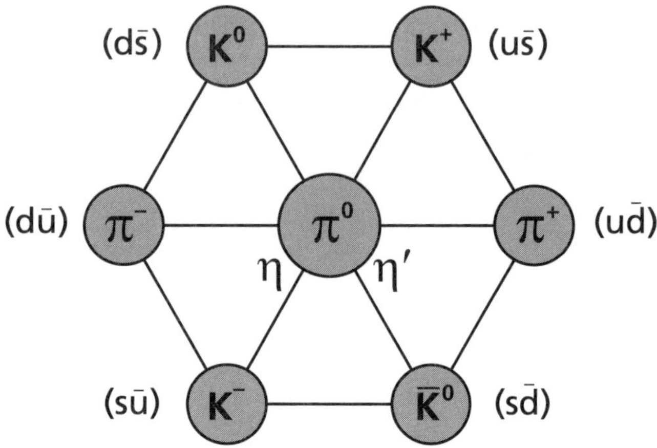

Im Quarkmodell setzen sich Mesonen aus Quark-Antiquark-Paaren zusammen. Hier das Oktett der leichtesten Mesonen mit Spin 0. In der Mitte das Triplett der Pi-Mesonen, die aus den Up- und Down-Quarks der ersten Teilchenfamilie bestehen. Die vier K-Mesonen enthalten je ein seltsames Quark.

schema aus Dreiecken auf, die Sechsecke mit einem Mittelpunkt bilden, und nennt dieses Schema „The eightfold way“ – nach dem buddhistischen Prinzip des achtfachen Weges.

Tatsächlich gelingt es Gell-Mann, aus diesen drei fundamentalen Quarks alle damals bekannten stark wechselwirkenden Elementarteilchen zusammenzusetzen. Diese drei Quarks erhielten die Bezeichnungen Up-, Down- und Strange-Quark. In dem aus drei Quarks zusammengesetzten Schema der Baryonen mit zehn Teilchen fehlte allerdings das Teilchen an der äußersten Spitze. Damit sagte Gell-Mann ein neues, noch unbekanntes Teilchen vorher. Noch im Jahr seiner Vorhersage wird dieses hypothetische Teilchen in einer amerikanischen Blasenkammer entdeckt – das sogenannte Omega-Baryon – bestehend aus drei Strange-Quarks. Für diese Vorhersage erhält Gell-Mann 1969 den Nobelpreis. Auch für die Technologie und Nutzung des dafür benutzten Nachweisgeräts, der Blasenkammer, werden

Nobelpreise verliehen: 1960 für ihre Erfindung an Donald Glaser und 1968 an Luis Alvarez für ihre Anwendung in der Teilchenphysik.

Dank Gell-Mans Teilchenschema lässt sich die Anzahl von Dutzenden von Teilchen auf die Kombination dreier Quarktypen reduzieren. So setzen sich die Neutronen und Protonen, also die Nukleonen, aus denen die Atomkerne bestehen, aus Kombinationen dreier Up- und Down-Quarks zusammen. Allerdings können die Quarks nicht aus zusammengesetzten Teilchen wie den Nukleonen herausgerissen und isoliert werden, sondern sie bleiben festgebunden. Dieser Umstand wird als „Confinement" bezeichnet, als Einschluss. Bei kleinen Abständen, tief innerhalb eines Protons zum Beispiel, bewegen sich die Quarks dagegen quasi frei. Das wird als „asymptotische Freiheit" bezeichnet.

Samuel Ting und Burton Richter entdecken 1974 in den USA Teilchen, die einen vierten Typ von Quarks enthalten. Dabei handelte es sich um das bereits theoretisch vorhergesagte Charm-Quark. Für ihre Entdeckung bekommen auch sie 1976 einen Nobelpreis. Ende der 1970er Jahre entdecken dann Leon Lederman und sein Team am Fermi National Laboratory (Fermilab) bei Chicago in den USA ein fünftes Quark, das sie „Bottom" oder auch „Beauty" nennen. Nach langer Suche gelingt im Jahr 1994 schließlich – ebenfalls am Fermilab – die Entdeckung des sechsten und bisher letzten Quarks, das den Namen „Top" oder „Truth" erhält.

Damit haben wir heute sechs Quarktypen mit unterschiedlichem „Flavor" (für Geschmack). Diesen Begriff wählten Gell-Mann und sein deutscher Kollege Harald Fritzsch bei einer Mittagspause angesichts von 32 Eissorten im Angebot einer Eisdiele. Die Quarks haben also die Flavors Up, Down, Strange, Charm, Bottom und Top. Diese sechs Quarks lassen sich in einem einfachen Schema anordnen. Oben und unten stehen in zwei Zeilen jeweils Up- und Down-Quarks, und in drei Spalten die drei Familien normaler, schwerer und superschwe-

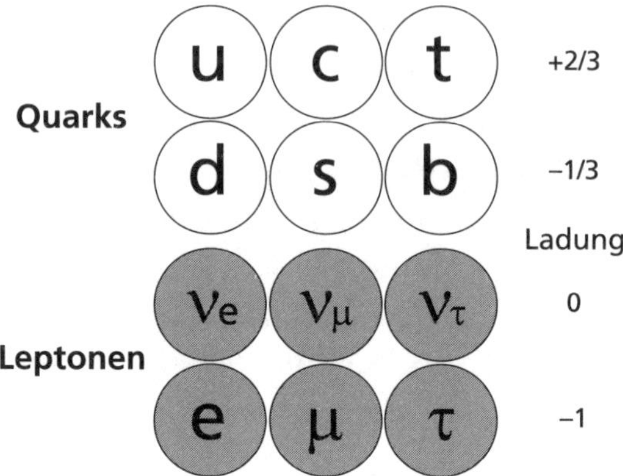

Die Bausteine der Welt, die Fermionen, im Standardmodell der Teilchenphysik: Oben die Quarks und unten die Leptonen. Alle Teilchen sind Teile von Dubletts der elektroschwachen Wechselwirkung aus je einem Up- und einem Down-Teilchen, die sich um eine Einheit der Elementarladung unterscheiden. Außerdem kommen alle Teilchen in drei Familien vor, deren Teilchen sich nur durch ihre Masse unterscheiden. Insgesamt gibt es also 2 × 2 × 3 = 12 Bausteine der Welt – sowie ihre Antiteilchen mit entgegengesetzten Ladungen.

rer Teilchen. Zu jedem dieser Quarks gibt es auch die entsprechenden Antiteilchen. Die Anti-Quarks haben dieselben Eigenschaften wie ihre Geschwister, aber entgegengesetzte Ladungen. Die sogenannten Mesonen setzen sich beispielsweise aus einem Quark-Antiquark-Paar zusammen, während die Baryonen aus drei Quarks bestehen. Zu den Baryonen gehören die Bausteine des Atomkerns, die Nukleonen, das Proton und das Neutron. Zur Beziehung zwischen Teilchen und ihren Antiteilchen ist allgemein noch festzuhalten, dass sie die gleiche Masse haben, alle ihre Ladungen beziehungsweise Quantenzahlen aber entgegengesetzte Vorzeichen aufweisen.

Bisher haben wir ausschließlich über stark wechselwirkende Elementarteilchen gesprochen, die auch als Hadronen bezeichnet werden (vom Griechischen hadros, stark). Stark wechselwirkend sind sowohl die Kernbausteine Proton und Neutron als auch deren Bestandteile, die Up- und Down-Quarks. Wie wir wissen, gibt es allerdings auch Elementarteilchen, die nicht der Kernkraft unterliegen. Das bekannteste ist das Elektron. Es wechselwirkt elektromagnetisch, ist aber auch Endprodukt des radioaktiven Beta-Zerfalls. Das Elektron unterliegt also auch der schwachen Wechselwirkung, der sogenannten Beta-Radioaktivität, über die dieser Zerfall erfolgt. Das einzige Teilchen, das ausschließlich schwach wechselwirkt, ist das Neutrino.

Die erste Elementarteilchenfamilie besteht somit nicht nur aus dem Up- und dem Down-Quark, sondern auch aus dem Elektron und dem dazugehörigen Neutrino. Aus ihr setzt sich die stabile Materie zusammen. Diese Teilchen unterteilen sich also in stark und nicht stark wechselwirkende Teilchen. Die Quarks unterliegen der starken Wechselwirkung. Die nicht stark wechselwirkenden Teilchen der Familie werden „Leptonen“ genannt (vom Griechischen leptos, leicht). Das Elektron und sein Neutrino, das Elektron-Neutrino, bilden die erste Lepton-Familie. Das schon erwähnte Myon ist das geladene Lepton der zweiten Teilchenfamilie. Es hat dieselben Eigenschaften wie das Elektron, doch ist es rund 200-mal schwerer als sein leichter Partner und hat eine kurze Lebensdauer von weniger als einer Mikrosekunde. Zum Myon gehört ebenfalls ein Neutrino, das sogenannte Myon-Neutrino. Wie die Quarks haben auch die Leptonen eine dritte Familie. Sie besteht aus dem noch schwereren Tau-Lepton und dem dazugehörigen Tau-Neutrino. Die Eigenschaft, eines der sechs Quarks oder Leptonen zu sein, wird durch besagten „Flavor“ unterschieden. Je zwei mal drei gleich sechs Flavors klassifizieren damit die Quarks und Leptonen als die Bausteine der Welt.

Wie zu den Quarks gibt es auch zu allen Leptonen entsprechende Antiteilchen mit gleicher Masse, aber entgegengesetzter Ladung. So ist das Positron das Pendant zum Elektron und das Anti-Tau-Neutrino das Gegenstück zum Tau-Neutrino. Ein vollständig aus Antimaterie bestehendes Antiwasserstoff-Atom enthält ein Antiproton als

Kern und in der Atomhülle ein Positron. Die Spektroskopie des Anti-Wasserstoffs konnte tatsächlich 2018 am CERN untersucht werden. Sie stimmt mit der Genauigkeit von fast einem Billionstel mit der von gewöhnlichem Wasserstoff überein. Das beweist, dass sowohl die Massen beider Antiteilchen als auch deren Wechselwirkungen identisch mit denen normaler Materie sind. Wir leben jedoch in einem Universum, das ausschließlich aus Materie besteht. Andernfalls müsste es irgendwo in den Tiefen des Universums zur Annihilation, der Auslöschung von Materie und Antimaterie und folglich zur Emission hochenergetischer Photonen kommen. Das wurde aber noch nie beobachtet. Weshalb es diese Antimaterie als mögliche Teilchenart überhaupt gibt, obwohl wir andererseits offensichtlich in einem Universum aus Materie leben, ist eines der großen Rätsel der Physik, dem wir im nächsten Teil des Buches nachgehen werden.

Allen Teilchen in unserem Schema ist eine Eigenschaft gemeinsam: Es sind Fermionen. Das sind Teilchen mit einem in Einheiten des Planckschen Wirkungsquantums halbzahligen Eigendrehimpuls, der in der Quantentheorie als Spin bezeichnet wird. Für Fermionen gilt das Pauli-Prinzip, demzufolge beispielsweise die Elektronen der Atomhülle nicht in allen Quantenzahlen übereinstimmen können.

An dieser Stelle eine Bemerkung zu den Maßeinheiten: In der Teilchenphysik wird die Energie in Elektronvolt (eV) angegeben. Das ist die Energie, die ein Teilchen mit der elektrischen Elementarladung eines Elektrons oder eines Protons erhält, wenn es eine Spannungsdifferenz von einem Volt durchläuft. In einer Röntgenröhre werden die Elektronen bis auf über 0,1 Millionen (Mega-) Elektronvolt oder MeV beschleunigt. Die Umrechnung von Masse in Energie und umgekehrt erfolgt gemäß Einsteins Formel $E = mc^2$. In diesen Einheiten hat ein Elektron eine Ruhemasse von 0,5 MeV/c^2. Die konstante Lichtgeschwindigkeit c wird häufig der Einfachheit halber gleich eins gesetzt und weggelassen, sodass sowohl Masse als auch Energie und

Impuls in Elektronvolt angegeben werden. Ein Proton hat dann eine Ruhemasse von knapp 1 Milliarde (Giga-) Elektronvolt oder GeV. Der LHC am CERN beschleunigt Protonen auf eine Energie von 7 Billionen (Tera) Elektronvolt oder TeV.

Das Teilchenschema reduziert nicht nur den Teilchenzoo auf wenige Elementarteilchen, es ist noch aus einem weiteren Grund bemerkenswert. Es weist drei offensichtliche Symmetrien auf: Erstens eine Symmetrie zwischen Quarks und Leptonen – die Quark-Lepton-Symmetrie. Zweitens ist dieses Schema symmetrisch bezüglich der drei Teilchenfamilien. Und drittens hat dieses Schema sowohl bei den Quarks als auch bei den Leptonen eine Up-Down-Symmetrie: Die obere Zeile enthält die Up-Quarks und die untere Zeile die Down-Quarks. Bei den Leptonen stehen in der oberen Zeile die elektrisch neutralen Neutrinos und in der unteren die negativ geladenen Leptonen wie das Elektron. Diese 2 × 2 × 3-fache Symmetrie unseres Teilchenschemas bildet die zwölf fundamentalen Bausteine der Welt ab. Es ist eine wunderschöne, einfache Symmetrie, die sich leicht einprägt. Das ist sozusagen das Evangelium, die gute Nachricht der Teilchenphysik. Die schlechte Nachricht ist, dass wir keine dieser drei fundamentalen Teilchensymmetrien auch nur im Entferntesten verstehen. Wir können sie im Moment nur staunend zur Kenntnis nehmen und in unsere Theorien integrieren.

Was aber ist der Grund für diese Symmetrien? Weshalb gibt es drei Teilchenfamilien? Hat die erste Familie nicht schon alles, was die Welt braucht? Sie enthält das Elektron sowie die zwei Quarks, die das Proton und Neutron bilden, aus denen sich die Atomkerne zusammensetzen. Die Atomkerne und die Elektronen wiederum bilden die Atome und Moleküle und damit die gesamte uns umgebende Welt. Die Teilchen der zweiten und dritten Familie unterscheiden sich von der ersten nur durch höhere Massen. Deshalb zerfallen sie binnen Mikrosekunden oder schneller in ihre leichteren Partner. Sie existieren damit nur für einen winzigen Moment in den Experimenten der Teilchenphysik oder in Reaktionen der kosmischen Strahlung in der Erdatmosphäre oder unter extremen Verhältnissen im Kosmos.

Naheliegend wäre, dass beispielsweise das schwere, geladene Lepton, das Myon, nichts anderes ist als ein hochenergetischer Anregungszustand des Elektrons, dieses ersten aller uns bekannten Elementarteilchen. Tatsächlich wird seit Jahrzehnten versucht herauszufinden, ob es sich nicht vielleicht doch anregen lässt, um sich dann unter Emission eines Photons wieder abzuregen und in ein Elektron zu zerfallen. Erfolglos. Nein, unter Billionen Zerfällen des Myons und des superschweren Tau-Leptons fand man keinen einzigen solchen Zerfall. Myon und Tau-Lepton scheinen also definitiv keine angeregten Zustände des Elektrons zu sein. Was aber sind sie dann? Welchem Schema folgen ihre Massen? Ähnlich den Spektrallinien im 19. Jahrhundert folgen die Massen der Fermionen – der Quarks wie der Leptonen – einem Schema, das die Physik nicht im Entferntesten versteht. Das ist eines der weiteren großen Rätsel der modernen Physik.

Genauso rätselhaft ist die sogenannte Quark-Lepton-Symmetrie. Warum verhalten sich in diesem Schema Quarks und Leptonen gleich, obwohl sie ansonsten nicht viel miteinander zu tun haben? Die auf den Quarks sitzenden starken Ladungen sind Gegenstand der starken Wechselwirkung. Die Quarks tragen überdies Bruchteile der Elementarladung. Myon und Elektron unterliegen der schwachen und der elektromagnetischen Wechselwirkung. Haben starke und schwache Wechselwirklungen vielleicht etwas miteinander zu tun? Auch das ist Gegenstand intensiver Forschung. Das Deutsche Elektronen-Synchrotron DESY in Hamburg betrieb dazu von 1991 bis 2007 den bisher einzigen asymmetrischen Teilchenbeschleuniger der Welt, die Hadron-Elektron-Ring-Anlage (HERA). In diesem Beschleuniger wurden Elektronen und Protonen in entgegengesetzter Richtung auf nahezu Lichtgeschwindigkeit beschleunigt und an zwei Wechselwirkungspunkten aufeinander geschossen. Die Forscher beobachteten Millionen von Kollisionen pro Sekunde zwischen den Elektronen und den Quarks der Protonen. Trotz jahrelanger Messungen wurde kein einziges Mal eine Verschmelzung oder Vereinigung von Elektronen mit Quarks beobachtet. Trotz extremer Anstrengungen war es nicht möglich, sogenannte Lepto-Quarks als die Fusionsprodukte aus Elektronen und Quarks herzustellen. Auch am Large Hadron Collider (LHC) am CERN in Genf, in dem Protonen in zwei gegenläufigen Beschleunigerringen aufeinander geschossen werden, ist das bisher nicht gelungen. Damit bleibt die Frage nach der Verschmelzung der Wechselwirkungen, der großen Vereinigung aller Kräfte, also die nach einer gemeinsamen Urkraft als eines der Rätsel der Physik des 21. Jahrhunderts offen.

Die dritte nicht verstandene Symmetrie der Bausteine der Welt besteht darin, dass es zu jedem im Teilchenschema obenstehenden Teilchen ein untenstehendes gibt: zum Up-Quark das Down-Quark, zum Elektron sein Neutrino und so weiter. Das ist die sogenannte Up-Down-Symmetrie. Diese Symmetrie wurde in die Theorie der elektroschwachen Wechselwirkung eingebaut, worin die schwache und elektromagnetische Wechselwirkung miteinander vereinigt wird. Auch hier bleiben jedoch die dahinterliegenden Gründe rätselhaft.

Das Schema der Bausteine der Welt macht den Anschein, als sei es vollständig. In den 1990er Jahren wurden am damaligen Elektron-Positron Collider (LEP) des CERN die Zerfälle der weiter unten diskutierten schweren sogenannten Z-Bosonen untersucht. Dabei zeigte sich, dass es nicht mehr als drei leichte Arten von Neutrinos gibt – und damit auch nur drei Teilchenfamilien. Doch warum genau drei, bleibt nach wie vor rätselhaft. Damit sind wir wieder ungefähr in der Situation der Physik und Chemie am Ende des 19. Jahrhunderts. Man kannte damals zwar das wunderbare Periodensystem der Elemente und musste vermuten, dass hinter dessen Regelmäßigkeit ein tieferes Gesetz steckt. Aber welches, war unbekannt. Ähnlich verhielt es sich mit der von Fraunhofer, Kirchhoff und Bunsen begründeten Spektralanalyse. Sowohl die Emissionslinien von Stoffen im Bunsenbrenner als auch die Absorptionslinien in den Lichtspektren der Sterne enthalten scharfe Linien mit überraschenden Gesetzmäßigkeiten. Die Wellenlängen verhalten sich wie die Quadrate ganzer Zahlen – eine Gesetzmäßigkeit vergleichbar mit der von Tonleitern. Dementsprechend sagte Arnold Sommerfeld 1919 „Was wir heutzutage aus der Sprache der Spektren heraushören, ist eine wirkliche Sphärenmusik des Atoms, eine Ordnung und Harmonie." Dahinter einen tieferen Sinn zu vermuten, drängte sich förmlich auf, nur ließ der sich lange nicht entschlüsseln. Eine Erklärung für die Gesetze der Spektroskopie lieferte erst das Bohrsche Atommodell und darauf aufbauend in den 1920er Jahren die Quantentheorie.

Beim Teilchenschema der Bausteine der Welt sind wir in derselben Situation wie damals. Wir beobachten Ordnungsprinzipien des Universums und müssen vermuten, dass hinter ihnen tiefere Gesetze des Kosmos verborgen liegen. Aber bisher haben wir sie nicht gefunden. Die Erfahrungen der Physik des 19. und 20. Jahrhunderts lassen uns jedoch hoffen, dass es uns gelingen wird, auch diese Geheimnisse der Natur zu enträtseln und das „Buch mit den sieben Siegeln" für uns alle zu öffnen. Und wie schon in der Welt der Atome dürfte uns ein unerwarteter Reichtum der Natur erwarten.

Die Wechselwirkungen

Um die Rolle der Wechselwirkungen im Universum zu begreifen, beginnen wir mit einem Gedankenexperiment. Angenommen, wir würden Gott spielen und versuchen, aus dem Nichts die Welt zu erschaffen. Wie würden wir vorgehen? Zuerst müssen wir die Bühne allen Geschehens kreieren. Eine Bühne für das Welttheater sind Raum und Zeit. Anschließend könnten wir die Bausteine der Welt hinzufügen. Bei ihrem Auftritt würden diese Bausteine aber völlig unzusammenhängend in Raum und Zeit durcheinanderfliegen. Was noch fehlt, ist das Zusammenspiel zwischen den Akteuren, die Wechselwirkungen zwischen den Bausteinen. Diese liefern uns die fundamentalen Kräfte. Mit ihnen wollen wir uns im Folgenden beschäftigen.

Die Kraft, die wir am längsten kennen, ist die Schwerkraft, die Gravitation. Die Quelle der Schwerkraft ist die Masse. Wie wir seit Newton wissen, ist ihre Stärke proportional zum Produkt der Größen der wechselwirkenden Massen und umgekehrt proportional zum Quadrat ihres Abstands. Eine Besonderheit der Schwerkraft ist, dass auch Antimaterie eine positive Masse hat. Es gibt also keinen Vorzeichenwechsel der Quelle, sie summiert sich im Kosmos auf. So ist das Universum von der immer anziehenden Schwerkraft dominiert.

Das elektrische Kraftgesetz ist dem Gravitationsgesetz sehr ähnlich. Auch die elektrische Kraft verhält sich umgekehrt proportional zum Quadrat der Entfernung der Ladungen. Sie hat damit eine ebenso lange Reichweite wie die Gravitation, wirkt aber ungleich stärker. So vermag ein kleiner Magnet eine Büroklammer entgegen der Schwerkraft der ganzen Erde anzuheben! Ein wichtiger Unterschied zur Schwerkraft ist, dass es positive und negative elektrische Ladungen gibt. Gleichnamige Ladungen stoßen einander ab, entgegengesetzte Ladungen ziehen einander an. Die Existenz von Ladungen mit unterschiedlichen Vorzeichen ermöglicht die elektrische Abschirmung. Das Atom hat in der Elektronenhülle negative und im Atomkern durch die Protonen positive elektrische Ladung. Atome und Moleküle sind damit nach außen elektrisch neutral. Da gleichviele positive wie negative elektrische Ladungen existieren, ist unsere Welt insgesamt elektrisch neutral. Diese Neutralität schirmt die elektrische Kraft ab und lässt sie schwächer als die Schwerkraft erscheinen. Entscheidend beim Verständnis dieser Kraft ist die Verknüpfung der elektrischen mit der magnetischen Kraft zur elektromagnetischen Kraft, und die Erkenntnis, dass Licht und elektromagnetische Wellen Manifestation ein und desselben Phänomens sind. Damit haben wir nun zwei von vier fundamentalen Kräften der Physik beschrieben.

Die Entdeckung der anderen beiden Wechselwirkungen beginnt mit der Geschichte der Erforschung der Radioaktivität, besonders angetrieben durch das Ehepaar Pierre und Marie Curie zu Beginn des 20. Jahrhunderts. Man stellte fest, dass es drei unterschiedliche Arten von Radioaktivität gibt. Zunächst die Beta-Strahlung, in der negativ geladene Elektronen emittiert werden. Eine Besonderheit dieser Strahlung besteht darin, dass die emittierten Elektronen ein breites Energiespektrum haben. Das stand anfangs scheinbar im Widerspruch zur Energieerhaltung. Daraufhin postulierte, wie bereits angesprochen, Wolfgang Pauli 1930 ein neues, unbekanntes neutrales und offensichtlich nur sehr schwach wechselwirkendes Teilchen, das bei diesen Zerfällen neben dem Elektron entstehen muss und erklärt, wo die fehlende Energie in dem Zerfallsprozess bleibt. Später wird dieses unbekannte Teilchen, wie wir bereits wissen, Neutrino genannt. Weiterhin kannte man seit Beginn der Ära der Radioaktivität die sogenannte Alpha-Strahlung, die eine definierte Zerfallsenergie hat, und stellte alsbald fest, dass die Alpha-Teilchen aus zweifach positiv geladenen Heliumkernen bestehen. Und noch eine dritte Art von Radioaktivität wird entdeckt, die ganz anderer Natur ist. Sie wird nämlich nicht wie die Alpha- oder Beta-Strahlung von Teilchen verursacht, sondern von neutralen hochenergetischen Lichtquanten, den Quanten der elektromagnetischen Strahlung, und wird als Gamma-Strahlung bezeichnet.

In den 1930er Jahren erstellt Enrico Fermi eine Theorie zur Beschreibung der schwachen Kraft als Ursache des Beta-Zerfalls, die nach ihm benannte Fermi-Theorie. Um zu erklären, was den Atomkern gegen die kräftige elektrostatische Abstoßung der Protonen in seinem Innern zusammenhält, erarbeitet zur selben Zeit der japanische Theoretiker Hideki Yukawa eine Theorie der starken oder Kernkraft. Er schlägt vor, dass die Nukleonen, also die Protonen oder Neutronen, im Atomkern sehr kurzlebige Teilchen austauschen. Anders als Fermi für die schwache Kraft postuliert Yukawa für die Kernkraft ein Austauschteilchen. So gesellen sich ab den 1930er Jahren diese beiden neuen fundamentalen Wechselwirkungen und ihre Prozesse zur Gravitation und dem Elektromagnetismus.

Nach dem Zweiten Weltkrieg beziehen Richard Feynman, Julian Schwinger und Joichi Tomonaga das elektromagnetische Feld in die Quantentheorie ein und entwickeln sie zu einer Quantenfeldtheorie weiter – der Quantenelektrodynamik (QED). Sie beschreibt alle Phänomene, an denen elektrisch geladene Teilchen beteiligt sind, die durch den Austausch von Photonen wechselwirken, und bezieht die klassische Elektrodynamik vollständig mit ein. Die QED vereinigt Quantenmechanik und Spezielle Relativitätstheorie. Nach diesem Schema wollten die Theoretiker nun ähnlich elegante Theorien für die schwache und für die starke Wechselwirkung erarbeiten, was in den folgenden 30 Jahren auch gelingen sollte.

Quantenfeldtheorien beschreiben Wechselwirkungen durch den Austausch von Teilchen. Beim Elektromagnetismus vermitteln masselose Photonen die Wechselwirkung. Sie koppeln an die elektrische Ladung als Quelle der Kraft. Bei den Photonen handelt es sich um Bosonen. Diese haben im Gegensatz zu den Bausteinen der Materie, den Fermionen, einen ganzzahligen Spin. Sie sind nach dem indischen Physiker Satyendranath Bose benannt und verhalten sich gemäß der Bose-Einstein-Statistik, in der anders als in der Statistik der Fermionen beliebig viele ununterscheidbare Teilchen den gleichen Zustand einnehmen können.

Auch die starke Wechselwirkung zwischen den Quarks wird durch den Austausch masseloser Teilchen mit ganzzahligem Spin eins ver-

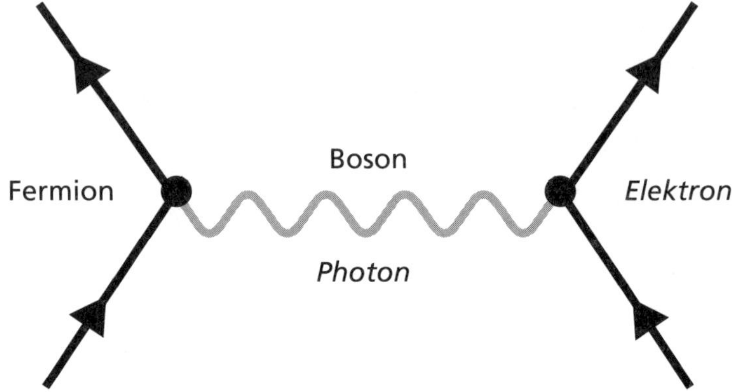

Wechselwirkungen in der Quantenfeldtheorie: Zwei Fermionen als Bausteine der Welt tauschen ein Kraftteilchen, ein Boson, aus. In der Quantenelektrodynamik wechselwirken Elektronen über den Austausch von Lichtquanten, von Photonen.

mittelt, den sogenannten Gluonen. Die Austauschteilchen des Elektromagnetismus, die Photonen, tragen selbst keine elektrische Ladung. Bei der starken Kraft hingegen übertragen die Gluonen die Farbladung von einem Quark zu einem anderen. Quarks werden durch die abstrakten „Farben" Rot, Grün oder Blau gekennzeichnet, die jedoch nicht mit realen Farben zu verwechseln sind. Das masselose Gluon wurde erstmals Ende der 1970er Jahre an der Positron-Elektron-Tandem-Ring-Anlage PETRA am Deutschen Elektronen-Synchrotron DESY in Hamburg nachgewiesen. Diese Entdeckung des Quants der starken Kraft bestätigte die in Analogie zur Quantenelektrodynamik mittlerweile entwickelte Theorie der starken Wechselwirkung, die Quantenchromodynamik (QCD). Die Bezeichnung spielt auf die Farbe als Quelle der Kernkraft an. Aber die Quarks tragen neben der Farbladung auch eine elektrische Ladung, nämlich +2/3 der Elementarladung für die Up-Quarks beziehungsweise −1/3 für die Down-Quarks. Diese Quarkladungen addieren sich für die drei Quarks eines Nukleons zur Ladung eins des Protons oder zur Ladung null des Neutrons.

Die Austauschteilchen der schwachen Wechselwirkung, die schweren Z- und W-Bosonen, wurden schließlich 1983 am Super Proton Synchrotron SPS des CERN entdeckt. Dafür erhielten im darauffolgenden Jahr Carlo Rubbia und Simon van der Meer den Nobelpreis für Physik. Diese Austauschteilchen verfügen über fast die hundertfache Ruhemasse eines Protons, was der Masse eines Uranatoms entspricht. Sie haben deshalb eine sehr kurze Lebensdauer. Wegen der hohen Masse ihrer Austauschteilchen hat die schwache Wechselwirkung nur eine sehr kurze Reichweite. Das Z-Boson ist elektrisch neutral, während die W-Bosonen eine positive oder negative elektrische Ladung tragen. Alle drei Austausch-Bosonen bilden gemeinsam ein Triplett der Träger der schwachen Kraft.

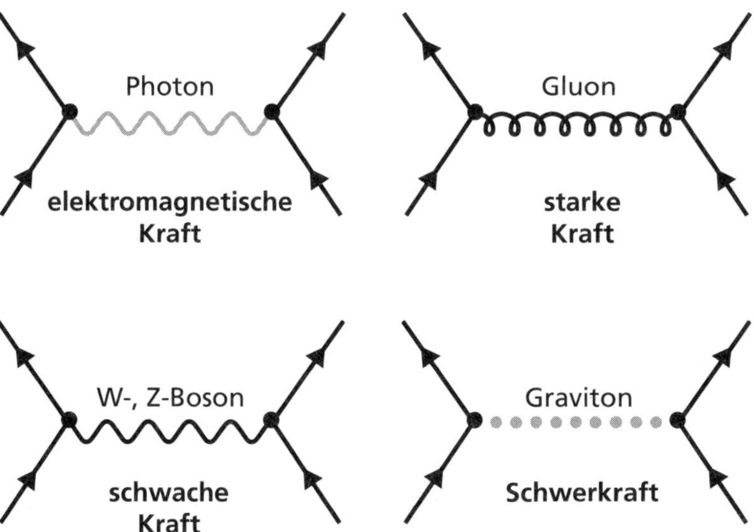

Die Kräfte der Welt: Elektromagnetismus, starke und schwache Kraft sowie Schwerkraft zusammen mit ihren Austauschteilchen: dem Photon, (acht) Gluonen, drei schwachen W- und Z-Bosonen sowie dem hypothetischen Graviton einer Quantengravitation.

Auch bei der Gravitation werden Austauschteilchen vermutet, die sogenannten Gravitonen. Deren theoretische Beschreibung setzt allerdings eine Quantisierung der Theorie der Schwerkraft voraus, was bisher nicht gelungen ist. Da die Gravitation gegenüber den anderen fundamentalen Kräften extrem schwach ist, benötigt man für den Nachweis von Gravitonen starke Gravitationsfelder wie an den Rändern von Schwarzen Löchern oder Neutronensternen sowie Nachweisgeräte mit der Masse von Sternen. Immerhin hat man aus den Messungen von Gravitationswellen eine extrem niedrige Grenze für die Masse des Gravitons bestimmt. Damit ist die Reichweite der Gravitation größer als das beobachtbare Universum. Allen Austauschteilchen ist gemeinsam, dass sie über einen ganzzahligen Spin verfügen, was in der Bezeichnung „Boson" zum Ausdruck kommt. Die Austauschteilchen haben den Spin eins, bis auf das Graviton, das hypothetische Austauschteilchen der Schwerkraft, mit einem Spin zwei.

Die Gravitation ist also viel schwächer als die übrigen fundamentalen Wechselwirkungen. Sie ist mindestens 40 Größenordnungen schwächer als der Elektromagnetismus! Die Gravitationskonstante ist demzufolge extrem klein. Und sie hat noch eine weitere Besonderheit. Damit man die Stärken von Kräften miteinander vergleichen kann, sollten sie einfache Zahlen ohne Dimensionen oder Maßeinheiten sein. Ein Kilogramm und eine Sekunde kann man nicht miteinander vergleichen, aber vier ist das Doppelte von zwei. Die Gravitationskonstante hat jedoch eine physikalische Einheit. Das Newtonsche Gravitationsgesetz besagt nämlich, dass die Stärke der Gravitationskraft zweier Massen proportional ist zum Produkt der beiden einander anziehenden Massen und zum Kehrwert ihres Abstandsquadrats. Damit sich die Einheiten der beiden Probemassen herauskürzen, muss die Gravitationskonstante die Dimension eins durch Masse zum Quadrat haben. Somit ist die Gravitationskonstante keine dimensionslose Größe, wie es für die Stärke einer Kraft sein sollte. Hat eine solche Stärke eine Maßeinheit, weist das in der Physik immer auf ein unverstandenes verstecktes Phänomen hin. Deshalb stellt die in der Konstanten versteckte physikalische Dimension der Masse eines der Rätsel rund um die Gravitation dar.

In der schwachen Kraft gab es mit der sogenannten Fermi-Konstante über Jahrzehnte ein ähnliches Problem. Diese Konstante hat ebenfalls die Dimension eins durch Masse zum Quadrat. Sie wurde wie erwähnt Anfang der 1930er Jahre im Rahmen der sogenannten Vier-Fermion-Theorie der schwachen Kraft von Enrico Fermi eingeführt. In den 1950er Jahren festigte sich die Überzeugung, dass sich hinter dieser Dimension eine Masse verbirgt, und dass die schwache Kraft deshalb so schwach ist, weil sie durch schwere Austauschbosonen vermittelt wird, deren Masse in die Fermi-Konstante eingeht. Diese These hat sich tatsächlich in der Theorie der elektroschwachen Kraft bestätigt. Nach Abspaltung der Massen der Eichbosonen wird die Kopplungskonstante der schwachen Wechselwirkung dimensionslos und ist auch nicht mehr klein.

Die Stärke der elektromagnetischen Kraft beschreiben wir durch die dimensionslose, sogenannte Feinstrukturkonstante. Ihre Stärke beträgt etwa eins durch 137. Auch die Kopplungskonstante der Kernkraft ist dimensionslos. Sie hängt jedoch stark von der Energie der Kernreaktion ab. Bei den Energien des Large Hadron Colliders LHC am CERN von mehreren Tera-Elektronvolt beträgt sie etwa ein Zehntel. Bei kleinen Energien unterhalb der Protonmasse wird sie jedoch groß und bindet die Quarks so fest im Proton, dass diese niemals frei beobachtet werden können.

Damit haben wir vier fundamentale Kräfte oder Wechselwirkungen: die Schwerkraft, die elektromagnetische Kraft, die schwache und die starke Kraft. Die Austauschteilchen sind das Photon des Elektromagnetismus und das Gluon für die starke Kraft. Beide sind masselos, wohingegen die Austauschteilchen der schwachen Kraft eine Ruhemasse aufweisen. In einer noch zu entwickelnden Quantentheorie der Gravitation müsste es wegen der unendlichen Reichweite der Schwerkraft masselose Gravitonen geben. Eine der großen Fragen der modernen Physik ist, ob diese vier Kräfte wirklich fundamental sind. Erinnern wir uns: Die elektrische und die magnetischen Kräfte lassen sich zu einer elektromagnetischen Kraft vereinigen. Lassen sich vielleicht auch die vier fundamentalen Kräfte weiter vereinigen? Gibt es womöglich eine Urkraft, die hinter ihnen steht?

Tatsächlich gelingt es in den 1960er und 1970er Jahren nachzuweisen, dass sich die schwache und elektromagnetische Kraft mischen und sich beide zu einer neuen, der elektroschwachen Kraft vereinigen. Das ist nur möglich, wenn sich die elektrisch neutralen Z-Bosonen mit dem neutralen Sendboten des Elektromagnetismus, den Photonen mischen. Das Ausmaß dieser Mischung der Kräfte und ihrer Austauschteilchen, der sogenannte Mischungswinkel zwischen der elektrischen und schwachen Kraft, ist nach dem US-amerikanischen Physiker und Nobelpreisträger Steven Weinberg bezeichnet und heißt Weinberg-Winkel. Diese Mischung der elektromagnetischen und der schwachen Kraft findet allerdings erst bei hohen Energien statt, nämlich bei Energien oberhalb der Ruhemasse der schweren W- und Z-Bosonen, also oberhalb von etwa 100 GeV. Zum Vergleich: Das Proton hat eine Ruhemasse von ungefähr 1 GeV.

Natürlich versuchten die Forscher, an diesen Erfolg anzuknüpfen und als nächstes die starke mit der elektroschwachen Kraft im Rahmen einer Theorie der „Großen Vereinigung" (auch „Grand Unified Theory", kurz GUT) zusammenzuführen. Eine solche Vereinigung kann jedoch erst bei extrem hohen Energien oberhalb ungefähr 10^{15} GeV stattfinden. Das liegt 13 Größenordnungen über der Energie der elektroschwachen Vereinigung und ist weit mehr, als irdische Teilchenbeschleuniger in absehbarer Zeit erreichen können.

Verfolgen wir abschließend zurück, bei welchen Energien, Temperaturen und zu welchen Zeiten nach dem Urknall überhaupt Bedingungen für eine große Vereinigung der fundamentalen Wechselwirkungen geherrscht haben. Elektrizität und Magnetismus sind immer vereinigt, auch bei niedrigen Temperaturen. Die elektroschwache Vereinigung vollzieht sich bei Energien von etwa 100 GeV. Das entspricht Temperaturen, wie sie weniger als eine Milliardstel Sekunde nach dem Urknall herrschten. Die große Vereinigung der elektromagnetischen, schwachen und starken Kraft vollzieht sich jedoch erst

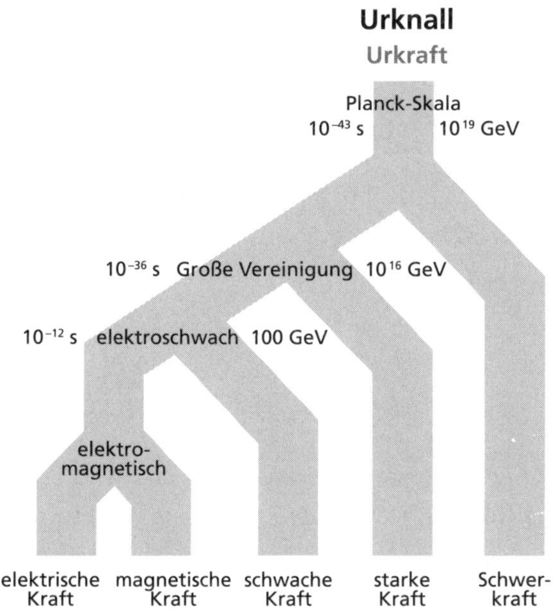

Das Schema der Vereinigung der Kräfte zu einer Urkraft bis zur Planck-Skala beim Urknall mit den entsprechenden Energieskalen und Zeitpunkten. Die Vereinigung von Elektrizität und Magnetismus zum Elektromagnetismus wurde im 19. Jahrhundert geklärt, die Vereinigung des Elektromagnetismus mit der schwachen zur elektroschwachen Kraft in der zweiten Hälfte des 20. Jahrhunderts.

bei einer Energie von mindestens 10^{15} GeV. Die entsprechenden Temperaturen herrschten bis 10^{-35} Sekunden nach dem Urknall, also extrem kurz nach der Entstehung des Universums.

Damit hätten wir theoretisch schon drei von vier fundamentalen Kräften miteinander vereinigt. Was bleibt, ist die Einbindung der Schwerkraft. Theoretisch kann die Gravitation sich mit den anderen Kräften bei einer Energie oder Temperatur vereinigen, die der reziproken Gravitationskonstante entspricht, also ihrem Kehrwert. Damit kommen wir in den Bereich der sogenannten Planck-Skala und zu unvorstellbar großen Energien, wie sie im Universum unmittelbar nach dem Urknall aufgetreten sind. Die Planck-Skala markiert die Grenze der Anwendbarkeit der bekannten Gesetze der Physik. Wie wir im Anhang genauer erläutern, lässt sie sich aus den fundamentalen Naturkonstanten berechnen. Das sind die Lichtgeschwindigkeit c, die Gravitationskonstante G, die Boltzmann-Konstante k_B der Thermodynamik sowie Plancks Wirkungsquantum h bzw. $\hbar = h/2\pi$. Die Planck-Zeit beträgt etwa 10^{-43} Sekunden, die Planck-Masse beziehungsweise Energie 10^{19} Giga-Elektronvolt, die Planck-Länge 10^{-35} Meter. In diesem Bereich ist die Gravitation derart stark, dass Raum und Zeit sogenannten Quantenfluktuationen unterliegen und quasi zerreißen. Dieser Zustand der Raumzeit wird auch als „Schaum der Raumzeit" bezeichnet.

Aber damit verlieren wir einen Grundpfeiler unseres Denkens, nämlich die Kausalität! Sie fordert, dass eine Ursache stets vor der Wirkung kommt. Im Sinne von Immanuel Kant stellen Raum und Zeit „als a priori unserer Erfahrung" und als „reine Formen der sinnlichen Anschauung" die Bühne des physikalischen Geschehens dar und sind Voraussetzungen unseres Denkens. Jenseits der Vereinigung der Schwerkraft mit den anderen Kräften beziehungsweise der Planck-Skala erreichen wir die Grenzen der heutigen Physik und unseres Denkens. Wir können diese Grenze berechnen und benennen, aber zurzeit nicht überschreiten. Eines der großen Rätsel der Physik des 21. Jahrhunderts lautet also: Was passiert jenseits der Planck-Skala? Damit verbinden sich die Fragen: Wie können wir die Gravitation quantisieren? Wie vereinigen wir die Gravitation mit den restlichen Kräften? Wir kommen darauf zurück.

Higgs-Feld und Higgs-Boson

Wir haben bisher über die Bausteine der Welt und ihre Wechselwirkungen gesprochen. Seit Kurzem kennen wir aber einen völlig neuen Bestandteil unserer Welt, der weder einen Baustein noch eine Kraft im Universum darstellt: das sogenannte Higgs-Feld sowie das dazu gehörige Higgs-Boson. Was es mit diesem Feld und seinem Boson auf sich hat, wollen wir in diesem Abschnitt beschreiben.

Bereits im Verlauf der 1950er Jahre wurde klar, dass die Theorie der schwachen Wechselwirkung vor einem Problem steht. Normalerweise haben die Austauschteilchen der Kräfte keine Masse. Solche Massen würden nämlich die Reichweite der Kräfte – neben der Abnahme ihrer Stärke mit dem Quadrat des Abstands – zusätzlich mindern. Hätten die Photonen beispielsweise eine Ruhemasse, würden sie sich im Vakuum nicht mit der konstanten Lichtgeschwindigkeit ausbreiten, sondern ihre Geschwindigkeit hinge von ihrer Energie beziehungsweise ihrer Wellenlänge ab. Eine solche sogenannte Dispersion des Lichts wurde im leeren Raum nie beobachtet. Schwerkraft und Elektromagnetismus haben überdies eine unendliche Reichweite. Daraus können wir schließen, dass sie nicht von massebehafteten („massiven") Austauschteilchen übertragen werden.

Ähnlich verhielte es sich im Fall der masselosen Gluonen, den Austauschteilchen der starken Wechselwirkung. Ihre Reichweite ist nur deshalb so extrem kurz, weil die Gluonen selbst miteinander wechselwirken. Ihre Gesamtkraft wächst mit dem Abstand der Quellen, vergleichbar mit einem Gummiseil, das sie verbindet und sich zwischen ihnen spannt. Trennt man unter hohem Energieaufwand die Quarks aus diesem Verbund, reißt das Seil zwischen ihnen, und die Quarks bilden aus dem Vakuum neue Quark-Antiquark-Paare. Deshalb können Quarks niemals frei beobachtet werden. Sie sind innerhalb der Hadronen, wie dem Proton oder dem Neutron, eingeschlossen. Dieser Effekt wird, wie bereits angesprochen, als Confinement bezeichnet. Quasi-frei erleben wir Quarks erst in Streu-Experimenten bei hohen Energien, wie zum Beispiel in der Elektron-Proton-Streuung am HERA-Speicherring am DESY in Hamburg.

Ganz anders als im Fall der starken und elektromagnetischen Wechselwirkung verhält es sich bei der schwachen Wechselwirkung. Sie ist viel schwächer als die elektromagnetische Wechselwirkung und hat eine kürzere Reichweite, weil sie, wie wir wissen, von schweren Austauschteilchen vermittelt wird. In der Quantenfeldtheorie haben jedoch Austauschteilchen mit Ruhemasse keinen Platz. Sie zerstören nämlich, wie man physikalisch sagt, die Unabhängigkeit der Wechselwirkung gegenüber einer Umeichung ihrer Potentiale. Dem elektrischen Potential entspricht die elektrische Spannung, und ein Stein fällt im Gravitationspotential der Erde. Potentiale kann man frei umeichen. So kann man die Potentiale der beiden Pole einer Steckdose 0 V und +230 V oder −230 V und 0 V nennen. Anders ausgedrückt: Eine Quantenfeldtheorie mit massebehafteten Austauschteilchen liefert keine physikalisch sinnvollen Resultate. Damit standen die Physiker in den 1950er Jahren, als sich dieses Problem manifestierte, vor einer schier unlösbaren Aufgabe. Bis schließlich François Englert, Peter Higgs und andere 1964 eine Lösung fanden, indem sie ein neues, fundamentales skalares Feld einführten.

Um das besser zu verstehen, müssen wir uns das Besondere eines solchen skalaren Feldes verdeutlichen. In den letzten 500 Jahren hat sich die Physik im Wesentlichen mit Kräften befasst. Kräfte haben eine Richtung und werden durch Vektorfelder beschrieben. Zu solchen

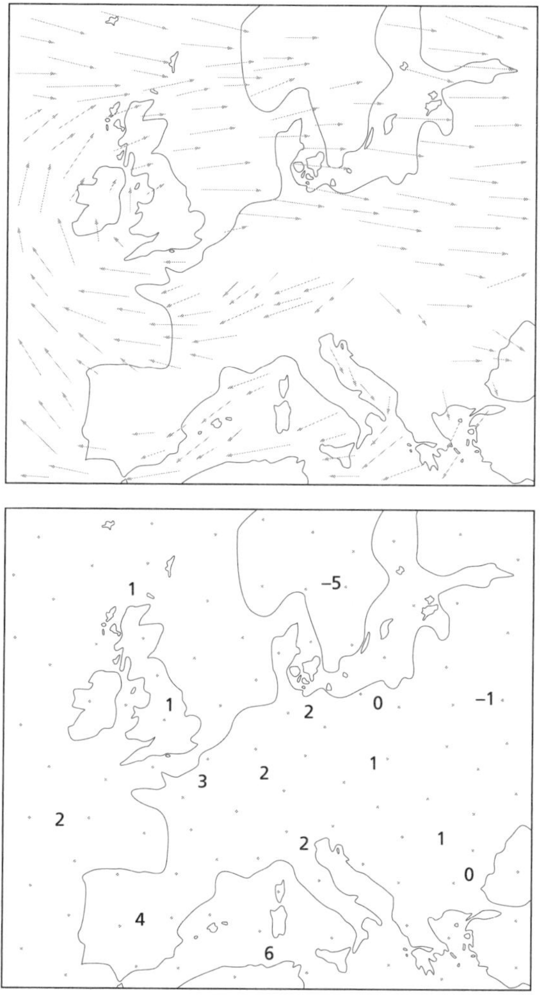

Die Physik hat sich in den letzten 500 Jahren auf Kräfte konzentriert, die durch Vektorfelder beschrieben werden wie das oben gezeigte Strömungsbild einer Wetterkarte. Skalare Felder beinhalten nur eine skalare Größe pro Raumpunkt, eine Zahl wie Temperatur, Druck oder Luftfeuchtigkeit beim Wetter. Diese Felder sind allerdings nicht fundamental. Das Higgs-Feld sowie die Felder der Inflation nach dem Urknall und der dunklen Energie sind etwas völlig Neues in der Physik: fundamentale skalare Felder.

Kräften gehören Schwerkraft und Elektromagnetismus, aber auch die mechanischen Kräfte. Es gibt jedoch physikalische Größen, die keine Richtung haben, wie beispielsweise Luftfeuchtigkeit, Luftdruck und Temperatur in der Meteorologie.

Diese Größen werden durch skalare Felder dargestellt, die aber nicht fundamental sind, sondern sich aus statistischen Gesetzen ergeben, die Atome und Moleküle der Mikrowelt mit unserem Makrokosmos verbinden. In der Erkenntnistheorie nennen wir solche Felder abgeleitet oder emergent. Besagtes Higgs-Feld hat aber noch eine weitere Besonderheit, die an den Äther erinnert. Es wird als allgegenwärtig und alles durchdringend, als omnipräsent angenommen und hat – anders als die in der Physik bisher bekannten Kraftfelder – keine Quellen. Es ist einfach da, und es gibt den Teilchen ihre Masse, ohne dass wir seine Ursache wirklich benennen können.

Das später nach Peter Higgs benannte skalare Feld erlaubt nun einen genialen Trick: Durch spontane Brechung der Symmetrie des Higgs-Feldes im Vakuum kürzen sich die physikalisch nicht sinnvollen Terme der schweren W- und Z-Bosonen der schwachen Wechselwirkung heraus. Wie ist das zu verstehen? Betrachten wir dazu ein einfaches mechanisches Beispiel: Man stütze sich auf einen exakt senkrecht stehenden Stab in einer Ebene. Der Stab ist rotationssymmetrisch. Ab einer gewissen Belastung wird dieser Stab unter der Last abknicken, aber stets in eine bestimmte Richtung. Obwohl das Problem rotationssymmetrisch ist, wählt jede konkrete Lösung dieses Problems also eine bestimmte Richtung und bricht damit die ursprüngliche Rotationssymmetrie. Das ist ein einfaches Beispiel für spontane Symmetriebrechung.

Genau das geschieht auch mit dem Higgs-Feld. Es ist zunächst rotationssymmetrisch, kann aber nach Symmetriebrechung einen tiefer liegenden energetischen Grundzustand unserer Welt einnehmen. Dabei kürzen sich die Terme des Higgs-Felds und die Massenterme

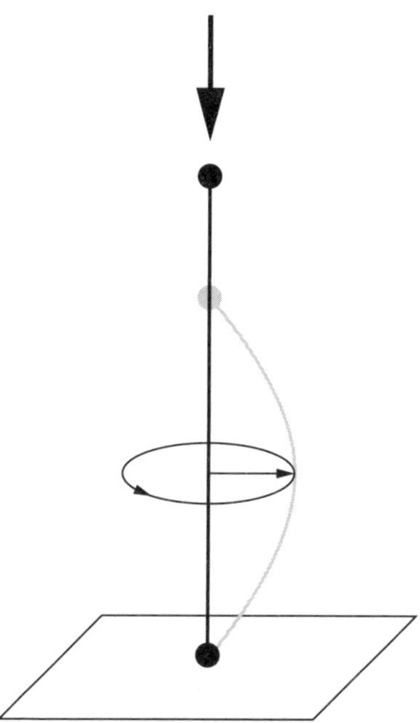

Symmetriebrechung in der klassischen Mechanik: Man stütze sich auf einen senkrechten elastischen Stab. Bei geringer Stützlast bleibt der Stab gerade und symmetrisch. Ab einer bestimmten Last knickt der Stab ein. Er weicht in einer zufälligen Richtung aus. Das Problem selbst ist symmetrisch, aber jede seiner Lösungen bricht seine Rotationssymmetrie.

der schweren Vektorbosonen der schwachen Wechselwirkung heraus. Bei dieser Symmetriebrechung erlangt das Higgs-Feld selbst eine Masse. Es wird Bestandteil unserer physikalischen Realität und Ausdruck eines nichttrivialen Grundzustands unserer Welt – eines neuen Vakuums mit einer gebrochenen Symmetrie.

Durch Einführung des Higgs-Felds gelingt es also, massive Eichbosonen wie die Z- und W-Austauschteilchen widerspruchsfrei in ein Standardmodell der Teilchenphysik zu integrieren. Das Higgs-Feld scheint wie ein genialer Trick der Natur. Es kompensiert die Unvollkommenheit einer symmetrischen Welt durch eine Symmetriebrechung

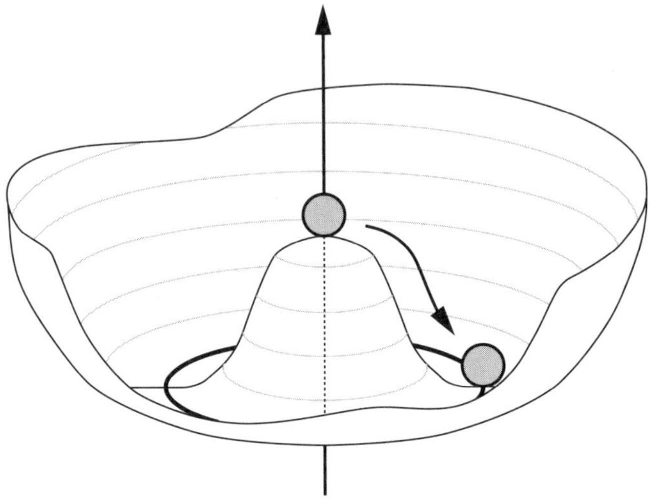

Das Higgs-Feld: In der Mitte die Situation einer symmetrischen, aber instabilen Welt mit masselosen Teilchen. In unserer Welt ist im stabilen Grundzustand des Higgs-Vakuums die Symmetrie der elektroschwachen Wechselwirkung gebrochen. Durch diese Symmetriebrechung erzeugt das Higgs-Feld sowohl die Masse der Eichbosonen der elektroschwachen Kraft als auch die Masse der Fermionen als Bausteine der Welt.

und ermöglicht auf diese Weise eine Welt mit massiven Vektorbosonen. Aber gibt es dieses mysteriöse Feld auch wirklich?

Ein solches Feld muss sich quantenmechanisch in einer Anregung, einem Quant, manifestieren. Ein halbes Jahrhundert wurde das Higgs-Boson als die quantenmechanische Anregung des Higgs-Felds gesucht, bis es schließlich im Jahr 2012 am Large Hadron Collider LHC des CERN entdeckt wurde. Seine Vorhersage wird wie erwähnt ein Jahr später mit der Vergabe des Nobelpreises für Physik an Peter Higgs und François Englert belohnt. Die Vorhersage des Higgs-Teilchens und seine Entdeckung sind ein Triumph des Standardmodells der Teilchenphysik. Das Higgs-Boson bildet den Schlussstein dieses großartigen Gedankengebäudes.

Die massiven Eichbosonen der schwachen Wechselwirkung können somit dank des Higgs-Felds in der Teilchenphysik widerspruchsfrei beschrieben werden. Der Preis für diesen theoretischen Trick ist allerdings hoch: ein zusätzliches, massives, überall vorhandenes und alles durchdringendes skalares Feld – besagtes Higgs-Feld. Dieses Feld hat aber eine unerwartete Tugend, die bereits 1967 von dem amerikanischen Physiker und späteren Nobelpreisträger Steven Weinberg bemerkt und ausgenutzt wurde. Weinberg beschreibt in jenem Jahr in einem verblüffend kurzen Artikel von nur drei Seiten, dass auch die Bausteine der Welt, die sogenannten Fermionen (wie das Elektron oder die Quarks), eine Masse erhalten, wenn sie sich durch das Higgs-Feld bewegen und mit ihm wechselwirken. Das wiederum hat noch eine zweite Konsequenz. Der Higgs-Mechanismus, der ihnen diese Masse verleiht, bewirkt gleichzeitig, dass die Kopplung, also die Wechselwirkung des Higgs-Felds mit den Bausteinen der Welt, proportional zu ihrer Masse ist. Das ist eine bemerkenswerte Eigenschaft, die sehr an die Schwerkraft erinnert, denn auch diese ist proportional zur Masse der Objekte. Wenn wir dem Higgs-Boson bei seiner Arbeit zuschauen wollen, wie es die Massen der Elementarteilchen erzeugt, müssen wir also messen, ob seine Kopplung an die Materieteilchen tatsächlich proportional zur deren Masse ist.

Nun sind die Massen der Elementarteilchen extrem unterschiedlich. Die des Elektrons beträgt ein halbes Mega-Elektronvolt. Das Proton ist fast zweitausend Mal schwerer als das Elektron: Seine Masse ist knapp ein Giga-Elektronvolt. Die Masse des schwersten Quarks, des Top-Quarks, beträgt wiederum fast zweihundert Mal so viel, nämlich 173 GeV. Die Massen der Elementarteilchen unterscheiden sich also um einen Faktor von fast einer Million. Diese Spannbreite ist Fluch und Chance zugleich. Das Messprogramm des LHC besteht deshalb für die nächsten Jahre – und vielleicht sogar Jahrzehnte – darin, zu schauen, ob die Kopplung des Higgs-Teilchens und damit des Higgs-Felds an diese unterschiedlichen Elementarteilchen tatsächlich proportional zu ihrer Masse ist. Diese Korrelation ist eine der wichtigsten Charakteristiken des Higgs-Mechanismus und muss möglichst genau vermessen werden. Im Moment wird bestenfalls eine Messgenauigkeit von 10 % erreicht. Um aber zu sehen, ob die Elementarteilchen tatsächlich wie vom Standardmodell der Teilchenphysik vorhergesagt an das Higgs-Feld koppeln, oder ob es Abweichungen von dieser Vorhersage gibt, benötigen wir Genauigkeiten mit einem Messfehler von nur wenigen Prozent.

Welche Bedeutung hat nun dieses skalare Feld in der Welt? Es soll den gesamten Raum erfüllen und allen Teilchen durch Wechselwirkung mit ihm ihre Ruhemassen geben. Wie aber lässt sich das in ein physikalisches Bild übertragen? Darüber entzünden sich seit der Entdeckung des Higgs-Teilchens selbst unter Experten wie denen der *International Particle Physics Outreach Group* (IPPOG) rege Debatten, die an den Disput der Physiker am Ende des 19. Jahrhunderts über den Äther erinnern. Ein oft verwendetes Bild für das Higgs-Feld ist das eines zähen Mediums, das der Bewegung der Teilchen einen Widerstand entgegensetzt und ihnen damit eine Masse verleiht. Dieses Bild ist jedoch falsch, weil es suggeriert, dass die Trägheit eines Körpers von seiner Bewegung hervorgerufen wird. Doch schon Galilei stellte in seinen Fallversuchen fest, dass die Masse eines Körpers bei einer gleichmäßigen Bewegung keine Rolle spielt. Nur bei beschleunigter Bewegung des Körpers kommt die Trägheit der Masse zum Tragen.

Wie ist aber dann dieses skalare Feld zu begreifen? Lassen wir dazu die Theoretiker zu Wort kommen, die den Formalismus schufen: Peter Higgs zufolge gehen die Überlegungen unter anderem auf Arbeiten von Yoichiro Nambu zur spontanen Symmetriebrechung aus dem Jahre 1960 zurück. Dafür sollte Nambu im Jahr 2008 – 48 Jahre später – den Nobelpreis erhalten. Anlässlich seines Todes im Jahr

2015 äußerte sich Frank Wilczek vom Massachusetts Institute of Technology (MIT), selbst Nobelpreisträger für Physik des Jahres 2004 (zusammen mit David Gross und David Politzer für ihre Beiträge zur Theorie der starken Wechselwirkung) gegenüber der Zeitschrift *Physics World* wie folgt: „Nambu […] führte die Idee ein, dass das, was wir als leeren Raum wahrnehmen, eigentlich ein Medium ist, das die beobachtete Bewegung der Materie erschwert."[2] Wilczek bekräftigt somit die Vorstellung, dass der leere Raum nicht einfach leer, sondern von einem physikalisch aktiven Medium erfüllt sei. Diese Idee eines Hintergrundfeldes ähnelt dem Ätherkonzept des 19. Jahrhunderts. Martinus Veltman, der 1999 gemeinsam mit seinem Doktoranden Gerardus t'Hooft den Physiknobelpreis erhielt für den Beweis, dass das Standardmodell der Teilchenphysik in einer Quantenfeldtheorie unter Einschluss des Higgs-Felds widerspruchsfrei berechenbar ist, bestätigte diese gewagte Interpretation in einem persönlichen Gespräch mit Thomas Naumann, dem Co-Autor dieses Buches. Ist das Higgs-Feld also ein aktiver Äther?

Nein, keines dieser Bilder des Higgs-Felds ist wirklich befriedigend. Aus Sicht der Autoren gibt es vielleicht ein besseres, nämlich das von Fischen, die seit Urzeiten im Ozean leben. Diese Fische verspüren in ihrer Heimat, dem Wasser, kein Gewicht. Sie empfinden sich als masselos. Da ihre Trägheit bei Beschleunigung im dichten Wasser eine geringe Rolle spielt, werden Fische kaum ein Konzept von Masse entwickeln. Ihre Masse spielt für sie keine Rolle. Die Welt, die sie kennen und in der sie leben – der Ozean – stellt für sie einen Grundzustand dar, das Vakuum ihrer Wasserwelt. Sobald ein Fisch jedoch an einer Angel aus dem Wasser gehoben wird, spürt er seine Masse. Er verlässt den symmetrischen masselosen Grundzustand des Wassers und betritt unsere Welt mit ihrem gebrochenen massebehafteten Vakuumfeld. Dieses Bild illustriert das vom Higgs-Feld erfüllte gebrochene Vakuum als Grundzustand unserer Welt.

Fische spüren in ihrer Heimat, dem Wasser, kein Gewicht. Sie empfinden sich als masselos. Der Ozean stellt für sie einen Grundzustand dar, das Vakuum ihrer Wasserwelt. Sobald ein Fisch jedoch aus dem Wasser gehoben wird, spürt er seine Masse. Er verlässt den symmetrischen masselosen Grundzustand des Wassers und betritt unsere Welt mit ihrem gebrochenen massebehafteten Vakuumfeld.

Das Standardmodell der Teilchenphysik und seine Symmetrien

Bei der Betrachtung der Bausteine der Welt haben wir zu Beginn dieses Kapitels bereits über Symmetrien in der Teilchenphysik gesprochen. Sie bringen Ordnung in die Klassifizierung der elementaren Bausteine der Welt und ihre Wechselwirkungen. Symmetrien bilden das Gerüst, auf dem viele physikalische Theorien beruhen. Unserer heutigen Physik liegt ein enges Zusammenspiel von Symmetrien und fundamentalen Naturgesetzen zugrunde. Dabei müssen wir zwischen kontinuierlichen und diskreten Symmetrien unterscheiden. Erstere fordern beispielsweise die Konstanz einer physikalischen Größe im Raum oder in der Zeit. Diskrete Symmetrien beziehen sich beispielsweise auf Quantenzahlen in der Quantenmechanik. Wir wollen das im Folgenden etwas ausführen.

Symmetrien begegnen uns häufig im Alltag. Betrachten wir beispielsweise die Rotationssymmetrie der Rosetten über den Eingängen gotischer Kathedralen. Sie wurden von den Erbauern als Symbol für die Harmonie und Ordnung der von Gott erschaffenen Welt kreiert. Neben der Rotationssymmetrie gibt es auch andere Symmetrien des Raums, zum Beispiel die Spiegelsymmetrie. So sind die Gesichter der Menschen im Wesentlichen spiegelsymmetrisch. Der sich wiederholende Rhythmus der Jahreszeiten ebenso wie Wiederholungen in einem Musikstück sind Beispiele für kontinuierliche Symmetrien in der Zeit. Diskrete Symmetrien und Asymmetrien sind uns auch aus der Mathematik bekannt: So sind Addition und Multiplikation kommutativ: $1 + 2 = 2 + 1$ oder $2 \times 3 = 3 \times 2$. Nicht aber die umgekehrten Operationen von Subtraktion und Division. So ist $2 - 3 \neq 3 - 2$ oder $2 / 3 \neq 3 / 2$.

In der Physik drücken Symmetrien fundamentale Eigenschaften von Systemen aus und entfalten eine ungeheure Produktivität. Allgemein gilt ein physikalisches System als symmetrisch bezüglich bestimmter Transformationen, wenn seine Eigenschaften unter diesen

Operationen gleichbleiben. Man sagt dann, das System sei invariant gegenüber den Transformationen. Die deutsch-jüdische Mathematikerin Emmy Noether konnte 1915 zeigen, dass kontinuierliche Symmetrien in der Physik mit fundamentalen Erhaltungssätzen einhergehen. Sie geht von der anscheinend trivialen Forderung aus, die Naturgesetze mögen zu jeder Zeit, an jedem Ort und in jeder Richtung im Universum gleich sein. Natürlich sieht das Universum nicht überall und immer gleich aus, aber wir nehmen an, dass immer und überall dieselben Gesetze gelten, auch wenn man sich von einem Punkt des Universums in Raum und Zeit zu einem anderen bewegt. Gäbe es ein Naturgesetz, das beispielsweise von der Zeit abhinge, hätte das bizarre Folgen: So könnte das Erwärmen von Wasser um 10 Grad Celsius heute weniger Energie erfordern als morgen. Aus einem solchen Unterschied ließe sich Energie aus dem Nichts gewinnen. Eine solche Verletzung der Energieerhaltung wurde jedoch niemals beobachtet. Aus der allgemeinen Forderung der Invarianz, sprich der Unveränderlichkeit der Naturgesetze gegenüber Änderungen von Zeit, Ort und Richtung, leitete Emmi Noether die Gesetze von der Erhaltung der Energie, des Impulses und des Drehimpulses her, die fundamental für unser Verständnis der Welt sind.

Was ist unter einer Erhaltungsgröße zu verstehen? Während sich bei einem physikalischen Prozess Größen wie die Position oder die Geschwindigkeit eines Objekts verändern, bleibt der Wert einer Erhaltungsgröße konstant. Veranschaulichen wir uns das an einem Beispiel für die Energieerhaltung: Wirft man einen Ball senkrecht nach oben, verringert sich seine Geschwindigkeit, bis er am höchsten Punkt für einen Moment ruht, um danach wieder nach unten zu fallen. Die Bewegungsenergie des Balls wandelt sich in potentielle Energie um und umgekehrt, seine Gesamtenergie bleibt jedoch jederzeit konstant. Diese Symmetrien von Raum und Zeit sowie die ihnen entsprechenden Erhaltungssätze gehören heute zum Fundament der Physik. Albert

Einstein schreibt 1935 voll Bewunderung in seinem Nachruf auf die früh verstorbene Emmy Noether in der New York Times: „Fräulein Noether war das bedeutendste mathematische Talent […], seit die höhere Ausbildung von Frauen begann." Damit bringt Einstein nicht nur seine höchste Anerkennung von Emmi Noethers wissenschaftlicher Leistung zum Ausdruck. Er hebt sie auch als eine der ersten Frauen hervor, die eine akademische Ausbildung durchlaufen durften.

Das Konzept von Erhaltungsgrößen ist für Physiker sehr wertvoll, denn mit ihnen lassen sich Systeme einfach und elegant beschreiben und viele Berechnungen vereinfachen. Es zeigt, dass Symmetrien nicht bloß schön sind und einen ästhetischen Wert haben, sondern vielmehr den tieferen Grund für viele Gesetze der Natur darstellen. Betrachten wir daraufhin nochmals das bereits mehrfach diskutierte Schema der Bausteine der Welt. Die Elementarteilchen unterteilen sich zuerst in Quarks und Leptonen – die fundamentalen Bausteine, aus denen sich Materie zusammensetzt. Die Quarks unterliegen dabei der starken Wechselwirkung, also der fundamentalen Naturkraft, die für die Anziehung zwischen Proton und Neutron im Atomkern verantwortlich ist. Die Leptonen spüren die starke Wechselwirkung hingegen nicht. Quarks und Leptonen folgen aber demselben Schema. Sie unterliegen einer – bisher völlig unverstandenen – Quark-Lepton-Symmetrie. Jeweils zwei Quarks und zwei Leptonen einer Spalte bilden eine Teilchenfamilie. Insgesamt gibt es drei dieser Familien, die sich durch die zunehmende Masse ihrer Teilchen unterscheiden. In der ersten Spalte finden sich die Bausteine unserer Alltagswelt. Das sind die Up- und Down-Quarks als Komponenten von Proton und Neutron sowie das Elektron und sein Neutrino. Diese drei Familien bilden die zweite offensichtliche Symmetrie des Schemas, das als Standardmodell der Teilchenphysik bezeichnet wird. Die Teilchen der drei Familien haben trotz ihrer unterschiedlichen Massen die gleichen Wechselwirkungen. Eine dritte Symmetrie findet sich zwischen den Zeilen des Modells:

Die sechs Quarks und sechs Leptonen sind jeweils in einer oberen und einer unteren Zeile angeordnet, sie gehören dem Typ Up oder Down an. Wir beobachten also drei Symmetrien des Standardmodells: Die Up-Down-Symmetrie, die Quark-Lepton-Symmetrie und die Familien-Symmetrie. Sie erzeugen die insgesamt $2 \times 2 \times 3 = 12$ Bausteine der Welt. Bei all diesen Symmetrien handelt es sich um sogenannte diskrete Symmetrien, anders als die kontinuierlichen Symmetrien von Raum und Zeit. Und: Für keine der Symmetrien dieses Schemas der Bausteine der Welt konnte bisher eine fundamentale Erklärung gefunden werden. Aber das muss nicht so bleiben. Auch für Mendelejews Periodensystem der Elemente gab es im 19. Jahrhundert keine Erklärung. Sie erfolgte erst im 20. Jahrhundert mit den Konzepten und Modellen der Atomphysik und Quantentheorie.

Wenden wir uns jetzt einer interessanten kontinuierlichen Symmetrie zu, der Eichsymmetrie des Elektromagnetismus, die ihre Ursache in seiner sogenannten Eichfreiheit hat. Was ist unter diesem Begriff zu verstehen? Ein Vogel kann auf einer Hochspannungsleitung sitzen, ohne die hohe Spannung in der Leitung zu spüren. Wie geht das? Des Rätsels Lösung liegt formal betrachtet in einer Eichfreiheit des Elektromagnetismus und damit einer Symmetrie. Die elektrischen Potentiale können im Elektromagnetismus willkürlich gewählt werden, es gibt keinen ausgezeichneten Nullpunkt. Die Hochspannung wird für den Vogel erst dann gefährlich, wenn Erde und Stromleitung miteinander verbunden werden. Nur die Spannungs- oder Potentialdifferenz zwischen Hochspannungsleitung und Boden ist physikalisch relevant. Die Spannung lässt sich beliebig umeichen, also willkürlich festlegen. Aus dieser sogenannten Eichinvarianz der Potentiale (sowie der sogenannten Lorentz-Invarianz der Raumzeit) kann man übrigens, wie schon erwähnt, den Elektromagnetismus in seiner ganzen Schönheit ableiten. So zitiert Ludwig Boltzmann (der mit seiner statistischen Mechanik die Brücke zwischen Mikrokosmos

$$\partial_\mu F^{\mu\nu} = j^\nu$$

Die Grundgleichungen des Elektromagnetismus, die Maxwell-Gleichungen, die zwischen den elektromagnetischen Feldern F und ihren Quellen j, den elektrischen Ladungen und Strömen, vermitteln, in relativistischer Schreibweise.

und Makrokosmos schlug) im Jahr 1891 voller Bewunderung in seinem Vorwort zu Maxwells *Elektrodynamik* eine Zeile aus Goethes Faust: „War es ein Gott, der diese Zeichen schuf?" Die Symmetrien der Elektrodynamik sind so wunderbar wie das Noether-Theorem und ein schönes Beispiel dafür, wie sich in der Physik aus den der Natur innewohnenden Freiheiten und Unbestimmtheiten durch die Forderung nach Einhaltung von Symmetrien und Invarianzen fundamentale Gesetze wie die Maxwell-Gleichungen und die der Erhaltung von Energie und Impuls ableiten lassen. Aus maximaler Freiheit wird also strenge Bestimmtheit!

Findet sich nun auch eine Symmetrie zwischen den Hadronen, den Teilchen, die der starken Wechselwirkung unterliegen? Gibt es eine Symmetriebeziehung zwischen Proton und Neutron? Diese Frage nach der Unterscheidbarkeit von Proton und Neutron stellt der chinesische Physiker Chen Ning Yang bereits im Jahr 1956. Sie erinnert an die Frage, weshalb der Vogel auf der Hochspannungsleitung sitzen kann. Yang untersuchte Spiegelkerne. Das sind Paare von Atomkernen, in denen ein Proton durch ein Neutron ersetzt ist oder umgekehrt. Es zeigt sich, dass dies für die Kernkraft kaum keinen Unterschied macht. Die Energieniveaus der Spiegelkerne sind fast gleich. Auch die Massen von Neutron und Proton unterscheiden sich nur um einen winzigen, durch den Elektromagnetismus verursachten Betrag von einem Promille. In Fortführung von Yangs Ideen fordert die Physik heute, dass die Theorie der elektroschwachen Kraft invariant ist gegen eine Vertauschung der Konvention, was ein Up- und was ein Down-Quark ist – eine der besagten drei Symmetrien des Standardmodells. Ein solcher Tausch entspricht Yangs Frage auf dem Quarkniveau. Wie im Elektromagnetismus generieren abstrakte Symmetrien also eine Dynamik der fundamentalen Wechselwirkungen in der Physik. Angesichts der mathematischen Schönheit und Wirkmächtigkeit von Symmetrien kann uns heute eine ähnlich tiefe Bewunderung befallen wie seinerzeit Boltzmann: Symmetrien schaffen nicht nur Ordnung unter den Bausteinen der Welt, sondern auch die Struktur der Kräfte des Universums. So wird ab den 1950er Jahren die Eichfreiheit des Elektromagnetismus auf die starke und schwache Kraft verallgemeinert, und sogenannte Eichtheorien entwickeln sich zu verallgemeinerten Theorien der Felder und Kräfte in der Physik. Gemeinsam mit der Entdeckung der Quarks als den Bausteinen der Welt begann damit der theoretische und experimentelle Siegeszug des Standardmodells der Teilchenphysik.

Wir wollen noch drei weitere wichtige Symmetrien der Teilchenphysik besprechen. Wir beginnen mit der Symmetrie gegenüber Raumspiegelungen, auch Paritäts- oder P-Symmetrie genannt. Bei einer solchen Spiegelung werden alle Raumkoordinaten durch ihren entgegengesetzten Wert ersetzt. Im Jahr 1956 veröffentlichten die chinesisch-amerikanischen Physiker Tsung-Dao Lee und Chen Ning Yang eine Theorie der Paritätsverletzung und schlugen mehrere Experimente für ihren Nachweis vor. Eine Forschergruppe unter Leitung der chinesisch-amerikanischen Physikerin Chien-Shiung Wu untersuchte daraufhin die Umwandlung von im Magnetfeld polarisierten Atomen eines Kobaltisotops durch den Beta-Zerfall der schwachen Wechselwirkung. Zu ihrem Erstaunen war die Winkelverteilung der ausgesendeten Elektronen asymmetrisch gegen Raumspiegelungen. Der tiefere Grund für diese Verletzung ist bis heute nicht verstanden. Aufgrund dieser Beobachtung wurde die Verletzung der Spiegelinvarianz des Raums in die Theorie der schwachen Kraft integriert.

Eine weitere, anders geartete Symmetrie ist die der Vertauschung von Materie und Antimaterie, also von Teilchen und Antiteilchen. Diese Symmetrie geht mit der Vertauschung des Vorzeichens der Ladungen einher und wird auch Ladungskonjugation oder C-Symmetrie (für Englisch „Charge") genannt. Beim Wu-Experiment zeigt sich, dass die Kombination von C- und P-Symmetrie zu einer CP-Symmetrie, also ein gespiegeltes Experiment mit Antiteilchen, zu denselben Resultaten wie das ungespiegelte originale Experiment führt. Für kurze Zeit schien die Welt wieder in Ordnung. Doch schon 1964, nur wenige Jahre später, folgt der nächste Schock: Die US-Amerikaner Val Fitch und James Cronin zeigen in einem Experiment, dass auch diese kombinierte CP-Symmetrie verletzt sein kann, wenngleich nur im Promillebereich.

Der sowjetische Physiker Andrej Sacharow formuliert daraufhin 1967 die Bedingungen, wie durch die CP-Verletzung die ursprüngliche Materie-Antimaterie-Symmetrie des Universums gebrochen und eine Welt nur aus Materie entstanden sein könnte. Liefe ein solcher bezüglich des Raums und der Ladung gespiegelter Prozess rückwärts in der Zeit, wäre er physikalisch identisch zum ungespiegelten Ereignis. Das ist das sogenannte CPT-Theorem von Gerhart Lüders und Wolfgang Pauli aus den 1950er Jahren, wonach Feldtheorien und damit Teilchenreaktionen invariant oder symmetrisch bezüglich der gleichzeitigen Spiegelung der Ladung (Charge), des Raums (Parity) und der Zeit (Time) sein müssen. Mit dem Beweis, dass die CP- und T-Symmetrien zwar nicht einzeln, aber doch in Kombination erhalten sind, war die Physik wieder gerettet! Tatsächlich wurde bis heute noch keine Verletzung der kombinierten CPT-Invarianz beobachtet.

Beschäftigt sich das Noether-Theorem mit kontinuierlichen Größen wie Raum, Zeit oder Richtung, die durch reelle Zahlen beschrieben werden, sind die Symmetrien der Ladungskonjugation C und der Parität P diskrete Symmetrien. Sie nehmen nur die Werte gerade oder ungerade, symmetrisch oder antisymmetrisch, plus oder minus eins an. Wenn zwei Symmetrieoperationen kombiniert werden, multipliziert man ihre Symmetrieeigenschaften. Es sind multiplikative Symmetrien. So sind die Austauschteilchen der Kräfte, Bosonen wie das Photon, antisymmetrisch sowohl hinsichtlich einer Raumspiegelung P wie auch einer Vertauschung C von Teilchen und Antiteilchen.

Kommen wir am Schluss noch zu einem weiteren Typ von Symmetrien, der die Quellen der Wechselwirkungen beschreibt und additiv ist. Zur Erinnerung: Der Elektromagnetismus kennt nur einen Typ elektrischer Ladung. Die Schwerkraft wiederum nur einen Typ von Masse. Im Allgemeinen können Kräfte jedoch verschiedene Typen von Ladungen haben. Neben der Farbladung der starken Kraft gibt es noch weitere Ladungstypen, nämlich den schwachen und starken sogenannten Isotopen-Spin, kurz Isospin genannt. Die Symmetrien der schwachen und starken Wechselwirkung bezüglich dieses Isospins wirken in zwei- beziehungsweise dreidimensionalen abstrakten Räumen und werden durch spezielle Gruppen mit den Namen SU(2) und SU(3) dargestellt (SU steht für „speziell unitär"). Alle fundamentalen Teilchen tragen die elektrische oder eine oder mehrere der zwei elektroschwachen oder drei starken Ladungen – bis auf das Photon, das erstaunlicherweise die elektrische Kraft vermittelt, ohne selbst die elektrische Ladung zu tragen. Damit haben wir alle bekannten Bestandteile des Mikrokosmos beschrieben – die Bausteine, ihre Wechselwirkungen und Austauschteilchen und ihre Symmetrien.

Resümee

Wir haben in diesem Kapitel die Entwicklung der Physik des Mikrokosmos bis zum sogenannten Standardmodell der Teilchenphysik skizziert. Die Elementarteilchen werden in Fermionen mit halbzahligem Spin und Bosonen mit ganzzahligem Spin unterteilt. Die Fermionen sind die Bausteine der Materie. Zu ihnen zählen die sechs

Leptonen und sechs Quarks. Die Quarks bilden die stark wechselwirkenden Teilchen, die Hadronen. Zu ihnen gehören die Nukleonen wie Proton und Neutron. Zu allen Teilchen gibt es die entsprechenden Antiteilchen. Die Austauschteilchen der vier fundamentalen Wechselwirkungen sind Bosonen: das Photon für die elektromagnetische, die sogenannten W- und Z-Bosonen für die schwache und das Gluon für die starke Kraft. Schwache und starke Kraft sind aus unterschiedlichen Gründen extrem kurzreichweitig. Die langreichweitige, aber gegenüber den anderen Kräften extrem schwache Gravitation könnte durch ein Graviton vermittelt werden. Schlussstein und Krone des Standardmodells ist das Higgs-Boson. Es ist ein skalares Teilchen, hat also keinen Spin. Sein Feld ist Teil des Higgs-Mechanismus, der die Massen der Elementarteilchen erzeugen soll.

Der Elektromagnetismus wird in der Quantenfeldtheorie durch die Quantenelektrodynamik beschrieben, die Kernkraft durch die Quantenchromodynamik. Elektromagnetische und schwache Kraft sind in der elektroschwachen Kraft vereinigt, die gemeinsam mit der starken Kraft die Dynamik des Standardmodells der Teilchenphysik begründen. Die Schwerkraft lässt sich bisher nicht in dieses Modell integrieren. Symmetrien spielen eine fundamentale Rolle in der Physik. Sie sind Grundlage der Erhaltungssätze, definieren die Dynamik der Kräfte und ordnen die Bausteine der Welt.

Trotz dieser Erfolge des Standardmodells der Teilchenphysik gibt es zahlreiche offene Fragen: Was steckt hinter diesem einfachen und schönen Schema der Bausteine der Welt? Welche Rolle spielen die Neutrinos? Warum sind die Symmetrien von Materie und Antimaterie, des Higgs-Vakuums sowie der Spiegel-Symmetrie im Universum gebrochen? Was ist die Rolle fundamentaler skalarer Felder in der Physik? Woher kommen die Konstanten des Standardmodells, wie beispielsweise die Stärken der Wechselwirkungen? Und was steckt hinter den dunklen Seiten des Universums?

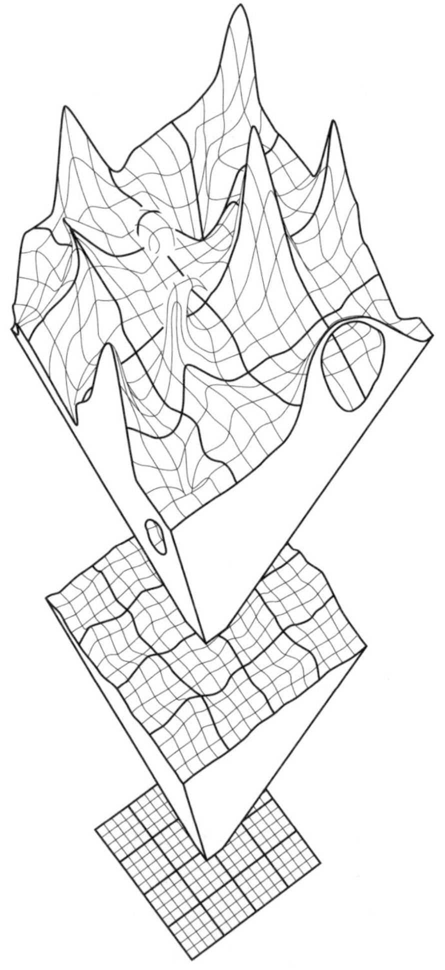

Bei Annäherung an den Urknall – jenseits der Planck-Skala bei Energien von mehr als 10^{19} GeV und Längen unterhalb 10^{-35} m – wird die Gravitation stark und von Quanteneffekten bestimmt. Raum und Zeit beginnen zu fluktuieren und bilden eine schaumige Struktur.

TEIL 2

DIE SIEBEN WELTRÄTSEL HEUTE

WAS SIND RAUM UND ZEIT?

„Die Anschauungen über Raum und Zeit, die ich Ihnen entwickeln möchte, sind auf experimentell-physikalischem Boden erwachsen. Darin liegt ihre Stärke. Ihre Tendenz ist eine radikale. Von Stund' an sollen Raum für sich und Zeit für sich völlig zu Schatten herabsinken und nur noch eine Art Union der beiden soll Selbständigkeit bewahren."

HERMANN MINKOWSKI, *RAUM UND ZEIT* (1908)

Im zweiten Teil dieses Buches formulieren wir die sieben Welträtsel aus Sicht der modernen Wissenschaft neu. In diesem ersten Kapitel sehen wir vom Inventar unseres Universums vorerst ab. Stattdessen errichten wir die Bühne des Welttheaters und fragen: Was sind Raum und Zeit?

Raum und Zeit – Apriori des Denkens

Die Vorstellungen von Raum und Zeit haben die Menschen schon immer beschäftigt. Auch die Philosophen der Aufklärung, jener Epoche, in der durch vernunftgeleitetes Denken die Unmündigkeit des Menschen überwunden werden sollte, setzten sich intensiv damit auseinander. So bezeichnet Immanuel Kant im Jahr 1781 diese beiden Begriffe in der Einleitung zu den Kapiteln „Vom Raume“ und „Von der Zeit“ seiner berühmten *Kritik der reinen Vernunft* als „a priori unserer Erfahrung“ und als „reine Formen [...] der sinnlichen Anschauung“. Raum und Zeit sind für ihn Voraussetzungen unserer Erkenntnis.

Der Raum gestattet es, Objekten einen Ort zuzuordnen sowie über ihren Abstand eine Beziehung zwischen ihnen zu definieren. Das können wir uns vorstellen. Der physikalische Raum wird klassisch durch drei Dimensionen beschrieben. Mathematisch kann man aber auch Räume mit mehr als drei Dimensionen konstruieren. Die Relativitätstheorie beschreibt den Raum zusammen mit der Zeit als Teil einer vierdimensionalen Einheit, die als Raumzeit bezeichnet wird. Darin liegt eine Besonderheit der Zeit: Sie tritt nur eindimensional auf. In einer Dimension ist die Reihenfolge von Punkten oder Objekten eindeutig festgelegt. Sie sind aufgereiht wie auf einer Perlenschnur. Zeit definiert somit nicht nur einen Abstand, sondern auch eine Ordnung, eine eindeutige Abfolge von Ereignissen. Eine zweidimensionale Zeit zu erfinden wäre sinnlos, denn damit erfänden wir wieder einen Raum, in dem es als grundlegende Beziehung keine Reihenfolge gibt, sondern Abstände.

Die Zeit

Welche Rolle spielt die eindimensionale Zeit nun in der klassischen Physik, in der Quantentheorie und in der Relativitätstheorie? Welche Rolle hat sie in der Evolution des Kosmos und des Lebens? Denken wir an ein einfaches Pendel. Ohne Reibung pendelt das ideale Pendel für alle Ewigkeit hin und her. Jede Momentaufnahme vom Bewegungszustand eines solchen Pendels zu jedem beliebigen Zeitpunkt enthält die vollständige Information über das Gesamtsystem für alle

Zeiten. In diesem Sinne können wir die Zeit aus dem System eliminieren. Salopp gesagt: Die klassische Mechanik benötigt keine Zeit, weil jede Momentaufnahme das System bereits vollständig bestimmt.

Dasselbe gilt in der klassischen Elektrodynamik, denn sie beschäftigt sich mit Schwingungen ähnlich der mechanischen Pendelschwingung. Mathematisch hat das damit zu tun, dass wir aus den linearen Differentialgleichungen der klassischen Mechanik und Elektrodynamik die Zeit eliminieren können, indem wir über sie integrieren. Zur Erinnerung: Zwei Größen hängen linear voneinander ab, wenn sie direkt proportional zueinander sind. Die kinetische Energie eines Körpers zum Beispiel hängt jedoch nicht linear, sondern quadratisch von seiner Geschwindigkeit ab. Die Zeit verwandelt sich damit in eine Erhaltungsgröße wie die Energie. Ähnliches gilt auch in der Quantenmechanik. Die sogenannte Schrödingergleichung, die den Zustand eines quantenmechanischen Systems durch eine Wellenfunktion beschreibt, ist eine Differentialgleichung erster Ordnung, aus der sich in der theoretischen Physik die Zeit eliminieren lässt. Dasselbe gilt für die Relativitätstheorie. In der klassischen Mechanik, der klassischen Elektrodynamik, der Quantenmechanik und der Relativitätstheorie ist die Zeit also formal entbehrlich.

Wir Menschen empfinden jedoch zweifellos Zeit. Das hängt mit unserem Leben zusammen: Wir alle leben von der Geburt bis zum Tod. In diesem Prozess hat die Zeit eine eindeutige Richtung, und sie ist unumkehrbar. Daher rührt unser Empfinden für die Zeit. Zeit ist also verbunden mit Leben, mit Entwicklung, mit einem Anfang und einem Ende. Betrachten wir die Zeit deshalb im Folgenden etwas genauer.

Die Zeit beschreibt eine Abfolge von Änderungen eines Systems. Wann aber begann die Zeit? Und was geschah vor der Erschaffung der Welt? Ein großer Kirchenvater der Spätantike, der Heilige Augustinus, sagte dazu im Buch seiner *Bekenntnisse* Folgendes: „Siehe, ich antworte dem, der da fragt: ‚Was tat Gott, bevor er Himmel und Erde schuf?' Ich gebe ihm nicht die Antwort, die einst jemand scherzweise gegeben haben soll, um der Schwierigkeit dieser Frage zu entgehen: ‚Er bereitet denen, die sich vermessen, jene hohen Geheimnisse zu ergründen, Höllen.' […] Denn gerade diese Zeit ist es, die du geschaffen hattest, und es konnten keine Zeiten vorübergehen, bevor du die Zeit erschufst." Die Zeit entsteht demnach mit der Welt und ist die Bühne für die in ihr ablaufenden Prozesse.

Das Auffälligste an der Phänomenologie der Zeit sind ihre drei Formen: Vergangenheit, Gegenwart und Zukunft. Die Vergangenheit ist abgeschlossen und nicht mehr beeinflussbar. In der Gegenwart geschehen die Dinge. Und die Zukunft ist offen. Vergangenheit und Zukunft beschreiben entlang der einen Dimension der Zeit ausgedehnte Bereiche. Die Gegenwart ist jedoch nur ein Punkt. Für Kant bildet die Zeit eine Antinomie, einen logischen Widerspruch. Weder eine Grenze der Zeit noch eine Ewigkeit sind für uns Menschen vorstellbar.

Fest steht: Zeit spielt eine Rolle sowohl in der Evolution des Kosmos als auch in der des Lebens. Beide beschreiben Lebenszyklen – vom Anfang des Kosmos im Urknall bis zur späten Zukunft des Universums. In der Thermodynamik spielt sie außerhalb des Gleichgewichts eine entscheidende Rolle. Die Thermodynamik beschreibt die zeitliche Entwicklung makroskopischer Eigenschaften komplexer Systeme wie Druck oder Temperatur. Die statistische Mechanik hingegen leitet diese Eigenschaften aus dem statistischen Mittel über große Ensembles von Objekten wie Atomen oder Molekülen in komplexen Systemen wie einem Gas oder einer Flüssigkeit ab. Dabei kommt die Entropie als statistisches Maß zur Beschreibung des Ordnungsgrades eines Systems ins Spiel. Ein geordneter Zustand ist wesentlich unwahrscheinlicher als die Vielzahl möglicher ungeordneter Zustände. Anders gesagt: Ungeordnete, chaotische Zustände sind viel wahrscheinlicher als geordnete. Geschlossene komplexe Systeme gehen deshalb spontan von der Ordnung ins Chaos über und nicht umgekehrt. Diese relativen Wahrscheinlichkeiten definieren die Zeit und ihre Richtung. Thermodynamische Prozesse sind also physikalisch gesprochen nicht invariant gegen Zeitumkehr. Wir alle haben schon gesehen, wie ein Glas vom Tisch fällt und auf dem Boden zerbricht. Aber niemals wurde beobachtet, dass sich ein Scherbenhaufen wieder zu einem Gefäß zusammenfügt und auf den Tisch zurückfliegt.

Das Phänomen Zeit resultiert aus dem Übergang vom Mikrokosmos zum Makrokosmos, aus dem Wechsel der Hierarchie-Ebenen, den erstmals Ludwig Boltzmann mit seiner statistischen Thermodynamik gegen Ende des 19. Jahrhunderts vollzog. Das Phänomen Zeit entsteht somit beim Übergang von der Betrachtung der Bestandteile eines komplexen Systems zum Gesamtsystem. Solche Eigenschaften, die aus dem Zusammenspiel der Elemente eines Systems entstehen, bezeichnen wir als emergent. Dabei handelt es sich um das Auftauchen eines Phänomens aus tiefer liegenden Strukturen. Dieser für uns so wichtige Begriff der „Zeit" ist also möglicherweise nicht fundamental, kein „Apriori unseres Denkens" im Sinne von Immanuel Kant, sondern lediglich ein aus der inneren Struktur der Materie abgeleitetes, emergentes Phänomen.

Was wir als fortschreitende Zeit empfinden, ist eine Zunahme der Entropie. Sobald ein System sein Gleichgewicht in Form eines völlig ungeordneten Zustands erreicht hat, kann seine Entropie nicht mehr zunehmen, ist es „tot". Wir erleben die Zeit, weil wir uns als Lebewesen nicht im Gleichgewicht mit unserer Umgebung befinden. Dieser Zeitpfeil ist auch in der Kosmologie wichtig. Beim Urknall wurde die Materie auf kleinstem Raum mit minimaler Entropie erzeugt. Am Ende der Evolution des Kosmos werden alle seine Bestandteile – Sterne, Schwarze Löcher und Galaxien – ausbrennen. Da keine Energie mehr zur Schaffung oder Aufrechterhaltung der Ordnung zur Verfügung steht, wird das Universum im Gleichgewicht enden, und die Zeit wird bedeutungslos. Dieses Gleichgewicht wird in der Thermodynamik Wärmetod genannt, auch wenn es im Fall des Universums womöglich in Kälte endet. Wir kommen bei unserem letzten Rätsel zur Zukunft des Universums darauf zu sprechen.

Reisen wir stattdessen jetzt rückwärts in der Zeit und verfolgen die kosmische Evolution zurück bis zu ihrem Beginn. Blickt man heute, knapp vierzehn Milliarden Jahre nach dem Urknall, tief hinein in das Universum, ist das immer auch ein Blick zurück in die Vergangenheit. Das Licht vieler Galaxien war Jahrmilliarden zu uns unterwegs. Viele der astrophysikalischen Objekte, die wir sehen, sind sehr alt. Aus der Kombination von Beobachtung und Modellierung wissen wir, dass die Galaxienentstehung etwa eine Milliarde Jahre nach dem Urknall begann. Tatsächlich können wir aber mit unseren Teleskopen noch weiter zurückschauen, bis weit in die Anfangsepoche des Universums, als das Universum erst etwa 380.000 Jahre alt war. Zu Beginn dieser dunklen Ära koppelte sich die kosmische Mikrowellenhintergrundstrahlung von der Materie ab und breitete sich seitdem ungehindert im Universum aus. Davor war das Universum noch ein für elektromagnetische Strahlung undurchsichtiges, heißes Plasma.

Mit Teilchenbeschleunigern lässt sich untersuchen, wie sich im frühen Universum Teilchen und Kerne bildeten. Etwa drei Minuten nach dem Urknall werden die leichten Elemente wie Wasserstoff und Helium erzeugt. Gehen wir weiter zurück. Bis etwa eine Minute nach dem Urknall löscht sich die Antimaterie mit Materie aus und verschwindet aus der Welt. Zuletzt zerstrahlen Positronen und Elektronen. Springen wir weiter zurück in der Zeit. Einige Mikrosekunden nach dem Urknall schmelzen die Protonen und Neutronen und bilden eine heiße Suppe aus Quarks. Aber wir können weiter zurückblicken. Mit Beschleunigern wie dem LHC simulieren wir heute das frühe Universum weniger als eine Billionstel Sekunde nach dem Urknall.

Bei diesen Energien vereinigen sich die schwache und elektromagnetische Kraft zur elektroschwachen Kraft.

Für alles, was zeitlich davorliegt, fehlt uns die direkte experimentelle Bestätigung. Es gibt jedoch theoretische Szenarien, mit denen wir noch näher an den Zeitpunkt des Urknalls heranrücken können. So könnten alle fundamentalen Kräfte einschließlich der Kernkraft bis etwa 10^{-35} Sekunden nach dem Urknall zu einer Urkraft vereinheitlicht gewesen sein. Danach könnte sich der Kosmos in einer ultrakurzen und dramatischen Phase der Inflation um Dutzende Größenordnungen ausgedehnt haben. Wenn wir uns der Entstehung des Universums bis zur Planck-Zeit von 10^{-43} Sekunden annähern, geraten wir in die Ära der Quantengravitation, in der Quantenmechanik und Gravitation miteinander verbunden sind. Hier versagt die uns bisher zur Verfügung stehende Physik. Die im Sinne Einsteins mit der Gravitation verbundene Raumzeit beginnt quantenmechanisch zu fluktuieren und stellt damit keine verlässliche Bühne für die Physik mehr dar.

Der Raum

Auch die Überlegungen zum Raum führen mitunter zu Paradoxien oder Widersprüchen, mit denen sich Immanuel Kant sehr eingehend beschäftigt hat. Für ihn sind weder ein begrenzter Raum noch ein unbegrenzter, unendlicher Raum vorstellbar. Wenn der Raum eine Grenze hätte, so argumentiert er, dann würde sich sofort die Frage stellen, was dahinter ist. Wir könnten ja in diesem Fall unseren Arm über diese Grenze hinausausstrecken, und dann müsste noch etwas dahinter sein. Wenn der Raum aber nicht begrenzt ist, dann ist er nach allen Seiten unendlich, was für Kant (wie für uns) genauso wenig vorstellbar ist. Dies ist jedoch kein Widerspruch. Ein gekrümmter Raum kann sowohl grenzenlos als auch endlich sein. Ein gutes Beispiel dafür ist eine Kugeloberfläche: Sie ist endlich, hat aber keine

Grenzen. Aber auch in der Quantentheorie gibt uns der Raum Rätsel auf, denn in ihr gibt es keinen völlig leeren Raum. Raum enthält stets Energie. Das Vakuum ist der Zustand minimaler Energie. Es enthält jedoch Quantenfluktuationen, die messbare und sichtbare Effekte haben. In einer Quantenfeldtheorie wie der Quantenelektrodynamik (QED) gibt es zwei Arten von Quantenfluktuationen: Erstens die der Stärke der Felder des physikalischen Grundzustands des Vakuums. Sie spielen eine Rolle, wenn wir skalare Felder wie das der Inflation, der dunklen Energie oder das Higgs-Feld diskutieren. Und zweitens Quantenfluktuationen des Vakuums, die zur reellen oder virtuellen Erzeugung von Teilchen-Antiteilchen-Paaren führen.

Raum zeichnet sich jedenfalls dadurch aus, dass es darin keine Ordnungsrelation gibt. Eine Position im Raum ist nicht größer als die andere, während ein Zeitpunkt eindeutig vor und hinter anderen Zeitpunkten liegt, weil Zeit nur über eine Dimension verfügt. Eine der wichtigsten Eigenschaften des Raums ist dagegen die Vielzahl seiner Dimensionen. Unser Anschauungsraum ist der dreidimensionale, ungekrümmte (euklidische) Raum. Die Mathematiker haben allerdings keine Schwierigkeit, auch höherdimensionale und gekrümmte Räume zu behandeln.

Eine Frage ist, ob der Raum kontinuierlich ist oder ob er eine innere Struktur besitzt und sich aus kleinsten Bausteinen zusammensetzt. Diese könnten die Größenordnung der Planck-Länge haben, also unvorstellbare 10^{-35} Meter klein sein. In Theorien der Schleifen-Quantengravitation geht man von winzigen geometrischen Elementen aus. Die Stringtheorien schlagen Stränge aus Energie vor, die in unseren drei Dimensionen eng aufgerollt sind und sich in bis zu sieben Extradimensionen erstrecken. Diese Bausteine des Raums müssen selbst nicht räumlich und nicht die kleinsten Teile des Raums sein. Sie könnten eine Art Atome oder Konstituenten des Raums darstellen. Das Ganze ist nämlich oft mehr als die Summe seiner

$$G_{\mu\nu} = 8\pi T_{\mu\nu} - \Lambda g_{\mu\nu}$$

Die Einsteinschen Gravitations-Gleichungen. Links das Gravitationsfeld G, rechts der Energie-Impuls-Tensor T als Ausdruck der Materie sowie die kosmologische Konstante Λ mit dem Metriktensor für die dunkle Energie. Der amerikanische Gravitationsphysiker Wheeler fasste diese Gleichungen so zusammen: „Die Raumzeit sagt der Materie, wie sie sich bewegen soll; die Materie sagt der Raumzeit, wie sie sich krümmen soll."

Teile. Wasser fließt, bildet Tröpfchen, schwingt in Wellen, es gefriert und kocht. Einzelne Wassermoleküle haben keine dieser Eigenschaften. Kondensierte Körper weisen ein kollektives Verhalten auf. Ihre Eigenschaften sind emergent, abgeleitet aus den Eigenschaften ihrer Konstituenten. Genauso können die geometrischen Eigenschaften des kontinuierlichen Raums neue, kollektive Eigenschaften eines Systems aus vielen solcher Atome des Raums sein.

Eine weitere Frage, die sich aus der Geometrie ableitet, ist die nach der Krümmung und damit nach der Metrik des Raums. Der amerikanische Gravitationsphysiker John Archibald Wheeler fasste einmal Einsteins Allgemeine Relativitätstheorie so zusammen: „Die Raumzeit sagt der Materie, wie sie sich bewegen soll; die Materie sagt der Raumzeit, wie sie sich krümmen soll."

Bis zum Ende des 20. Jahrhunderts war die Krümmung des leeren Raums nicht genau bekannt. Eine positive Krümmung hieße, dass der Weltraum wie eine dreidimensionale Kugel in sich geschlossen ist; zwar endlich, aber ohne Grenzen. Auch die zweidimensionale Oberfläche einer Kugel, wie beispielsweise die unseres Planeten, ist endlich, aber ohne Grenzen. Reisen wir lange genug in eine Richtung, wie seinerzeit der Seefahrer Magellan, sollten wir auf der anderen Seite wieder ankommen. So müssten wir in einem positiv gekrümmten Universum lichtstarke ferne Galaxien auch in der entgegengesetzten Richtung am Himmel sehen können. Eine Voraussetzung ist jedoch, dass das Licht genug Zeit hatte, das Universum in entgegengesetzter Richtung zu umrunden. Da aber das Universum weniger als 14 Milliarden Jahre alt ist, müsste der Raum dafür zu stark gekrümmt sein.

Im euklidischen, ungekrümmten Raum der alten Griechen gilt das Parallelenaxiom: zwei parallele Geraden schneiden sich nicht. Auf einer positiv gekrümmten Oberfläche gilt das Parallelenaxiom jedoch wie erwähnt nicht. Um das zu illustrieren, stellen wir uns zwei Läufer vor, die in West- und Ostafrika vom Äquator aus auf den Nordpol zulaufen. Anfangs laufen sie parallel. Sie kommen einander jedoch während ihres Laufes immer näher. Am Nordpol schneiden sich ihre Bahnen schließlich. In einem negativ gekrümmten Raum gilt genau das Umgekehrte: zwei Parallelen entfernen sich immer weiter voneinander.

Kosmologisch stellt sich nun die Frage, ob unser Universum eine Krümmung hat, und ob diese Krümmung positiv oder negativ ist. Diese Frage war vor 20 Jahren noch ungeklärt. Heute wissen wir, dass unser Raum zurzeit keine messbare Krümmung hat. Das klingt wunderbar einfach. Leben wir also doch in einer euklidischen Welt? Es gibt jedoch keinen Grund anzunehmen, dass unser Universum zu allen Zeiten exakt flach gewesen ist. Da das Universum früher viel dichter war und es sich immer schneller ausdehnt, ist davon auszugehen, dass die Krümmung früher von Null verschieden war und auch in Zukunft nicht Null sein wird.

Warum aber leben wir in drei und nicht bloß in zwei Dimensionen? Das fragte sich auch Immanuel Kant in seinem Aufsatz *Gedanken von der wahren Schätzung der lebendigen Kräfte* aus dem Jahr 1747: „Die dreifache Abmessung scheint daher zu rühren, weil die Substanzen in der existierenden Welt so in einander wirken, dass die Stärke der Wirkung sich wie das Quadrat der Weiten umgekehrt verhält." Kant verknüpft hier das Kraftgesetz mit der Dimensionalität des Raums.

Die Vorstellung einer Welt mit mehr oder weniger als drei Raumdimensionen inspirierte auch viele Schriftsteller. So stellte Edwin Abbott im Jahr 1884 in seinem Roman *Flatland* das Leben von Bewohnern eines zweidimensionalen Landes dar. Er beschreibt, was passiert, wenn eine Kugel *Flatland* durchdringt. Die Flachländer werden die Kugel als eine Folge anfangs immer größer und dann immer kleiner werdender Kreise erleben. Sie können alle Informationen über die Kugel haben, sie aber weder sehen noch sich vorstellen. Hundert Jahre später beschreibt der kanadische Informatiker Alexander Dewdney in seinen Roman *The Planiverse* sehr genau die physikalischen, chemischen und biologischen Gesetzmäßigkeiten sowie Pläne zweidimensionaler Maschinen in einer flachen Welt, darunter ein Periodensystem mit sechzehn Elementen. Wenn man unsere Welt von drei auf nur zwei Dimensionen reduziert, verändert man sie nämlich grundsätzlich. Würde das aber funktionieren? Jedes höhere Lebewesen ist am Ende ein Schlauch, der vorn die Nahrung aufnimmt und hinten ausscheidet. Stellen wir uns einen Hund in zwei Dimensionen vor. In zwei Dimensionen zerfällt dieses Tier in zwei Hälften, eine obere und eine untere. Aus der mathematischen Disziplin der Topologie lässt sich leicht ableiten, dass höhere Lebewesen eine dritte Dimension zur Nahrungsaufnahme benötigen. In einem zweidimensionalen Arrangement würden Nerven und Blutgefäße einander kreuzen. Dazu braucht man Brücken und Tunnel, und die gibt es nur in einer dritten Dimension. Amöben als Beispiel primitiver Lebensformen sind dagegen im Wesentlichen zweidimensionale Lebewesen. Doch wie können sich diese „lebenden Flächen" ernähren? Sie müssen ihre Nahrung umschließen, verdauen und danach die Abfallprodukte wieder freigeben. Dieser Prozess ist mühselig, langsam und nicht kontinuierlich.

Die Physik in zwei Dimensionen ist voller Überraschungen. So entdeckte Klaus von Klitzing im Jahr 1980 den Quanten-Hall-Effekt,

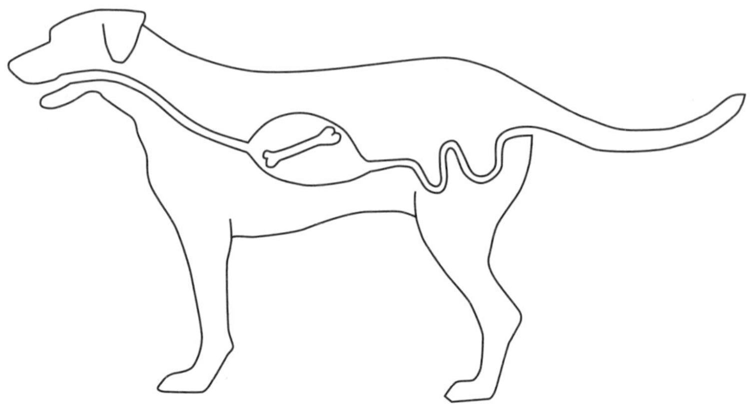

In einer zweidimensionalen Welt zerfiele jedes höhere Lebenswesen in eine obere und untere Hälfte und könnte damit nicht existieren.

wofür er 1985 mit dem Nobelpreis für Physik ausgezeichnet wurde: Bei niedriger Temperatur und in einem starken äußeren Magnetfeld verändert sich sprungartig die Leitfähigkeit einiger Stoffe. Dieser unerwartete Effekt lässt sich nur durch das Verhalten von Elektronen in einer Ebene beschreiben. Andre Geim und Konstantin Novoselov erzeugten 2004 erstmals ein stabiles zweidimensionales Material, das sogenannte Graphen, eine flache Schicht modifizierten Graphits mit ganz überraschenden Eigenschaften. Dafür erhielten sie 2010 den Nobelpreis für Physik. Graphen, das theoretisch bereits 1947 beschrieben wurde, besteht aus einer einatomigen Lage wabenartig angeordneter Kohlenstoffatome. Seine ungewöhnlichen mechanischen, thermischen und elektronischen Eigenschaften verdankt es seiner Zweidimensionalität. Die Materialwissenschaften arbeiten inzwischen an zahlreichen einlagigen Materialien, die sich vielseitig einsetzen lassen. Die Reduktion auf zwei Dimensionen ist also nicht immer eine Verarmung unserer dreidimensionalen Welt, sondern manchmal auch eine Bereicherung.

Ist umgekehrt eine Welt mit mehr als drei Dimensionen vorstellbar? Der Mathematiker Rudy Rucker beschreibt im selben Jahr wie Dewdney in seinem Buch *The Fourth Dimension: Toward a Geometry of Higher Reality* sehr humorvoll, wie eine vierte Dimension genutzt werden könnte, um beispielsweise aus einem Gefängnis auszubrechen oder einen Tresor zu leeren, ohne seine Türen öffnen zu müssen. Rucker folgt damit einer mathematischen Tradition. Schon Carl Friedrich Gauß bettet zu Beginn des 19. Jahrhunderts erstmals gekrümmte Flächen in den dreidimensionalen Raum ein. Bernhard Riemann entwickelt dann in der Mitte des 19. Jahrhunderts eine Geometrie in Räumen mit einer beliebigen Anzahl an Dimensionen, die er in seinem Habilitationsvortrag von 1854 mit dem Titel *Über die Hypothesen, die der Geometrie zugrunde liegen* der wissenschaftlichen Öffentlichkeit vorstellte.

Vier Dimensionen in unserer realen physikalischen Welt untersuchte auch Einsteins Freund Paul Ehrenfest im Jahr 1917. Er betrachtete die Flugbahnen von Körpern wie die der Planeten in unserem Sonnensystem. In drei Dimensionen kann ein Körper am Zentralkörper vorbeifliegen. Oder er kann auf ihm einschlagen. Ebenso kann er auf einer stabilen elliptischen Bahn eingefangen werden und auf dieser ewig umlaufen. Diese stabile Speziallösung des Problems ist sehr bedeutsam, denn nur stabile Planetenbahnen erlauben die Entstehung von Leben. Ehrenfest konnte überdies beweisen, dass diese in drei Dimensionen spezielle Lösung stabiler Bahnen in höherdimensionalen Räumen nicht mehr existiert, und zwar grundsätzlich nicht. Nur in drei Dimensionen haben Kräfte wie Gravitation oder Elektromagnetismus stabile Lösungen.

Ohne diese Stabilität wäre unsere Welt komplett chaotisch. Es gäbe nicht nur keine biologischen, sondern auch keine kosmischen Strukturen, denn auch ihre Stabilität beruht darauf, dass Millionen oder Milliarden Sterne sehr lange um ein galaktisches Zentrum kreisen.

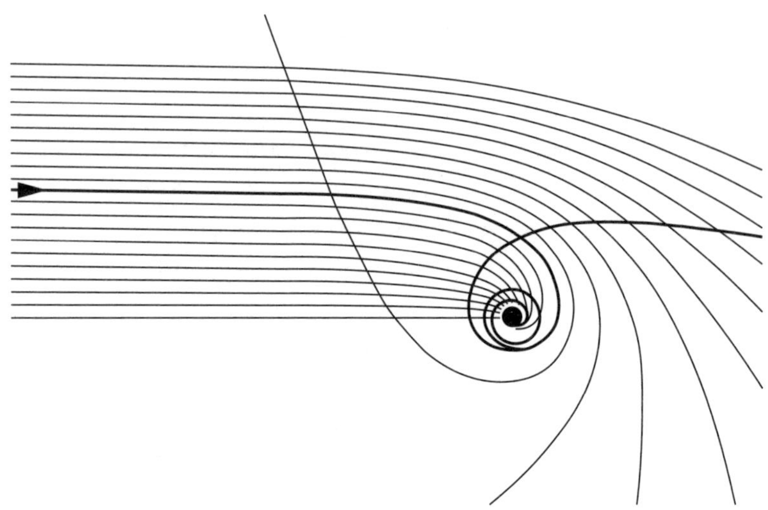

Die Bahnen eines leichten Körpers wie eines Planeten bei Annäherung an einen schweren wie einen Stern in vier Raumdimensionen. Der leichte Körper schlägt entweder auf dem schweren ein – oder er fliegt an ihm vorbei ins Unendliche. Fett die instabile Grenzlinie zwischen beiden unterschiedlichen Verhaltenstypen. Was in vier Dimensionen fehlt, ist die über Milliarden Jahre stabile Umlaufbahn des Planeten um sein Zentralgestirn. Sie ermöglicht in unserem Sonnensystem die Entwicklung des Lebens auf der Erde.

Und aus einem anderen Grund gäbe es weder Chemie noch Biologie: Auch Atome sind kleine „Sonnensysteme", in denen Elektronen um den Kern kreisen. Der italienische Physiker Frank R. Tangherlini konnte in den 1960er Jahren in der Quantentheorie beweisen, dass Atome mit ihrem schweren Atomkern und den leichten Elektronen in der Atomhülle in mehr als drei Dimensionen nicht stabil wären. Doch ohne Atome haben wir keine Chemie, ohne Chemie keine Biologie, und ohne Biologie kein Leben. Eine Welt wie die Unsrige kann also nur dreidimensional sein. Anders gesagt: Wir leben in der für uns besten aller Welten. Es mag Millionen anderer Welten geben in mehr oder weniger Dimensionen. Aber diese erlauben entweder nur primitive Lebensformen wie die der Amöbe – ohne Kreisläufe von Nahrung, Blut und Nerven – oder sie haben keine stabilen gebundenen Zustände und sind damit chaotisch.

Im Rahmen der Versuche zur großen Vereinigung der fundamentalen Wechselwirkungen gibt es Theorien, die zusätzliche Raumdimensionen vorhersagen. Besonders interessant sind Stringtheorien mit sechs oder sieben Extradimensionen, also mit insgesamt bis zu zehn Dimensionen. Die zusätzlichen Dimensionen sind in diesen Theorien extrem eng aufgerollt oder, wie man sagt, kompaktifiziert. Das ähnelt einem dünnen Faden oder „String", der sich längs einer Richtung erstreckt, aber quer dazu eng aufgerollt ist. Die zusätzlichen Dimensionen in den Stringtheorien haben die Größenordnung der Planck-Länge von 10^{-35} m.

Diese unvorstellbar winzigen Extradimensionen spüren wir im Alltag nicht, und wir werden sie auch an großen Beschleunigern in absehbarer Zukunft nicht aufspüren und untersuchen können. Gesucht wird im Labor trotzdem, und zwar nach einer Verletzung der Energieerhaltung, die nur erklärbar wäre, wenn Teilchen in diese Zusatzdimensionen entweichen. Doch bei den Kollisionsexperimenten am

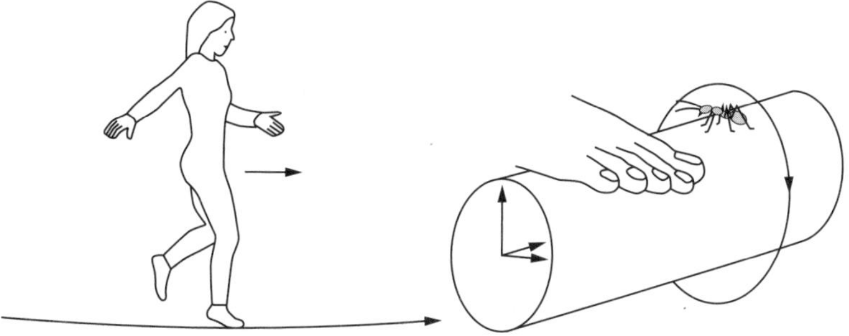

Eine Seiltänzerin spürt auf ihrem Seil nur eine Dimension des Raums – die Länge des Seils. Ein Insekt jedoch kann um das Seil herumlaufen. Es spürt auch die Krümmung des Seils und damit alle drei Dimensionen des Raums.

LHC des CERN mit Energien von mehr als 10 Tera-Elektronvolt (TeV) haben sich bisher solche Phänomene nicht gezeigt. Aus der Heisenbergschen Unschärferelation ergibt sich, dass mögliche Extradimensionen innerhalb von weniger als 10^{-20} m aufgerollt sein müssten. Das Rätsel des Raums besteht also darin, ob er tatsächlich so unstrukturiert, flach und dreidimensional ist, wie er uns im Moment erscheint, oder vielleicht eng aufgerollte Komponenten enthält.

Einsteins spukhafte Fernwirkung

Stellen wir am Ende der Besprechung unseres ersten Welträtsels, des Rätsels von Raum und Zeit, noch eine Frage, die eng damit verwoben ist: Wie breiten sich Kräfte in Raum und Zeit aus? Zur Erinnerung: Albert Einstein trug 1905 mit seiner Lichtquantenhypothese maßgeblich zum Bruch mit der klassischen Physik und zur Entwicklung der Quantentheorie bei. 20 Jahre später ist er es, der wesentliche Aspekte der Quantenmechanik und ihrer Interpretationen ablehnt, auch weil sie der Forderung nach einer lokalen Raumzeit seiner Speziellen Relativitätstheorie widersprachen. Schauen wir uns das genauer an.

Die Standardinterpretation des Welle-Teilchen-Dualismus der Quantenmechanik ist Niels Bohrs sogenannte Kopenhagener Interpretation. Um diese zu verstehen, betrachten wir das berühmte Doppelspaltexperiment der Quantenmechanik. Es wurde 1961 durch Claus Jönsson mit Elektronen durchgeführt. Wir beschießen dazu eine Blende, bestehend aus zwei eng nebeneinanderliegenden Spalten, mit einem diffusen Strahl von Elektronen. Hinter den beiden Spalten steht ein Schirm, auf dem die Elektronen auftreffen. Durchlaufen die Elektronen diesen experimentellen Aufbau, entsteht ein Muster auf dem Schirm, wie es ebene Wellen erzeugen würden, die auf die Blende treffen und hinter den Spalten zwei einander überlagernde kreisförmige Wellen erzeugen. Man nennt dies Interferenz. Greifen wir dagegen in dieses Experiment ein, in dem wir messen, durch welchen der beiden Spalte die Elektronen jeweils fliegen, ist das Ergebnis ein völlig anderes. In diesem Fall bilden sich auf dem Schirm statt eines Musters interferierender, einander überlagernder Wellen bloß zwei Maxima, ganz so, als seien die Elektronen körnige Teilchen, die entweder den einen oder den anderen Spalt durchlaufen ohne miteinander zu interferieren.

Der Kopenhagener Interpretation zufolge werden die Aufenthaltswahrscheinlichkeiten der Elektronen durch Wellenfunktionen beschrieben, die sich im ganzen Raum ausbreiten. Die Messung wählt von allen möglichen quantenmechanischen Zuständen denjenigen aus, der tatsächlich stattfindet. Das Verhalten der Elektronen wird allerdings durch die Wechselwirkung mit dem Messapparat beim Nachweis, durch welches Loch die Elektronen fliegen, gravierend geändert. Man sagt, die Wellenfunktion der Teilchen bricht zusammen, sie kollabiert. Einstein konnte diese „spukhafte Fernwirkung" der Quantentheorie nicht akzeptieren. Im März 1942 schreibt er einem Freund: „Es scheint hart, dem Herrgott in die Karten zu gucken. Aber dass er würfelt und sich telepathischer Mittel bedient (wie es ihm von der gegenwärtigen Quantentheorie zugemutet wird), kann ich keinen Augenblick glauben."

Die Hintergründe dieser Kontroverse haben viel mit den Begriffen von Raum und Zeit zu tun. Sowohl die klassische Physik als auch die Relativitätstheorie fordern, dass Kräfte streng lokal wirken, also nur an einem Punkt im Raum ansetzen. Eine Wechselwirkung kann nur über die Ausbreitung von Feldern im Raum erfolgen. Und diese können sich lediglich mit der endlichen Lichtgeschwindigkeit ausbreiten, also auf keinen Fall instantan – unter Umgehung der Lichtgeschwindigkeit. Das bedeutet, dass eine Ursache beziehungsweise eine Kraft immer nur lokal wirken können. Diese strenge Forderung von Lokalität wird durch die nichtlokalen Aspekte der Quantentheorie verletzt. Das äußert sich auch in ihrer Möglichkeit zur Verschränkung, englisch „entanglement“, ein Wort, das es vor der Entwicklung der Quantentheorie in der Physik nicht gab.

Das Phänomen der quantenmechanischen Verschränkung lässt sich an folgendem Beispiel veranschaulichen. Betrachten wir dazu einen Atomkern, der einen Eigendrehimpuls oder Spin null hat und gleichzeitig zwei Photonen aussendet. Das ist ein seltener Prozess, aber es gibt Isotope, die auf diese Weise zerfallen. Beide Photonen haben einen Drehimpuls eins. Um den Drehimpuls des Mutterkerns in diesem Zerfall zu erhalten, müssen die beiden Photonen mit entgegengesetzt ausgerichtetem Drehimpuls ausgesandt werden. Diese entgegengesetzten Drehimpulse behalten die Photonen auch bei, wenn sie Lichtjahre durch das Universum fliegen. Das eine der beiden Photonen kann auf dem Stern Sirius enden, das andere Photon auf der Erde. Wenn wir jetzt auf Erden die Polarisation des einen Photons, also die Richtung seines Spins bestimmen und damit fixieren, legen wir implizit und instantan, also ungeachtet des Abstands der beiden Photonen von mehreren Lichtjahren, die Polarisation des anderen Photons auf dem Sirius fest.

Das war einer der wichtigsten Streitpunkte von Albert Einstein mit Niels Bohr. Einstein als Schöpfer der Relativitätstheorie musste natürlich auf der Erhaltung der Grundfesten seiner Relativitätstheorie bestehen. Diese basieren auf der Endlichkeit und Konstanz der Lichtgeschwindigkeit als der ultimativen Geschwindigkeit, mit der sich Wirkungen ausbreiten. Die Endlichkeit der Wirkungsausbreitung ist eng verbunden mit der Forderung, dass alle Wechselwirkungen lokal stattfinden und sich über Felder im Raum ausbreiten. Deshalb lehnte Einstein zeitlebens Bohrs Interpretation der Quantentheorie ab. „Ich kann aber deshalb nicht ernsthaft daran glauben“, schreibt Einstein 1947 an Max Born, „weil die Theorie mit dem Grundsatz unvereinbar ist, dass die Physik eine Wirklichkeit in Zeit und Raum darstellen soll, ohne spukhafte Fernwirkungen.“

Um auf die Widersprüche der nichtlokalen Aspekte der Quantentheorie und ihre scheinbar verborgenen Parameter hinzuweisen, formulierte Einstein zusammen mit seinen beiden Assistenten Boris Podolsky und Nathan Rosen das oben beschriebene Gedankenexperiment der verschränkten Quantenteilchen, das sogenannte Einstein-Podolsky-Rosen-Paradoxon. Aber Einstein wurde inzwischen als ein alter Mann betrachtet, der die neue Physik und die Quantentheorie nicht mehr versteht, obwohl er damit wichtige Grundfragen der Quantentheorie aufwirft.

Erst 1964 formulierte der nordirische Physiker John Stewart Bell am CERN die sogenannten Bellschen Ungleichungen, die es gestatten zu testen, ob die Quantentheorie verborgene Parameter enthält. In den 1980er und 1990er Jahren wurden diese Aspekte der Quantentheorie in laseroptischen Experimenten wie denen von Anton Zeilinger in Wien und Alain Aspect in Paris bestätigt und Einsteins Paradoxon aufgelöst. Ebenso konnte in nachfolgenden Experimenten die Verschränkung von quantenmechanischen Teilchen über große Entfernungen hinweg vermessen werden, sodass wir heute akzeptieren müssen, dass die quantenmechanische Verschränkung Teil der physikalischen Realität ist. Vor kurzem ist es sogar gelungen, mikromechanische Oszillatoren aus dünnen Metallmembranen, die auf nur ein Millionstel Grad über dem absoluten Nullpunkt gekühlt werden, quantenmechanisch mittels Pulsen aus supraleitenden Mikrowellenresonatoren miteinander zu verschränken und diese winzigen Trommeln synchron im Takt schwingen zu lassen. Damit wird der Geltungsbereich der bisher nur im Mikroskopischen geltenden Quantenphysik ins Makroskopische verschoben, was völlig neue Anwendungen ermöglicht, wie zum Beispiel die Realisierung hochempfindlicher Quantensensoren oder Quantenspeicher, die leichter zu handhaben sind als einzelne Atome oder Moleküle.

Nichtsdestotrotz bleibt die Verschränkung von quantenmechanischen Teilchen in Zeit und Raum etwas, das wir uns nicht vorstellen können. Das lässt sich am Beispiel eines Schwarzweißfotos im Gegensatz zu einem Hologramm illustrieren. Beim klassischen Schwarzweißfoto ist die Information lokal kodiert. Die dunklen Stellen enthalten mehr Silber, die helleren weniger. Die Information eines klassischen Bildes besteht in der Helligkeit an einem Punkt. In einem Hologramm wird die dreidimensionale Information hingegen in der Interferenzstruktur zwischen einer Referenz- und einer Objektwelle gespeichert. Auf einem dermaßen kodierten Bild eines Hologramms können wir Menschen allerdings nichts erkennen. Unsere Augen und unser Gehirn sind nicht in der Lage, eine solche Information direkt zu entschlüsseln. Jedoch birgt diese Art, Information zu kodieren, einen atemberaubenden Vorteil. In der Korrelation beziehungsweise Interferenz zwischen Referenz- und Objektwelle wird die zusätzliche dreidimensionale Information gespeichert.

Noch effektiver sind Systeme aus quantenmechanischen binären Spin-Systemen, sogenannten Qubits. In ihnen sind nicht nur jeweils zwei, sondern sämtliche Bits miteinander verschränkt. Für eine Anzahl von n Bits können damit nicht nur n^2, sondern 2^n Informationen kodiert werden. Wie in der indischen Legende von den Weizenkörnern auf dem Schachbrett überschreiten wir schon mit wenigen Dutzend Qubits die Fähigkeiten heutiger konventioneller Computer. Das ist das Geheimnis des Quanten-Computings. Mit der nichtlokalen quantenmechanischen Verschränkung könnten wir am Ende mehr Informationen speichern, als es Atome im Weltall gibt. Was Einstein als Fluch betrachtete, beginnen wir heute als Tugend zu nutzen.

Die nichtlokale quantenmechanische Verschränkung könnte aber eine noch fundamentalere Rolle im Universum spielen. Sie könnte Beschränkungen des Raums wie die Lokalität und die endliche Lichtgeschwindigkeit überwinden und andere, neue und fundamentalere Relationen als den dreidimensionalen Raum schaffen. So beschreibt es die sogenannte Anti-De-Sitter konforme Feldtheorie (engl. Conformal Field Theory), die abgekürzt AdS-CFT-Äquivalenz genannt wird. Formuliert haben sie Physiker wie Juan Maldacena und Joe Polchinski um 1999. Die Theorie greift Überlegungen über die Struktur des Raums auf, die der Mathematiker Willem de Sitter Anfang des 20. Jahrhunderts angestellt hatte.

Die AdS-CFT-Äquivalenz ist eine noch sehr spekulative Idee. Normalerweise beschreiben wir die Dynamik in der Physik als eine lokale Feldtheorie in den drei Raumdimensionen unseres Alltags. Betrachten wir die zweidimensionale Oberfläche eines Schwarzen Loches oder den zweidimensionalen Ereignishorizont, der den Rand des beobachtbaren Universums definiert. Eine Version der AdS-CFT-Äquivalenz besagt nun, dass die lokale Dynamik der Gravitation in unseren drei Raumdimensionen und eine nichtlokale Quantenfeldtheorie in zwei unser Universum einhüllenden Dimensionen äquivalent sind und einander nach einem holografischen Prinzip entsprechen. Diese Überlegung schafft etwas fundamental Neues. Sie stellt eine Beziehung her zwischen der konventionellen Physik in drei Raumdimensionen und einer Quantenphysik in zwei Dimensionen. Angesichts dieser Äquivalenz hoffen die Physiker, das noch ungelöste Problem der Quantengravitation in zwei Dimensionen mit Hilfe der quantenmechanischen Korrelation oder Verschränkung zu lösen. Hier zeichnet sich eine interessante Entwicklung der Physik ab.

Damit kehren wir zur Quantengravitation zurück, also zur Frage nach der Verbindung der Allgemeinen Relativitätstheorie mit der Quantentheorie. Beide Theorien funktionieren in ihrem jeweiligen Gültigkeitsbereich perfekt, lassen sich aber aus konzeptionellen und technischen Gründen bisher nicht zusammenführen. Die Welt der Quantentheorie ist eine der Wahrscheinlichkeiten. Die Allgemeine Relativitätstheorie hat dagegen eine Vorhersagbarkeit im Sinne eines klassischen Determinismus. Die kontinuierliche Raumzeit der Relativitätstheorie, die gleichzeitig Bühne des physikalischen Geschehens und dynamischer Akteur ist, lässt sich bis heute nicht einfach quantisieren. Auch mathematisch gibt es Probleme durch Singularitäten, also Unendlichkeiten in den Berechnungen. Das betrifft beispielsweise den Zustand unendlicher Temperatur und Energiedichte zu Beginn des Universums, beim Urknall. Gehen wir zur Planck-Skala zurück, zur Planck-Länge von 10^{-35} Metern und zur Planck-Zeit von 10^{-43} Sekunden. In dieser Planck-Ära zerreißen wie erwähnt die extreme Energiedichte und die damit extrem starke Gravitation Raum und Zeit. Wegen der Heisenbergschen Unschärferelation fluktuieren sie und springen wild hin und her. Wenn aber Raum und Zeit fluktuieren, kann es passieren, dass die Ursache für ein Ereignis erst nach der Wirkung kommt, dass also die Kausalität zerbricht. Betrachten wir das einmal mathematisch: In den Differentialgleichungen der Physik sind Raum und Zeit die Differentiale dx und dt und stehen im Nenner. Sie bestimmen die physikalische Dynamik. Wenn sie ihren Sinn verlieren, verlieren wir das Fundament unserer Physik, denn jegliche Dynamik und alle Prozesse werden in der kontinuierlichen Raumzeit beschrieben. Der Eintritt in die Planck-Skala und die Quantengravitation definieren also eine Grenze der heutigen Physik.

Das Wissen um diese Grenze ist erkenntnistheoretisch sehr wertvoll, denn eine gute Theorie muss ihre Grenzen kennen und benennen können. Die Planck-Skala markiert eine solche Grenze der heutigen Physik. Jenseits dieser Grenzen benötigen wir neue Methoden, die Welt physikalisch zu beschreiben, sowohl experimentell als auch theoretisch. Das könnte die Quantisierung der Gravitation sein – oder die oben angesprochene Äquivalenz der Gravitationsphysik in drei Dimensionen mit einer Quantenfeldtheorie in zwei Dimensionen. Oder noch ungewöhnlichere Ideen …

Resümee

Unser erstes Welträtsel beschäftigt sich mit Raum und Zeit, die den Rahmen und die Bühne für das Geschehen in unserer Welt bilden. Wir haben gelernt, warum der Raum mehrdimensional und die Zeit eindimensional ist. Der Raum kennt keine Ordnungsrelation, die Zeit hingegen unterscheidet zwischen Vergangenheit, Gegenwart und Zukunft. Wir haben diskutiert, ob die Zeit möglicherweise nur ein abgeleitetes, ein emergentes Phänomen ist, dem tiefere Zusammenhänge zugrunde liegen. Auch haben wir die Zahl der Raumdimensionen besprochen und festgestellt, dass nur ein dreidimensionaler Raum Stabilität ermöglicht. Wir haben die Frage diskutiert, ob unser Raum gekrümmt ist und über Extradimensionen verfügt. Überraschenderweise ist in der Mikrowelt die von Einstein als spukhaft bezeichnete quantenmechanische Verschränkung real. Sie eröffnet dem Quantencomputing ungeahnte Möglichkeiten. An der Planck-Skala müssen wir die Gravitation mit allen anderen Kräften vereinigen und quantisieren. Das ist bisher nicht gelungen.

WORAUS BESTEHT DAS DUNKLE UNIVERSUM?

„Denn die einen sind im Dunkeln.
Und die andern sind im Licht. Und man siehet die im Lichte.
Die im Dunkeln sieht man nicht.“

BERTOLT BRECHT, *DREIGROSCHENOPER* (1928)

Das zweite Welträtsel führt uns in die dunklen Bereiche des Universums. Um es besser zu verstehen, blicken wir zunächst auf die uns bekannte sichtbare Welt, bevor wir versuchen, Licht in ihre dunklen und unsichtbaren Seiten zu bringen. Die Lösung dieses Rätsels könnte den Beginn einer neuen Ära in der Physik einläuten.

Die Rolle der Teilchen

Im Laufe des 20. Jahrhunderts wurden alle Bausteine des sichtbaren Universums entdeckt. Was aber meinen wir mit „sichtbar“? Wir wechselwirken mit der uns umgebenden Welt stets über die elektromagnetischen Prozesse, die hinter der Physiologie, Chemie und Physik unserer Sinnesorgane stecken. Sonne und Mond, die Sterne unserer Milchstraße und unsere Nachbargalaxie im Sternbild Andromeda können wir mit unseren Augen oder mit Teleskopen direkt „sehen“. Mit speziellen Detektoren können wir selbst jene Elementarteilchen nachweisen, die elektrisch neutral sind und nur schwach mit Materie wechselwirken – die Neutrinos. Die „Multi-Messenger-Astronomie“ nutzt von Radiowellen über Infrarot, sichtbarem und ultraviolettem Licht bis zu Röntgen- und Gammastrahlen das gesamte elektromagnetische Spektrum. Sie gestattet es, auch exotische Strukturen wie Quasare und Pulsare, also aktive galaktische Kerne und pulsierende Radioquellen, sowie die Verschmelzung von Neutronensternen und Schwarzen Löchern im Universum sichtbar zu machen. Aber eines haben alle diese Beobachtungen gemeinsam: Wir beobachten damit Objekte, die wir zur sichtbaren Materie zählen.

Die Kinematik astronomischer Objekte wie die Umlaufgeschwindigkeit von Sternen um das Zentrum von Galaxien oder die Relativbewegung von Galaxien in Galaxienhaufen lässt sich jedoch nicht ohne einen großen Anteil nicht elektromagnetisch wechselwirkender, also unsichtbarer dunkler Materie im Universum erklären. Aus astronomischen und astrophysikalischen Beobachtungen lässt sich im Rahmen kosmologischer Modelle die Gesamtdichte des Universums abschätzen. Welchen Anteil am Inventar des Universums hat aber nun die sichtbare Materie – die Atome, bestehend aus Protonen, Neutronen und Elektronen? Und welchen Anteil hat die dunkle Materie?

Beginnen wir mit den sichtbaren Komponenten des Universums und zunächst mit der nicht massebehafteten Materie, nämlich mit Strahlung oder Energie. Bis etwa 50.000 Jahre nach dem Urknall war das Universum von Strahlung dominiert. Aber welchen Anteil hat sie heute? Zuerst haben wir aus der Hintergrundstrahlung, die das gesamte Universum erfüllt und ein Relikt des Urknalls darstellt, etwa 440 Photonen pro Kubikzentimeter mit einer Temperatur von heute knapp drei Kelvin über dem absoluten Nullpunkt. In der Energiebilanz des Universums ist ihr Beitrag vernachlässigbar. Das Licht der Sterne fällt nur innerhalb der Galaxien ins Gewicht. Gemittelt über das gesamte Universum können wir es ebenfalls vernachlässigen.

Betrachten wir deshalb den Anteil der bekannten massebehafteten Teilchen im Universum und beginnen mit ihren leichtesten Vertretern, den Neutrinos. Was ist der Anteil der Neutrinos am Universum, die bis zur ersten Sekunde des Universums über die schwache Wechselwirkung im Gleichgewicht waren mit Protonen, Neutronen und Elektronen? Heute sind diese Relikt-Neutrinos neben den Photonen der Hintergrundstrahlung des Urknalls die häufigsten Teilchen im Universum: Über 330 von ihnen erfüllen jeden Kubikzentimeter des

Weltraums – ein kosmisches Grundrauschen, das wir aber wegen der extrem schwachen Wechselwirkung dieser Teilchen und aufgrund ihrer heute vermuteten sehr geringen Energie, die einer Temperatur von etwa zwei Kelvin entspricht, noch nicht nachweisen konnten. Aus der Messung der Schwankungen der Materiedichte im Universum schließen wir im Rahmen des Standardmodells der Kosmologie, dass die Summe der Massen aller Neutrino-Arten kleiner sein muss als 0,2 Elektronvolt. Die Milliarden Galaxien im Universum sind in filamentartigen Strukturen angeordnet, vergleichbar den Neuronen eines Nervengeflechts. Hätten die Neutrinos eine größere Masse, dann wären die Strukturen im Universum, die Verteilung der Galaxien stärker verschmiert, als wir es beobachten. Das lässt sich durch Computersimulationen des frühen Universums mit unterschiedlichen Neutrinomassen feststellen, die beobachtete Galaxienverteilungen im Universum rechnerisch reproduzieren sollen.

Dieser indirekt bestimmte Höchstwert der Neutrinomasse ist niedriger als der inzwischen direkt gemessene Grenzwert aus dem „Karlsruhe Tritium Neutrino Experiment“ (KATRIN) am Karlsruher Institut für Technologie (KIT). KATRIN ist ein Massenspektrometer von der Größe eines Einfamilienhauses und misst das Beta-Spektrum von radioaktivem Tritium – des superschweren Isotops von Wasserstoff. Da die Neutrinos eine Masse haben, muss dieses Beta-Spektrum um den winzigen Betrag der Neutrinomasse vermindert enden. In den nächsten Jahren wird KATRIN die obere Grenze der Neutrinomasse auf zwei Zehntel Elektronvolt einschränken können. Sollten die Neutrinomassen entgegen des aus astrophysikalischen Messungen gewonnenen Maximalwerts oberhalb dieser Grenze liegen, ist sogar eine direkte Messung möglich. Fest steht aber schon jetzt: Die Neutrinos sind die bei weitem leichtesten Bausteine der Materie, die wir kennen, sieht man von den Austauschteilchen wie den Photonen oder Gluonen ab, die masselos sind. Wenn wir die Teilchendichte der

Neutrinos mit der oberen Grenze ihrer Massen multiplizieren, dann erhalten wir einen Beitrag zur Dichte des Universums von weniger als zwei Promille. Mit anderen Worten: Auch der Anteil der Neutrinos an der Gesamtmasse des Universums ist verschwindend gering.

Schauen wir uns deshalb die Kernteilchen etwas genauer an, die Nukleonen, also die Protonen und Neutronen. Bei ihnen handelt es sich um stark wechselwirkende Teilchen, sogenannte Baryonen. Die Baryon-Dichte des Universums beträgt 4 bis 5 % seiner Gesamtdichte. Die Baryonen kommen jedoch im Universum hauptsächlich in Form der nur äußerst schwach leuchtenden intergalaktischen Gase wie Wasserstoff und Helium vor. Selbstverständlich bilden Nukleonen und Elektronen auch den Brennstoff für den stark leuchtenden Teil des Universums wie die Sterne oder die Zentren aktiver Galaxien. Deren Massendichte stellt aber wiederum nur einen Bruchteil der Masse des unsichtbaren intergalaktischen Gases und weniger als ein Prozent der Gesamtmasse des Universums dar. Chemische Elemente schwerer als Wasserstoff und Helium tragen sogar nur 0,025 % zur Massenbilanz des Universums bei. Was heißt das?

So großartig die Untersuchung der Bausteine der Materie ist, die bekannten Elementarteilchen tragen zum Gesamtbudget des Universums kaum bei. Wenn wir in den Himmel schauen und die funkelnden Sterne sehen, dann erblicken wir tatsächlich nur einen winzigen Teil des Universums – nicht einmal ein Prozent dessen, woraus das Universum eigentlich besteht.

Dunkle Materie und dunkle Energie

Woraus besteht aber nun der dunkle, für uns unsichtbare Teil des Universums? Das ist eines der großen Rätsel der modernen Physik. Dieser Rest entzieht sich der elektromagnetischen Wechselwirkung, über die wir normalerweise mit der Welt kommunizieren. Immerhin wissen wir: Der dunkle Teil der Welt besteht aus zwei Komponenten.

Die eine wird als dunkle Materie bezeichnet. Die andere als dunkle Energie. Woher wir das wissen, und was diese beiden Komponenten des Universums unterscheidet, skizzieren wir im Folgenden.

Dunkle Materie ist Materie, die im elektromagnetischen Spektrum nicht sichtbar ist. Sie zeigt sich ausschließlich durch die Schwerkraft ihrer Massen und dominiert die Dynamik der größten durch Schwerkraft gebundenen Strukturen im Universum, der Galaxien und Galaxienhaufen. Eigentlich sollten Sterne am Rand von Galaxien wegen der mit dem Abstand zum galaktischen Kern fallenden Schwerkraft langsamer um deren Zentrum kreisen als die zentrumsnahen – wie die Planeten im Sonnensystem. Das wird aber nicht beobachtet. Die amerikanische Astronomin Vera Rubin stellte in den 1960er und 1970er Jahren fest, dass die Umlaufzeiten der Sterne in Galaxien wie der Milchstraße oder der Andromedagalaxie etwa konstant sind, vergleichbar mit einem sich drehenden Plattenteller. Einer der ersten, der dieses Phänomen einer unsichtbaren, aber massebehafteten Materie zuschrieb, war der Kosmologe Edward W. Kolb. Das Phänomen wurde daraufhin systematisch untersucht. Es zeigte sich zunächst in einigen wenigen und heute in weit über hundert Galaxien. Die Tatsache, dass die Umlauffrequenz von Sternen in Galaxien fast unabhängig vom Radius ist, weist unter Annahme der Gültigkeit des Gravitationsgesetzes darauf hin, dass es eine unbekannte massereiche Substanz geben muss, die eine Art Halo bildet, der weit über den Rand der sichtbaren Galaxie hinausreicht. Rechnerisch ergibt sich daraus für viele Galaxien, dass etwa 90 % ihrer Masse nicht leuchtet. Deshalb nennen wir diese mystische Substanz „dunkle Materie“. Sie wechselwirkt mit der restlichen Materie offenbar nur über die Schwerkraft und macht sich zum Beispiel auch als Gravitationslinse bemerkbar.

Eine zweite, noch dominantere Komponente des Universums bildet die „dunkle Energie“. Wir hatten schon diskutiert, dass Schwerkraft immer anziehend ist, weil auch Antimaterie positive Masse hat.

Es gibt also zur Masse keine Anti-Masse. Die Schwerkraft addiert sich folglich im Universum auf und liefert damit eine Rückstellkraft zum Urknall, der den ersten Anstoß der kosmischen Expansion gegeben hat. Die Schwerkraft der Materie, sowohl die der sichtbaren als auch der dunklen Materie, müsste also eigentlich die Geschwindigkeit der kosmischen Expansion des Universums im Laufe der Jahrmilliarden verlangsamen.

Anhand der Rotverschiebung des Lichts, einem Doppler-Effekt, wie wir ihn vom Schall in der Akustik kennen, lassen sich die Fluchtgeschwindigkeiten entfernter Sternexplosionen, sogenannter Supernovae messen. Anhand der vergleichbaren absoluten und der gemessenen relativen Leuchtkraft von Supernovae des Typs Ia kann man ihre Entfernungen abschätzen. Die unterschiedlichen Abstände der Supernovae gestatten einen Blick zurück in die Vergangenheit und weit in die Tiefe des Universums. In den 1990er Jahren wollte man so die Verlangsamung der kosmischen Expansion messen. Doch die Astrophysiker trauten ihren Augen nicht: Statt einer Verlangsamung beobachteten sie das Gegenteil, eine Beschleunigung der Ausdehnung des Universums im Laufe der letzten Milliarden Jahre. Die näheren und jüngeren Supernovae entfernten sich schneller als erwartet. Wir haben bis heute keine Erklärung, was die Materie des Universums seit etwa dem halben Alter des Universums, also ungefähr seit sieben Milliarden Jahren, immer schneller auseinandertreibt. Wir nennen es „dunkle Energie", eine Art mystische Gegenkraft zur anziehenden Gravitation der sichtbaren und der dunklen Materie. Die dunkle Energie ist keiner bekannten Wechselwirkung zuzuordnen, sondern dehnt die Metrik aus – die Zollstöcke des Messwesens im Universum. Kosmologische Messungen ergeben, dass etwa 69 % des Universums aus dunkler Energie besteht. Nur 26 % werden der dunklen Materie und bloß knapp 5 % der baryonischen Materie zugeschrieben. Eines der größten Rätsel der modernen Physik ist also: Woraus besteht das

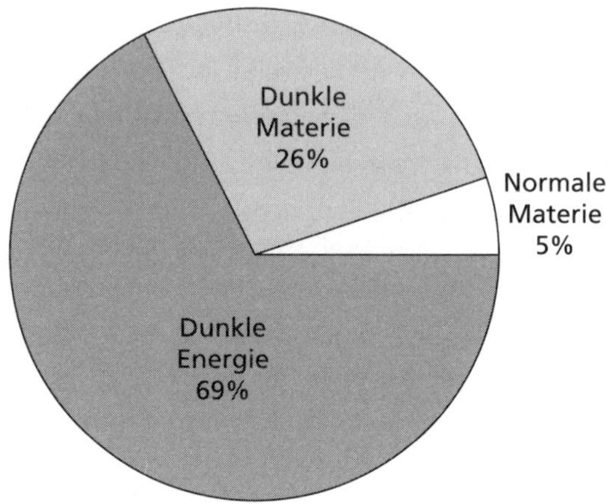

Das Inventar des Universums: 69 % dunkle Energie, 26 % dunkle Materie sowie 5 % normale Materie. Normale Materie besteht hauptsächlich aus intergalaktischem Gas (Wasserstoff und Helium). Leuchtende Sterne, Neutrinos und Photonen tragen nur wenig zum Inhalt des Universums bei.

dunkle Universum? Immerhin gibt es ein paar theoretische Erklärungsversuche.

Beginnen wir deshalb mit der etwas weniger mystisch erscheinenden dunklen Materie. Ihre Natur ist zwar bis heute ebenfalls ungeklärt, aber für ihre Konstituenten gibt es zumindest einige Kandidaten. Die Massen hypothetischer Teilchen, die weder der starken noch der elektromagnetischen Kraft unterliegen, erstrecken sich über 90 Größenordnungen und reichen von ultraleichten Bosonen wie den sogenannten Axionen bis hin zu Schwarzen Löchern, die kurz nach dem Urknall entstanden sind. Unsere Sonne könnte beispielsweise in ihrem Inneren Axionen erzeugen, die dann ins All strömen. Das CERN Axion Solar Telescope (CAST) am CERN richtet deshalb einen zehn Meter langen supraleitenden Magneten auf die Sonne. Der Magnet soll die ankommenden Axionen in Röntgenphotonen umwandeln und sie in einem Detektor am hinteren Ende des Magneten auffangen. Bisher hat CAST zwar keine Axionen gefunden, aber aus seinen

Messergebnissen lassen sich Grenzwerte berechnen, wie oft sich derartige Axionen in Photonen verwandeln könnten. Ein Nachfolgeexperiment von CAST, das sogenannte Baby International Axion Observatory (BabyIAXO), soll 2024 mit größeren und leistungsfähigeren Magneten am deutschen Beschleunigerzentrum DESY in Betrieb genommen werden. Es dient als Vorläufer für das vollständige IAXO-Experiment, das wesentlich empfindlicher sein wird als CAST. Daneben gibt es auch indirekte Wege, um Axionen aus dem Weltraum zu vermessen. Beispielsweise scheinen einige Weiße Zwerge – die Reste von Sternen, die ihren Brennstoff verbraucht haben, aber nicht als Supernova enden – sich schneller abzukühlen als erwartet. Ein möglicher Grund dafür könnte sein, dass Axionen aus ihnen entweichen und sie darüber zusätzlich abkühlen. Deshalb werden Axionen heute als Kandidaten der dunklen Materie intensiv gesucht.

Um die Rolle der Kandidaten für dunkle Materie bei der Strukturbildung des Kosmos besser zu verstehen, leitet man aus dem Verhältnis ihrer Massen zu ihren kinetischen Energien ihre Geschwindigkeit und ihre Temperatur ab. So lässt sich zwischen heißer und kalter dunkler Materie unterscheiden. Heiße dunkle Materie wäscht in der Evolution des Kosmos Strukturen aus, kalte dunkle Materie verstärkt die Strukturbildung, das Verklumpen. Neutrinos scheiden aus bereits genannten Gründen als Kandidaten für dunkle Materie aus: Besäßen sie eine Masse, die eine Erklärung wäre für die dunkle Materie, hätten sie die beobachteten Filament-Strukturen in der Verteilung der Galaxien ausgewaschen. Beispiele für kalte Materie sind Objekte wie Planeten, Sterne und Schwarze Löcher. Sie sind schwer, bewegen sich langsam und sorgen somit für Strukturbildung. Die extrem leichten hypothetischen Axionen sind Kandidaten für kalte dunkle Materie. Die Struktur des Universums und seine Entwicklung schränken die Menge an kalter und heißer dunkler Materie stark ein und gestatten Rückschlüsse auf ihre Natur.

Einen anderen interessanten theoretischen Ansatz zur Erklärung der dunklen Materie liefert die Supersymmetrie (SUSY). Die Supersymmetrie beruht auf einer ganz neuen, fundamentalen, konzeptionell sehr schönen und ästhetischen Symmetrie. Rufen wir uns dafür die Bausteine des Standardmodells der Teilchenphysik in Erinnerung: Die fundamentalen Materieteilchen und Austauschteilchen heißen Fermionen und Bosonen. Fermionen haben halbzahligen, Bosonen ganzzahligen Drehimpuls. Elektronen und Quarks sind Fermionen, Photonen und Gluonen sind Bosonen. Bosonen und Fermionen verhalten sich extrem unterschiedlich. Zum Beispiel können in einem bestimmten Volumen unendlich viele Lichtquanten, also Bosonen, enthalten sein. Für Materieteilchen, also Fermionen, ist dagegen die Teilchenzahl in einem solchen Volumen beschränkt. Grund dafür ist das nach Wolfgang Pauli benannte Ausschließungsprinzip, das sogenannte Pauli-Prinzip: Es besagt, dass zwei Fermionen am selben Ort nicht in allen Quantenzahlen übereinstimmen dürfen. Die Supersymmetrie behauptet nun, dass es zu jedem Materieteilchen ein neues, bisher nicht bekanntes Austauschteilchen gibt, und zu jedem Austauschteilchen wiederum ein neues supersymmetrisches Materieteilchen. Zu einem Elektron, einem Fermion, gäbe es demnach ein supersymmetrisches Elektron als Boson – ein Austauschteilchen. Umgekehrt postuliert die Supersymmetrie zu jedem Photon ein Photino mit den Eigenschaften eines Materieteilchens, eines Fermions.

Damit schafft die Supersymmetrie eine komplette Spiegel- oder Geisterwelt. Sie wurde im Laufe ihrer Entwicklung zur sogenannten Supergravitation und weiter zur Theorie der Superstrings verallgemeinert und besitzt viele attraktive Eigenschaften, darunter auch eine mögliche Erklärung für die dunkle Materie. Da die supersymmetrischen Partner unserer bekannten Teilchen auch in den hochenergetischen Kollisionen am LHC des CERN bisher nicht beobachtet wurden, müssten sie schwerer als alle bekannten Teilchen sein. Da

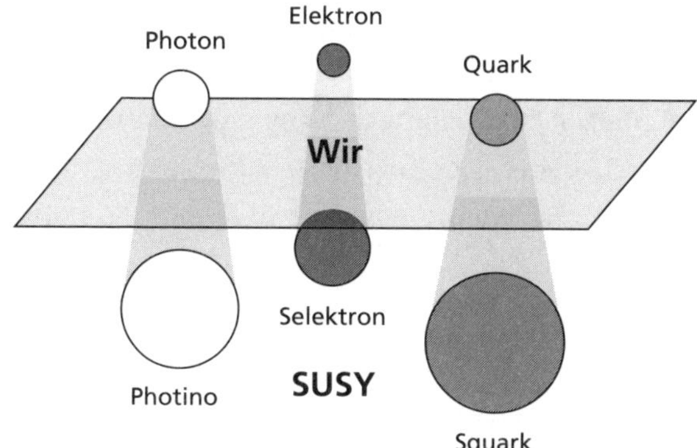

In einer supersymmetrischen Spiegelwelt gehört zu jedem Baustein unserer Welt, zu jedem Fermion wie dem Elektron oder dem Quark, ein Kraftteilchen oder Boson wie ein Selektron oder Squark. Das S steht für supersymmetrisch. Umgekehrt gehört zu jedem Kraftteilchen wie dem Photon ein Fermion wie das Photino. Supersymmetrische Teilchen sind Kandidaten für die mysteriöse dunkle Materie. Sie wurden bisher noch nicht nachgewiesen und müssen deshalb wesentlich schwerer sein als ihre Partner.

die neutralen SUSY-Teilchen nicht elektromagnetisch, sondern nur schwach mit normaler Materie wechselwirken, sind sie ähnlich schwer nachweisbar wie Neutrinos. Solche Teilchen heißen „Weakly Interacting Massive Particles", kurz WIMPS. Aber ihre äußerst schwache Wechselwirkung ist nicht nur ein Fluch, sondern auch eine Tugend: Sie sind ideale Kandidaten für die dunkle Materie. Bisher haben wir allerdings die Teilchen dieser Geisterwelt nicht beobachten können. Immerhin wissen wir aus Experimenten am Large Hadron Collider (LHC) des CERN, dass mögliche supersymmetrische Partner des Elektrons und anderer Leptonen schwerer sein müssten als mehrere 100 GeV, supersymmetrische Quarks schwerer als ein TeV, und das Gluino schließlich, der supersymmetrische Partner des Gluons, sogar schwerer als zwei TeV. Aufgrund ihrer großen Massen hätten sie sich auch im wärmeren frühen Universum relativ langsam bewegt und daher Strukturen nicht verwischt, sondern Strukturbildung durch

Gravitation befördert. Sie stellen also kalte dunkle Materie dar. Allerdings wäre damit die Welt zumindest hinsichtlich der Ruhemassen ihrer Elementarteilchen nicht exakt supersymmetrisch. Wenn also Supersymmetrie in der Natur existiert, dann ist sie stark gebrochen. Warum halten wir trotzdem an ihr fest? Weil die Supersymmetrie tut, was eine gute Theorie tun sollte: Sie liefert Vorhersagen, die im Experiment überprüfbar sind.

Dazu ein kleiner Ausflug in die Theorie der Elementarteilchen: Wir hatten bereits diskutiert, dass das Higgs-Feld für die Massen der Elementarteilchen verantwortlich ist, und zwar sowohl für die Massen der schweren Eichbosonen der schwachen Wechselwirkung, der W- und Z-Bosonen, als auch für die Massen der Fermionen, der Bausteine der Materie. Wenn das Higgs-Boson aber seine eigene Masse erzeugen soll, dann hängt sie von willkürlichen Parametern der Theorie ab und wird damit unbestimmt. Das ist ein großes Problem des Standardmodells der Teilchenphysik. Wäre die Welt aber supersymmetrisch, dann kürzten sich die willkürlichen Terme heraus, und die Higgs-Masse würde berechenbar und stabil. Leider wissen wir aus dem Experiment, dass die Supersymmetrie bis zu Energien von mehr als einem Tera-Elektronvolt gebrochen ist. Deshalb funktioniert diese wunderbare Kürzung nur unzureichend.

Eine weitere, davon völlig unabhängige Vorhersage der Supersymmetrie ist: sie führt die energieabhängigen Stärken der drei Wechselwirkungen (Elektromagnetismus, schwache und starke Kraft) bei hohen Energien zu exakt demselben Wert zusammen. Die Supersymmetrie erlaubt also die große Vereinigung aller Kräfte, und zwar bei Energien von 10^{16} GeV, also noch unterhalb der Planck-Skala. Und sie macht sogar eine exakte Vorhersage für die absolute Größe dieser vereinigten Kraft – der Urkraft. Die Vorhersage der Energieskala und der Stärke der großen Vereinigung aller Kräfte zu einer Urkraft ist ein starkes und attraktives Argument für die Existenz der Supersymmetrie.

Ein unmittelbarer Beweis für Supersymmetrie wäre die Entdeckung besagter WIMPs. Heute widmen sich weltweit etwa ein Dutzend großer Experimente dem Versuch, das Rätsel der dunklen Materie auf diesem Weg zu lösen. Es gibt drei Möglichkeiten, um WIMPs auf die Spur zu kommen. Erstens könnten sie in Teilchenkollisionen wie denen am LHC des CERN produziert werden und sich durch Messung ihrer Zerfallsprodukte zeigen. Zweitens lässt sich nach Auslöschungsprozessen von dunkler Materie im Weltall suchen. Da die Dichte von dunkler Materie im Zentrum von Galaxien groß sein kann, wird die Strahlung von solchen Prozessen auch im Zentrum unserer Milchstraße erwartet. Das Fermi-Gammastrahlungsteleskop, ein Teilchendetektor im Weltraum, sucht in der hochenergetischen Gammastrahlung unserer Galaxis nach Anzeichen solcher Prozesse. Drittens kann man auch nach Wechselwirkungen von WIMPs mit normaler Materie Ausschau halten. Zu diesem Zweck wird im XENON-Detektor tief unter dem Gran-Sasso-Bergmassiv in Italien oder im Large Underground Xenon Experiment LUX in einem Bergwerk im US-amerikanischen Illinois in Tonnen flüssigen hochreinen Xenons nach solchen Kollisionen von WIMPs gesucht. Andere Experimente benutzen als Wechselwirkungsmaterial bis zu einhundert Kilogramm Silizium- und Germanium-Kristalle, die auf Temperaturen von wenigen Millikelvin tiefgekühlt werden. Alle Experimente müssen gegen die kosmische Strahlung und die uns umgebende natürliche Radioaktivität sowie die Höhenstrahlung abgeschirmt werden, weshalb diese Experimente tief unter der Erdoberfläche aufgebaut sind. Das große Rätsel, das die dunkle Materie sowohl für den Makrokosmos wie auch für den Mikrokosmos darstellt, kann also nur mit großem Aufwand gelöst werden. Ein wunderbares Beispiel, wie die Suche nach dem Größten auch die Suche nach dem Kleinsten beinhaltet – und umgekehrt. Wieder schließt sich bei der Erforschung des Universums ein Kreis – beißt sich unsere kosmologische Schlange in den Schwanz.

Die skalare Ära

Kommen wir zum Abschluss dieses Kapitels nochmals zur dunklen Energie zurück und werfen dazu einen Blick auf den leeren Raum. Erinnern wir uns: Seit der Antike beschäftigt sich die Menschheit mit den Eigenschaften der Leere. Für die alten Griechen waren die höheren Sphären am Himmel mit der Quintessenz erfüllt, dem „Äther". Auch die Forscher des 19. Jahrhunderts führten einen Äther ein, um sich die Ausbreitung elektromagnetischer Wellen im leeren Raum erklären zu können. Albert Einstein durschlug den gordischen Knoten im Jahr 1905 mit seiner Speziellen Relativitätstheorie, indem er Raum und Zeit als vierdimensionale Einheit betrachtete und ein neues Gesetz für die Addition von Geschwindigkeiten fand. Unter Benutzung der Lorentz-Transformationen konnte er Michelsons Messungen zur Lichtgeschwindigkeit konsistent erklären und den Äther wieder abschaffen. Auch die dunkle Energie im Universum hat mit dem leeren Raum zu tun. Sie erscheint aber wesentlich rätselhafter als die dunkle Materie. Schauen wir uns an, wie man ihren Ursprung erklären könnte.

Zunächst ist dunkle Energie nur eine Umschreibung für das Phänomen der beschleunigten Expansion des Universums, die der Gravitation im Universum entgegenwirkt. Hinter der dunklen Energie steckt jedoch keine herkömmliche Kraft wie die Schwerkraft der Gravitation. Es handelt sich nicht um ein vektorielles Kraftfeld, das von einem Punkt A auf einen Punkt B gerichtet ist. Vielmehr handelt es sich um ein skalares Feld, das einen Grundzustand des Universums und des Vakuums darstellt, der etwas anderes ist als die bloße Leere oder das Nichts. Um die Größe der natürlichen Dichte dieser dunklen Energie abzuschätzen, bleibt uns weiter nichts übrig, als die einzige mit der Gravitation verbundene Naturkonstante zu Hilfe zu nehmen, die Gravitationskonstante. Die Gravitation ist extrem schwach, mehr als 40 Größenordnungen schwächer als der Elektromagnetismus.

Entsprechend klein ist die Gravitationskonstante. Die charakteristische Energie der Gravitation ist das Inverse der Gravitationskonstante, also das Umgekehrte einer sehr kleinen Zahl und damit eine entsprechend gewaltige Energie. Sie entspricht der Planck-Masse und liegt 120 (!) Größenordnungen über der aus kosmologischen Beobachtungen gewonnenen Dichte der dunklen Energie. Anders gesagt: Die dunkle Energie, die wir im Universum beobachten, ist unerklärlich klein gegenüber ihrer natürlichen Größe, die sich aus der Stärke der Gravitation ergibt. Dieses Ergebnis wird manchmal scherzhaft als die schlechteste Vorhersage in der Geschichte der Naturwissenschaften bezeichnet.

Nun wurde in der Teilchenphysik vor kurzem das Quant eines fundamentalen skalaren Feldes entdeckt, das Higgs-Boson. Die Masse dieses Teilchens von 125 GeV wurde mittlerweile am LHC auf ein Promille genau gemessen. Wir können damit im Standardmodell der Teilchenphysik den Beitrag des Higgs-Feldes zur Vakuum-Energie des Universums berechnen und versuchen, die dunkle Energie mit dem Higgs-Feld als einem Hintergrundfeld des Kosmos zu erklären. Es stellt sich jedoch heraus, dass auch der Beitrag des Higgs-Feldes zur Energiedichte des Vakuums viel zu groß, nämlich um 54 (!) Größenordnungen größer ist als der Beitrag der kosmologisch beobachteten dunklen Energie. Die dunkle Energie kann somit auch nicht vom Higgs-Feld erzeugt werden. Was aber steckt dann hinter dieser dunklen Kraft, die unser Universum beherrscht? Sie erscheint genauso rätselhaft wie die Quintessenz der alten Griechen und der Äther des Elektromagnetismus im 19. Jahrhundert.

Das Wesen der dunklen Energie ist zweifellos eines der großen Rätsel der Physik des 21. Jahrhunderts. Wir müssen davon ausgehen, dass es sich um ein skalares Feld handelt. Es lässt sich jedoch weder aus der Stärke der Gravitation und der Planck-Energie ableiten noch kann das Higgs-Feld dafür verantwortlich sein. Unklar ist auch, ob

Planck-Energie oder Higgs-Feld überhaupt einen Beitrag zur dunklen Energie liefern. Auch das Feld, das möglicherweise den ersten Anstoß zum Urknall geliefert hat, nämlich das Feld der primären Inflation etwa 10^{-36} Sekunden nach dem Urknall, das sogenannte Inflaton-Feld, liefert keine Erklärung für die dunkle Energie. Dieses Inflaton-Feld muss mit dem Ende der Inflation etwa 10^{-32} Sekunden nach dem Urknall zerfallen sein, denn es hat das Universum nicht weiter so heftig auseinandergetrieben. Die dunkle Energie dagegen beginnt erst viel später zu wirken, etwa seit dem halben Alter des Universums vor rund sieben Milliarden Jahren. Seitdem lässt sie jedoch unser Universum zu einer schleichenden zweiten Inflation, einer Art zweitem Urknall durchstarten und liefert inzwischen sogar einen größeren Beitrag zu seinem Inhalt als dunkle und sichtbare Materie zusammen. Was das für die Zukunft des Universums bedeutet, werden wir noch eingehend besprechen.

Auch wenn die erste Inflation kurz nach dem Urknall und die von der dunklen Energie verursachte, sich heute schleichend verstärkende Expansion nicht dasselbe sind: Es ist naheliegend zu vermuten, dass dahinter ähnliche physikalische Prinzipien und insbesondere skalare Felder stecken, und zu versuchen, beide miteinander in Verbindung zu setzen. Wir kennen inzwischen drei fundamentale skalare Felder: das Higgs-Feld aus der Welt der Elementarteichen, das Inflaton-Feld der primären Inflation des Urknalls und schließlich das heutige Feld der dunklen Energie. Ähnlich wie die vergangenen Jahrhunderte durch die Physik der Kräfte und ihrer Vektorfelder geprägt wurden, wird deshalb die Physik unseres Jahrhunderts durch eine Physik der skalaren Felder geprägt sein. Wie an der Wende vom 19. zum 20. Jahrhundert stehen wir heute vor einem fundamentalen Rätsel, dessen Lösung einen tiefgreifenden Wandel unseres physikalischen Weltbilds bewirken dürfte.

Resümee

Nur 5 % unseres Universums ist sichtbar. Unsere Welt besteht zum größten Teil aus dunkler Materie und dunkler Energie. Die Natur dieses dunklen Teils des Universums stellt eines der heutigen Welträtsel dar. Die Existenz der dunklen Materie zeigt sich am klarsten in der Kinematik großer astrophysikalischer Objekte wie Galaxien. Die dunkle Energie beschleunigt die Expansion des Universums seit etwa dessen halbem Alter. Dunkle Materie und dunkle Energie sind zwar in das Standardmodell der Kosmologie integriert, nicht aber in das Standardmodell der Teilchenphysik.

Die dunkle Materie könnte durch Axionen oder durch schwach wechselwirkende supersymmetrische Teilchen, sogenannte WIMPs, erklärt werden, nach denen weltweit intensiv gesucht wird. Die dunkle Energie erscheint weit rätselhafter. Ihr muss ein skalares Feld zugrunde liegen. Sie lässt sich aber nicht aus der Gravitation oder einem Feld der Inflation oder dem Higgs-Feld erklären. Was verbindet all diese skalaren Felder? Haben sie eine gemeinsame Quelle und Ursache? Nach 500 Jahren einer Physik der Kräfte und Vektorfelder scheint in der Physik des 21. Jahrhunderts ein neues Zeitalter anzubrechen – die skalare Ära.

LEBEN WIR IN DER BESTEN ALLER WELTEN?

„Was mich eigentlich interessiert, ist, ob Gott die Welt hätte anders machen können."

ALBERT EINSTEIN (IM GESPRÄCH MIT ERNST G. STRAUS UM 1945)

Je besser wir unsere komplexe Welt verstehen, umso mehr erkennen wir, dass ihre unzähligen Zahnräder wenig Spiel haben, um genau so ineinanderzugreifen wie ein gut funktionierendes Uhrwerk. Eine nur wenig andere Welt würde kaum Leben hervorbringen. Damit stellt sich unser drittes großes Welträtsel: Woher kommt diese Feinjustierung? Ist sie Ausdruck einer – womöglich göttlichen – Harmonie? Oder hat sich das Leben nur opportunistisch in einer lebensfreundlichen Nische eingenistet? Hat es uns etwa rein zufällig in die für uns „beste aller Welten" verschlagen?

Die Harmonien der Welt

Der Begriff Harmonie kommt aus dem Griechischen und bedeutet „Ebenmaß". Besondere ebenmäßige und damit schöne Körper sind für die alten Griechen die fünf mathematisch möglichen regulären Polyeder oder Vielflächner, die fünf platonischen Körper. Der einfachste, der Tetraeder, wird von vier gleichgroßen gleichseitigen Dreiecken begrenzt. Es folgt der Würfel, der Hexaeder. Er ist begrenzt durch sechs gleichgroße Quadrate. Als nächstes kommt der Oktaeder. Das sind zwei an ihren Grundflächen verbundene Pyramiden. Es folgen der Ikosaeder, begrenzt von 20 gleichseitigen Dreiecken, sowie der Dodekaeder aus zwölf Fünfecken. Sie entsprechen in der antiken Philosophie den vier klassischen Elementen Feuer, Wasser, Erde und Luft sowie dem fünften Element, der „quinta essentia" oder Quintessenz für den überirdischen kosmischen Äther.

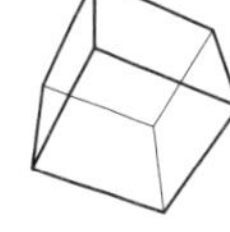

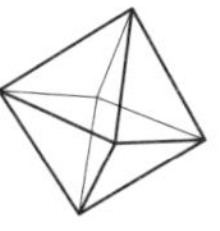

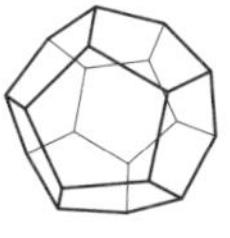

Die fünf platonischen Körper Tetraeder, Würfel, Oktaeder, Dodekaeder und Ikosaeder waren von Plato bis Kepler ein Sinnbild für die Harmonien des Kosmos. Sie entsprachen in der antiken Philosophie den vier klassischen Elementen Feuer, Wasser, Erde und Luft sowie dem fünften Element, der „quinta essentia" oder Quintessenz für den kosmischen Äther.

Rund 2000 Jahre später analysiert der Astronom Johannes Kepler die Messdaten des dänischen Astronomen Tycho Brahe, mit dem er Ende des 16. Jahrhunderts in Prag zusammenarbeitet, und erstellt daraus einen Katalog für die Sternen- und Planetenpositionen – die nach dem österreichischen Kaiser Rudolf dem Zweiten benannten *Rudolfinischen Tafeln*. Aus ihnen leitet Kepler später seine drei Keplerschen Gesetze ab. Kepler schließt aus den Daten, dass sich die Bahnradien der fünf damals bekannten Planeten Merkur, Venus, Mars, Jupiter und Saturn zueinander verhalten wie die Radien der Kugeln, die die fünf platonischen Körper umhüllen. Der 24-jährige Kepler hält diese Beobachtung 1596 in seinem großen Werk *Mysterium Cosmographicum* fest. Ausgehend von den Ideen der Pythagoreer, seinem tiefen Glauben sowie seinen astrologischen Überzeugungen interpretiert er diese Verhältnisse der Planetenbahnen als Offenbarung der Wohlbeschaffenheit und göttlichen Harmonie unseres Kosmos. Sein zweites bedeutendes Werk *Harmonices Mundi*, die Harmonien der Welt, vollendet er mehr als zwei Jahrzehnte später im Jahre 1619. Verzückt vom göttlichen Schauspiel der himmlischen Harmonie zitiert Kepler darin den 19. Psalm Davids aus der Bibel: „Die Himmel verkünden die Herrlichkeit Gottes." Und er kommentiert: „Denn wir sehen hier, wie Gott gleich einem menschlichen Baumeister, der Ordnung und

Regel gemäß, an die Grundlegung der Welt herangetreten ist." Noch betrachtet Kepler die Planetenbahnen nicht als Ellipsen, sondern als ideale Kreisbahnen. Aufgrund genauerer Beobachtungen muss er jedoch bald feststellen, dass es nicht möglich ist, die Bahnen der Planeten innerhalb des Satzes der platonischen Körper anzuordnen. Die Messungen passen nicht zu seinen Ideen von den Harmonien der Welt. Da geschieht etwas Erstaunliches: In ihm siegen die Realität und die Physik über die Bewunderung für die Schönheit und Harmonie einer gottgeschaffenen Welt. Die Entdeckung seines ersten Gesetzes, dass sich die Planeten auf Ellipsen und nicht auf Kreisen

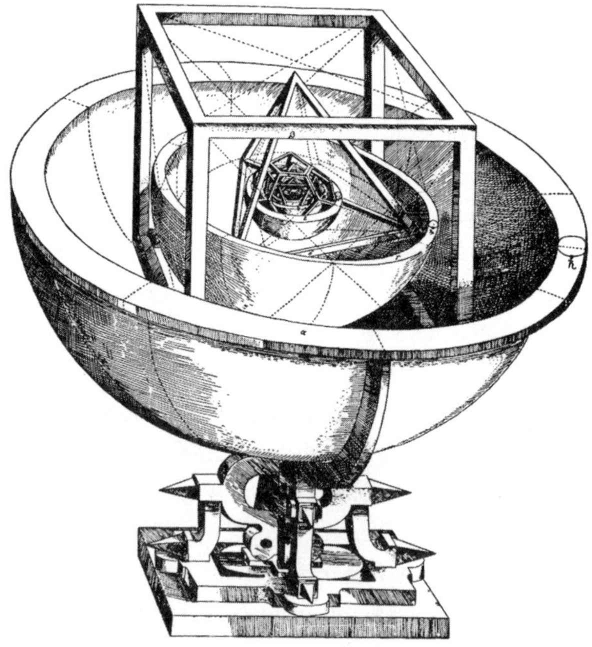

Keplers auf den fünf platonischen Körpern aufbauendes Modell des Sonnensystems aus seinem Werk Mysterium Cosmographicum *von 1597. Außen Würfel und Tetraeder, in der inneren Kugel Dodekaeder, Ikosaeder und Oktaeder.*

bewegen, führt schließlich zu Keplers Durchbruch als Astronom. Der kritische Forscher hat damit den Pythagoreer und Mystiker in ihm besiegt. Dennoch verfolgt Kepler die Suche nach den Harmonien in den himmlischen Sphären weiter. In den *Harmonices mundi* veröffentlicht er das dritte der nach ihm benannten Gesetze. Wie im *Mysterium Cosmographicum* stellt er darin eine Verbindung zwischen den platonischen Körpern und den Elementen der antiken Philosophen her.

Keplers Anliegen, einen tieferen Grund für die Wohlbeschaffenheit der Welt und die Feinabstimmung ihrer Parameter zu finden, berührt den Kern des sogenannten anthropischen Prinzips. Es besagt, dass nur eine Welt, die intelligentes Leben gestattet, beobachtet werden kann. Dass Keplers „Harmonien der Welt" eine Illusion sind, beweisen nicht nur die elliptischen Planetenbahnen. 150 Jahre nach Keplers Tod werden weitere Planeten im Sonnensystem entdeckt. Spätestens damit ist der Bezug zu den platonischen Körpern hinfällig. Zudem wissen wir heute, dass es unermesslich viele weitere Planetensysteme im Universum gibt. Das tiefere Gesetz hinter den Keplerschen Gesetzen sollte erst Newton mit seiner Gravitationstheorie entwickeln. Dennoch war die Suche nach den Harmonien der Welt ein entscheidendes und konstruktives Motiv für Keplers Schaffen.

Hatte Gott eine Wahl?

„Was mich eigentlich interessiert", fragte sich Einstein in den vierziger Jahren des 20. Jahrhunderts, „ist, ob Gott die Welt hätte anders machen können." Einsteins Frage bedeutet eigentlich: Hatte Gott eine Wahl bei der Erschaffung dieser Welt? Oder kurz: Was wäre, wenn? Wenn zum Beispiel diese oder jene Gesetze und Eigenschaften unseres Universums anders wären? Doch welche Eigenschaften sind dabei entscheidend? Das ist zum einen die Anzahl der Dimensionen unserer Welt. Auch die Bausteine der Welt und der Inhalt des Universums – sichtbare und dunkle Materie und Energie sowie die alles entscheidende Asymmetrie unserer Welt bezüglich Materie und Antimaterie – bieten viel Spielraum. Ebenso haben die Art und die Stärke der Wechselwirkungen großen Einfluss auf die Struktur des Universums. All das haben wir bereits angesprochen. Jetzt wollen wir die Frage beantworten: Was wäre, wenn unsere Welt auch nur ein klein wenig anders ausgestattet wäre?

Wir müssen davon ausgehen, dass unser Universum quasi eigenschaftslos entstanden ist, dass es also keine externen Quantenzahlen oder Charakteristiken gab, die einer Zeit vor dem Urknall entstammen. Das ist die einzig vernünftige Annahme. Andernfalls müssten wir dem Universum als eine Art Startkapital willkürliche initiale Eigenschaften zuweisen, was das Problem auf die Erklärung dieser Anfangsparameter verschiebt und damit nicht löst, sondern nur verschlimmert. Unter der Voraussetzung, das Universum sei also völlig neutral und eigenschaftslos entstanden, hätte es kurz nach dem Urknall die gleiche Menge Materie und Antimaterie enthalten müssen. Materie und Antimaterie hätten einander in diesem heißen Mix vernichtet, und der Kosmos wäre in einem gigantischen Lichtblitz zerstrahlt. Das ist aber nicht zur Gänze passiert. Wir leben offenkundig in einer Materiewelt. Woher also kommt diese Asymmetrie, der unsere Welt ihre Existenz verdankt?

Betrachten wir nochmals die Bilanz des heutigen Universums. Das Relikt des Urknalls, die kosmische Hintergrundstrahlung, erfüllt das Universum mit einer Dichte von über 400 Photonen pro Kubikzentimeter. Die Dichte der Baryonen im Universum ist im kosmologischen Durchschnitt etwa 10 Milliarden Mal kleiner als die der Photonen. Das verblüfft, weil wir hier auf der Erde von viel Materie umgeben sind und selbst aus Materie bestehen. Kosmologisch betrachtet – in den gähnenden Leeren der intergalaktischen Räume – gewinnt aber die Photonen-Dichte. Deshalb ist die Zahl der Photonen im Mittel so unerhört viel größer als die der Baryonen. Kehren wir gedanklich die Expansion des Kosmos in eine Kompression um. Dann kühlt sich die kosmische Hintergrundstrahlung nicht ab, sondern sie erhitzt sich wie die Luft beim Aufpumpen eines Fahrradschlauchs. Etwa eine Minute nach dem Urknall entsteht aus jedem heißen hochenergetischen Photon ein Elektron-Positron-Paar. Kurz nach dem Urknall befinden sich die Photonen in einem thermodynamischen Gleichgewicht mit allen Teilchen und Antiteilchen. Die winzige Asymmetrie muss also bereits in der frühen Ursuppe, eine Milliardstel Sekunde nach dem Urknall, vorhanden gewesen sein. Damals standen 10 Milliarden Antiteilchen genau 10 Milliarden plus einem weiteren Teilchen gegenüber.

Es stellen sich nun folgende Fragen. Erstens: Woher kommt diese winzige Materie-Antimaterie-Asymmetrie, und zwar ausgehend von einem ursprünglich exakt symmetrischen Universum? Welche physikalischen Prozesse gestatten es, von einem ursprünglich symmetrischen Universum in unser unsymmetrisches Materie-Universum überzugehen? Daran schließt sich die zweite Frage an: Warum ist diese Asymmetrie so unglaublich klein? Und drittens: Was bestimmt den genauen Wert einer so entscheidenden Größe? Beruht unsere Existenz auf einem winzigen Rechenfehler des lieben Gottes? Die Existenz von Materie in unserer Welt stellt also eines der großen Rätsel der heutigen Physik dar.

Die Feinabstimmung der Naturkonstanten

Halten wir fest: Ein vollkommen symmetrisches Universum wäre nach der gegenseitigen Vernichtung der Elektronen und Positronen innerhalb weniger Sekunden nach dem Urknall zu einer leeren Lichtblase zerstrahlt. In einem solchen Universum hätten sich selbstverständlich nie Strukturen bilden können, keine inhaltsreiche Physik, keine Chemie, keine Biologie. Am Ende hätte es auch niemanden gegeben, der über ein solches Universum nachdenken könnte. Die Materie-Antimaterie-Asymmetrie ist also eine Voraussetzung für die

Existenz von Materie in unserem Universum. Wir können aber umgekehrt die Frage stellen: Was wäre, wenn diese Asymmetrie nicht so extrem winzig gewesen wäre, sondern sagen wir bloß ein Millionstel. Das ist immer noch wenig, aber zehntausend Mal mehr als die tatsächliche Asymmetrie. Die Antwort lautet: Dann hätte das Universum eine zehntausend Mal höhere Materiedichte gehabt und wäre nach dem Bruchteil einer Sekunde unter der Last seiner eigenen Materiedichte zusammengebrochen. Drehen wir viel vorsichtiger an diesem empfindlichen Parameter und nehmen an, die Materiedichte sei eine Nanosekunde nach dem Urknall nur um ein Billionstel größer gewesen, dann wäre das Universum bereits vor unserer Zeit unter seiner eigenen Last kollabiert. Das Szenario eines nach dem Urknall wieder kollabierenden Universums wird als „Big Crunch" bezeichnet. Über viele Jahrzehnte schien ein solcher Big Crunch auch für die Zukunft unseres Universums nicht ausgeschlossen – bis die Komponenten des Universums wie Dichte von Materie, dunkler Energie, Hubble-Konstante und so weiter, ausreichend genau vermessen waren. Wir kennen heute die Zusammensetzung des Universums mit einer Genauigkeit von einigen Promille und können deshalb einen solchen Big Crunch für die Zukunft unseres Universums praktisch ausschließen, obwohl die Vorstellung von einem Kosmos als sich wiederholendem Zyklus von Expansion und Kontraktion interessant erscheint.

Umgekehrt hätte eine geringfügig geringere Materiedichte zu einer derart schnellen Expansion geführt, dass das Universum keine Zeit gehabt hätte, über Milliarden von Jahren seine komplexen Strukturen auszubilden: Ansammlungen aus Wasserstoff- und Heliumgas, aus denen erst Galaxien und dann Sterne entstehen, die zu brennen beginnen, sowie Planeten, die nach Milliarden Jahren etwas so Großartiges wie unser Leben hervorbringen. Die Existenz unseres tief durchstrukturierten Universums, bestehend aus einer Vielfalt an Galaxien, Sternen und Planeten bis hin zum Leben, wäre nicht möglich ohne ein extrem fein eingestelltes Gleichgewicht des kosmischen Inventars.

Damit sind wir bei der Frage der Feinabstimmung dieses Inventars. Wir unterscheiden dabei zwischen den Komponenten, die anziehend, also attraktiv und damit für eine Kontraktion des Universums verantwortlich sind, und denen, die abstoßend, also repulsiv sind und eine Expansion des Universums bewirken. Schauen wir zuerst auf die anziehende Kraft der Gravitation, die eine Kontraktion des Universums bewirkt. Ihre Stärke hat ein positives Vorzeichen und ist eine Naturkonstante – die Newtonsche oder auch Gravitationskonstante. Weiterhin ist die mittlere Materiedichte des Universums wichtig für die Kraft seiner Kontraktion. Sie ist eine Eigenschaft unseres Universums, hat aber vermutlich nicht den Rang einer Naturkonstante. Sie stellt eher eine Art Umgebungsparameter nicht fundamentaler Natur dar und könnte in anderen Universen anders ausfallen.

Kommen wir jetzt zu den Komponenten des Universums, die das Umgekehrte bewirken, nämlich die primäre Explosion im Urknall und seine weitere beschleunigte Expansion über die Abstoßung der dunklen Energie. Die erste unserem Universum eingeprägte Eigenschaft ist die Heftigkeit seiner Expansion. Sie wird wie erwähnt vom Hubble-Parameter beschrieben, der sich mit der Zeit verändert. Heute, nach 14 Milliarden Jahren, ist die kosmische Expansion immer noch so stark, dass die Galaxien mit jedem Megaparsec Entfernung vom Beobachter etwa 70 Kilometer pro Sekunde schneller auseinanderfliegen. Die astronomische Entfernungseinheit Parsec entspricht etwa drei Lichtjahren, ein Megaparsec ist also eine Distanz von etwa drei Millionen Lichtjahren. Ein zweites abstoßendes Prinzip bildet die dunkle Energie. Die dunkle Energie verursacht seit etwa dem halben Alter des Universums eine sich beschleunigende Expansion unserer Welt und stellt eine Gegenkraft zur Gravitation und zu einem Rekollaps der Materie im Universum dar.

Wie ist nun die Balance zwischen den anziehenden und den abstoßenden Komponenten des Universums? Angenommen, wir hätten einen stärkeren Urknall und eine stärkere Inflation gehabt, also zu Beginn eine größere Hubble-Konstante, oder die mittlere Materiedichte im Universum wäre bereits anfangs viel kleiner gewesen als der Anteil der dunklen Energie. Dann hätten sich im Universum keine Strukturen bilden können, keine Galaxien und keine Sterne. Im Extremfall hätten die abstoßenden Kräfte das Universum in einem sogenannten „Big Rip" zerrissen. Wären umgekehrt die anziehenden Komponenten des Universums gegenüber ihren abstoßenden stärker gewesen, wäre es zu einem schon beschriebenen Rekollaps, einem „Big Crunch" gekommen. Die Frage nach Big Crunch oder Big Rip können wir mathematisch in die bereits im Kapitel über Raum und Zeit besprochene Frage übersetzen: Ist unser Universum geschlossen oder offen, ist seine Krümmung positiv oder negativ, elliptisch oder hyperbolisch, oder ist es zufällig gerade flach und ohne Krümmung, also euklidisch. Das hängt von der sogenannten kritischen Dichte des Universums ab. Bei der kritischen Dichte ist das Universum gerade flach. Sie beträgt etwa fünf Protonen pro Kubikmeter. Ob das viel oder wenig ist, ist eine Frage des Standpunkts. Angesichts der Materiedichte auf der Erde ist es unvorstellbar wenig. Andererseits entscheidet diese in den intergalaktischen Weiten verteilte kritische Dichte von fünf Protonen pro Kubikmeter über die Zukunft unseres Universums.

Schauen wir uns deshalb die neuesten Bestimmungen der Komponenten des Universums genauer an. Diese stammen insbesondere von Messungen des Planck-Teleskops sowie aus Beobachtungen der bereits erwähnten „baryonischen akustischen Oszillationen". Baryonisch ist die gewöhnliche Materie im Kosmos, also Baryonen wie Proton und Neutron. Sie kann leuchten wie die Sterne oder nicht leuchten wie das interstellare und intergalaktische Gas. Zur Erinnerung: In der

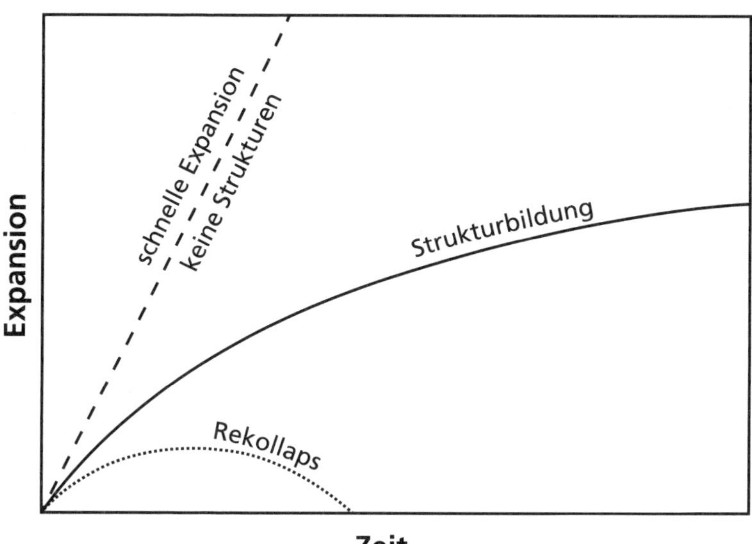

Die Bildung von Strukturen im Universum ist nur möglich, wenn seine Kontraktion durch die Materie und seine Expansion durch den Urknall und die dunkle Energie gut aufeinander abgestimmt sind. Bei zu schneller Expansion und zu viel dunkler Energie können keine Strukturen entstehen. Bei zu großer Materiedichte erfolgt ein schneller Rekollaps.

Akustik sind Schallwellen sich wellenförmig ausbreitende Schwankungen der Dichte der Luft. Analog werden in der Kosmologie Dichteschwankungen der Materie im Universum als akustische Oszillationen bezeichnet und diesen Dichteschwankungen Wellenlängen und Amplituden zugewiesen. Aus einer Vielzahl solcher Messungen können wir heute schließen, dass das Universum zu etwa zwei Dritteln aus dunkler Energie und zu etwa einem Drittel aus Materie besteht. Beide stehen auf der linken Seite einer Bilanz des Inhalts unseres Universums. Auf der rechten Seite der Bilanz steht ihr die kritische Dichte des Universums gegenüber. Das Verblüffende ist nun: Für einen weiteren Term der Gleichung, der die Krümmung des Universums mathematisch beschreibt, bleibt nichts übrig. Wir wissen heute, dass diese Krümmung bis auf wenige Promille genau null ist. Das ist erstaunlich, da diese Krümmung einen beliebigen Wert annehmen könnte und mitnichten null sein müsste. Das Verhältnis im Universum zwischen dunkler Energie, Materie, Strahlung und Krümmung hat sich in den letzten Milliarden Jahren dramatisch verändert. Anfangs war das Universum von Strahlung beziehungsweise Energie dominiert. Später dominierte die Materie – die dunkle wie die baryonische, darunter die leuchtende Materie der Sterne. Heute dominiert die dunkle Energie. Die Differenz zur kritischen Dichte ist die Krümmung des Universums. Sie ist also nicht konstant, sondern zeitabhängig.

Genau im Moment des Auftauchens von Leben und des Menschen auf der Erde ist diese Krümmung des Universums nahezu exakt null. Das bedeutet, dass die Geometrie in unserem Teil des Universums euklidisch ist. Ist das ein Zufall? Leben wir nicht nur in der besten aller Welten, sondern auch in einer besonderen, der vielleicht besten aller Zeiten? Sterne werden geboren, sie haben eine Jugend, sie brennen über Jahrmillionen oder Jahrmilliarden, am Ende sterben sie, manchmal in gigantischen Supernovae-Explosionen. Unsere Sonne, die ein typischer kleiner Stern ist, hat ungefähr die Hälfte ihres Alters erreicht. Zurzeit bilden sich zwar noch neue Sterne im Universum, doch irgendwann ist das dafür nötige interstellare Gas verbraucht. Mit anderen Worten: Das Universum hatte eine Kindheit und eine Jugend. Jetzt ist es in seinen besten Jahren. Die Sterne als wichtiges Inventar des Universums altern jedoch und werden auch künftig altern. Und genau in dem Moment, in dem das Leben und wir als denkende Wesen die Bühne des Universums betreten, ist seine Krümmung fast exakt null. Ein weiteres Rätsel unserer Welt lautet also: Weshalb ist das Universum so flach?

Betrachten wir noch einen weiteren Parameter des Kosmos und kehren zu einer bereits diskutierten Frage zurück. Die natürliche Energieskala der Gravitation ist die Planck-Skala oder das Inverse der

Wurzel der Newtonschen Konstante. In Einheiten von Energie oder Masse beträgt sie etwa 10^{19} GeV. Das sind 10^{19} Protonenmassen und entspricht einer gigantischen Energie. Wir hatten schon festgestellt, dass die kosmologische Konstante als das Maß für die dunkle Energie unglaubliche 120 Größenordnungen kleiner ist als diese Planck-Skala. Damit stellt sich die nächste Frage: Weshalb erscheint die dunkle Energie, die das Universum heute dominiert, so schwach im Vergleich zur Stärke der Gravitation?

Nicht weniger eindrucksvoll sind die Konsequenzen eines winzigen Unterschieds im Mikrokosmos, der Massendifferenz von Neutron und Proton, der Nukleonen im Atomkern. In unserer Welt ist das Neutron etwa ein Promille schwerer als das Proton. Ein winziger Zufall mit großen Folgen. Ein freies Neutron kann in drei Teilchen zerfallen: in das leichtere Proton, ein Elektron und ein Elektron-Antineutrino. Dieser Prozess liegt jedem radioaktiven Beta-Zerfall zugrunde. Doch was würde passieren, wenn das Proton schwerer als das Neutron wäre? In einem anderen Universum mit anderen Gesetzen und Randbedingungen ist das durchaus vorstellbar. Dann wäre das Proton instabil und zerfiele in ein Neutron, ein Positron und ein Elektron-Neutrino.

Im nächsten Schritt würde das Positron annihilieren, sich also vernichten und zerstrahlen beim Zusammenstoß mit dem Elektron, das zu jedem Proton im Universum gehört, da das Universum insgesamt elektrisch neutral ist. Die positiven und negativen Ladungen von Proton und Elektron würden also in neutrale Photonen zerstrahlen. Die entstehenden Neutrinos sind ebenfalls elektrisch neutral und würden sich zum kosmologischen Relikt des Neutrino-Hintergrunds gesellen. Zu guter Letzt hätten wir noch die in dieser Welt stabilen Neutronen. Ein solches fiktives Universum wäre elektrisch völlig neutral. Das hieße aber, der Elektromagnetismus, der die Atome und Moleküle und damit Chemie und Biologie und unsere gesamte bunte, lebendige Welt bildet, könnte keine Strukturen bilden. In einem solchen Universum gäbe es statt Protonen und Elektronen, statt der Vielfalt an Atomen und Molekülen, nur Neutronen, Photonen und Neutrinos – und damit kein Leben.

Oder betrachten wir die Stärke der Kräfte. Die schwache Kraft ist so schwach, weil ihr Austausch von den großen Massen ihrer Eichbosonen unterdrückt wird, die vom Higgs-Mechanismus erzeugt werden. Die Kernfusion in der Sonne beruht auf der schwachen Wechselwirkung. Ihre Geschwindigkeit hängt von der vierten Potenz der Masse der Eichbosonen ab. Wären diese nur halb so schwer, würden Sterne wie die Sonne in weniger als einer Milliarde Jahre ausbrennen, und das Leben hätte nirgendwo Zeit sich zu entwickeln. Ohne den Higgs-Mechanismus wären die Eichbosonen ganz masselos. Dann wäre die schwache Kraft so stark wie die Kernkraft, und die Sterne würden in kürzester Zeit wie Atombomben explodieren. All diese Szenarien machen die Entwicklung von Leben unwahrscheinlich.

Fassen wir zum Abschluss dieses Unterkapitels eine Auswahl der fundamentalen Eigenschaften von Mikrokosmos und Makrokosmos zusammen, die exakt abgestimmt sein müssen, damit eine Selbstorganisation der Materie stattfinden und Leben entstehen kann. Wir beschränken uns dabei nicht auf kohlenstoffbasiertes Leben wie auf unserer Erde, sondern auf allgemeine Vorbedingungen spontaner Strukturbildung und Selbstorganisation der Materie.

› Die Zahl der Raumdimensionen: In zwei Dimensionen gibt es nur eindimensionale Grenzflächen. Das macht chemische Prozesse mit komplexen Strukturen unmöglich. Lebewesen mit einem Verdauungstrakt zerfallen in einer zweidimensionalen Welt in zwei Hälften. Vier und mehr Dimensionen wiederum erlauben weder auf mikroskopischer noch auf makroskopischer Ebene gebundene Zustände und damit auch keine stabilen Strukturen. Es gäbe weder Sterne noch Planetensysteme noch Atome.

- Das Verhältnis von kritischer Dichte, dunkler Materie und dunkler Energie: Es bedarf einer extremen Feinabstimmung mit einer Genauigkeit von etwa 60 Nachkommastellen, damit das Universum nach einem Dutzend Milliarden Jahren zufällig gerade etwa flach (euklidisch) ist und nicht entweder binnen eines Sekundenbruchteils kollabiert oder in öder Leere endet.
- Das Schema der Symmetriebrechung der Urkraft: Im Allgemeinen haben Kräfte wie die starke oder die schwache Kraft sogenannte Selbstwechselwirkungen. Sie sind damit nichtlinear, was zu Chaos und Nichtvorhersagbarkeit führt. Nur der unser Leben bestimmende Elektromagnetismus und die schwache Gravitation sind linear und damit deterministisch.
- Das Verhältnis von Photonen zu Baryonen im Universum: Eigentlich hätten in einem insgesamt neutralen Universum spätestens eine Sekunde nach dem Urknall Materie und Antimaterie einander vernichten müssen. Übrig bliebe eine leere Lichtblase aus Photonen. Auf zehn Milliarden dieser Photonen bleibt aber ein winziger Überschuss von einem Materieteilchen, aus dem unsere materielle Welt heute besteht. Was ist die Ursache für diese Asymmetrie, und was bestimmt ihre winzige Größe?
- Die Stärke der Kräfte: Eine Änderung der Stärke der schwachen Kraft um wenige Prozent ließe die Sonne entweder zu schnell oder zu langsam abbrennen, sodass entweder zu wenig Zeit oder zu wenig Energie für eine biologische Evolution verbliebe. Auch die Bildung von Kohlenstoff und schwererer Elemente im Sternenbrand hängt äußerst empfindlich von der Stärke der Kräfte ab.
- Die Massen der Elementarteilchen: Das Proton besteht aus den sogenannten Up- und Down-Quarks. Wäre ersteres schwerer als letzteres, dann wäre das Proton schwerer als das Neutron. Die Protonen zerfielen in Neutronen, das Universum wäre elektrisch neutral, und es gäbe keine Atome, keine Chemie und kein Leben.

› Der Helium-Flaschenhals: Bei einer anderen Lebensdauer des Neutrons beziehungsweise anderer Bindungsenergie des Neutrons in Helium hätte es einige Minuten nach dem Urknall entweder nur Helium oder nur Wasserstoff gegeben. Der Sternenbrand und die Bildung schwererer Elemente wären ganz anders verlaufen.

Die Liste der Parameter, die optimal auf unsere Welt zugeschnitten erscheinen, ließe sich weiter fortsetzen. Albert Einstein fasste sein Staunen über die Feinabstimmung der physikalischen Gesetze in der von uns eingangs zitierten Frage zusammen: „Hatte Gott eine Wahl?“ In einem Gespräch mit seinem Assistenten Ernst Gabor Straus präzisiert er diesen Gedanken: „Was mich eigentlich interessiert, ist, ob Gott die Welt hätte anders machen können; das heißt, ob die Forderung der logischen Einfachheit überhaupt eine Freiheit lässt.“ Ein wichtiger Punkt beim Nachdenken darüber, ob wir in der besten aller Welten leben, betrifft also die Frage nach Alternativen. Das ist eine Überlegung, der schon Isaac Newton nachging. Im Jahr 1704 formuliert er in seinem Werk *Opticks* seine Hypothese eines Multiversums: „Auch ist es möglich, dass Gott in der Lage ist, die Naturgesetze zu verändern und verschiedene Bereiche und verschiedene Arten des Universums zu schaffen.“[3] Es ist nicht frei von Ironie, dass derselbe Newton 1726 in einem Anhang seiner berühmten *Principia* von sich behauptet, er mache keine Hypothesen – „Hypotheses non fingo“. Tatsächlich aber stellt er in seinem Buch zur *Opticks* noch eine weitere auf, nämlich zur Korpuskular-Theorie des Lichts, die aufgrund der damaligen Beobachtung weder zu beweisen noch zu widerlegen war. Newton handelte damit entgegen seinen eigenen wissenschaftlichen Prinzipien.

Ist die Welt für uns gemacht?

Wir wissen heute, dass die Ähnlichkeit der Verhältnisse der Radien der fünf Planetenbahnen und der Kugeln um die fünf platonischen Körper, die Kepler so erstaunte, dem reinen Zufall geschuldet ist.

Kepler waren damals nur diese fünf Planeten bekannt. Tatsächlich gibt es aber mehr als fünf. Zudem erwiesen sich, wie Kepler selbst herausfand, die von ihm zunächst als kreisförmig angenommenen Planetenbahnen als Ellipsen. Seine Freude über die Harmonien der Welt entpuppte sich somit als gegenstandslos.

Aber leben wir nicht doch in der besten aller Welten? Wie vollkommen ist unsere Welt? Der Mathematiker und Philosoph Gottfried Wilhelm Leibniz hatte 1675 mit der Infinitesimalrechnung das Fundament der höheren Mathematik geschaffen. In seiner *Theodizee* widmet er sich 1710 der Frage, wie vollkommen unsere Welt ist. Als typischer Vertreter der frühen Aufklärung und als Rationalist versucht er dabei, Glauben und Wissen, Gott und Vernunft zu versöhnen: „Nun hat diese höchste Weisheit, verbunden mit einer gleich unendlichen Güte, nur die beste Welt erwählen können. Wenn es nicht eine beste unter allen möglichen Welten gegeben hätte, hätte Gott in seiner Vollkommenheit keine geschaffen." Dann äußert er eine aufregende Idee, nämlich „dass es eine Unzahl möglicher Welten gibt, von denen Gott die beste wählen musste, weil er nicht anders als nach der höchsten Vernunft handelt." Vier Jahre später formuliert Leibniz die „Vernunftprinzipien der Natur und der Gnade", in denen es heißt: „Aus der höchsten Vollkommenheit Gottes folgt, dass er bei der Hervorbringung des Universums den bestmöglichen Plan gewählt hat, gemäß dem sich die größte Mannigfaltigkeit mit der größten Ordnung vereinigt, bei dem der Platz, der Ort und die Zeit in der besten Weise verwendet sind, und die größte Wirkung auf die einfachste Weise hervorgebracht wird." Leibniz betont also ganz im Sinne von Einsteins späterer Frage, dass Gott eine Wahl gehabt haben musste.

Wir dürfen uns aber nicht wie Kepler durch Zufälle in der Natur, die zu scheinbaren Harmonien führen, zu falschen Schlussfolgerungen verleiten lassen. So ist es bloßer Zufall, dass der Mond bei einer Sonnenfinsternis die Sonne exakt bedeckt. Hier handelt es sich um ein zufälliges Zusammenwirken mehrerer Parameter: der relativen Abstände von Sonne, Erde und Mond sowie der absoluten Größen von Sonne und Mond. (In Erdferne bedeckt der Mond die Sonne jedoch nicht ganz, es entsteht eine ringförmige Sonnenfinsternis.) Es gibt also echte Zufälle in der Welt, hinter denen sich kein tieferer Sinn verbirgt. Ähnlich äußert sich auch Stephen Hawking, wenn er schreibt: „Wir scheinen an einem kritischen Punkt in der Geschichte der Wissenschaft zu sein, an dem wir unsere Vorstellung von Zielen und dem, was eine physikalische Theorie akzeptabel macht, ändern müssen. Es scheint, dass die Grundzahlen und sogar die Form der scheinbaren Naturgesetze nicht durch Logik oder physikalische Prinzipien gefordert werden. Die Parameter können viele Werte und die Gesetze jede Form annehmen, die zu einer selbstkonsistenten mathematischen Theorie führt, und sie nehmen in verschiedenen Universen unterschiedliche Werte und Formen an." Hawking betrachtet unsere Welt als eine aus einem Meer möglicher Welten mit verschiedenen Naturgesetzen und stellt unseren Wunsch nach einer einfachen, eindeutigen und fundamentalen Erklärung für alles in Frage. „Viele Menschen haben im Laufe der Jahrhunderte Gott die Schönheit und Komplexität der Natur zugeschrieben, die zu ihrer Zeit keine wissenschaftliche Erklärung zu haben schien. Aber so wie Darwin und Wallace erklärten, wie die scheinbar wundersame Gestalt lebender Formen ohne Intervention eines höchsten Wesens erscheinen könnte, kann das im nächsten Abschnitt vorgestellte Multiversum-Konzept die Feinabstimmung des physikalischen Gesetzes erklären, ohne dass ein wohlwollender Schöpfer erforderlich ist, der das Universum zu unserem Vorteil geschaffen hat." In der Tat erscheint eine Erklärung der Feinabstimmung der Naturkonstanten durch ein Multiversum befriedigender als gar keine Erklärung oder der Verweis auf einen Schöpfergott. Eine übergeordnete Meta-Physik oder eine Weltformel als Erklärung ist damit nicht ausgeschlossen. Wie wir jedoch am Fall

Kepler gesehen haben, ist nicht immer garantiert, dass ein empirischer Zusammenhang tatsächlich fundamentale Ursachen hat.

Die zwei englischen Naturforscher, die Hawking hier erwähnt, Charles Darwin und Alfred Russell Wallace, formulierten Mitte des 19. Jahrhunderts fast gleichzeitig die Evolutionstheorie. Wallace gab seinem wissenschaftlichen Lebenswerk mit der Veröffentlichung von *Man's Place in the Universe* im Jahr 1903 die kosmologische Abrundung. Es geht um die Darlegung seines Darwinismus auf der Basis einer Evolutionstheorie des Universums. Dieses Werk liefert die Begründung für das „anthropische Prinzip", das in vielen Variationen heute ein akzeptiertes kosmologisches Theorem geworden ist. Wallace formuliert das anthropische Prinzip im Jahr 1903 folgendermaßen: „Und wenn man ihnen zeigt, dass es gute Gründe für die Annahme gibt, dass der Mensch das einzige und höchste Produkt dieses riesigen Universums ist, werden sie keine Schwierigkeiten darin sehen, noch ein wenig weiter zu gehen und zu glauben, dass das Universum tatsächlich genau zu diesem Zweck ins Leben gerufen wurde."[4] 70 Jahre später wird der theoretische Physiker Brandon Carter das anthropische Prinzip wie folgt definieren: „Die Behauptung, dass das Universum (und damit die grundlegenden Parameter, von denen es abhängt) so beschaffen sein muss, dass es irgendwann in sich die Entstehung von Beobachtern zulässt."[5] Und John A. Wheeler, einer der führenden theoretischen Physiker und Kosmologen des 20. Jahrhunderts, schreibt dazu 1986: „Nicht nur der Mensch ist an das Universum angepasst. Das Universum ist an den Menschen angepasst. Stellen Sie sich ein Universum vor, in dem die eine oder andere dimensionslose Grundkonstante der Physik um ein paar Prozent in die eine oder andere Richtung verändert ist. Der Mensch könnte in einem solchen Universum niemals entstehen. Das ist der zentrale Punkt des anthropischen Prinzips. Diesem Prinzip zufolge steht ein Leben ermöglichender Faktor im Mittelpunkt der gesamten Maschinerie und des Designs der Welt."[6] Steven Weinberg sagte bereits im Jahr 1987 – noch vor der Entdeckung der dunklen Energie – aufgrund anthropischer Argumente eine kleine kosmologische Konstante voraus. In einem Interview bemerkte er später, der amerikanische Theoretiker Nima Arkani-Hamed habe ihm zu den rätselhaft feinabgestimmten Stärken der beiden fundamentalen skalaren Felder, der dunklen Energie und des Higgs-Felds, Folgendes gesagt: „Wenn der anthropische Effekt für die kosmologische Konstante funktioniert, ist er vielleicht auch die Antwort für die Higgs-Masse – vielleicht muss sie aus anthropischen Gründen klein sein."[7] Die Debatte um die Feinabstimmung fundamentaler Parameter unserer Welt ist also offen und lebendig.

Wir haben ausführlich diskutiert, wie stark die fundamentalen Parameter unseres Universums (wie die Zahl seiner Dimensionen, die Massen von Neutron und Proton oder die Materiedichte) die Möglichkeiten zur Bildung von Strukturen und am Ende von Leben im Universum bestimmen. Aber immer gilt: Unter vielen möglichen Welten mit unterschiedlichen Gesetzen und Eigenschaften kann sich Leben nur in einer das Leben ermöglichenden Welt einnisten. Diese anthropische Aussage ist einerseits banal. Sie ist aber zugleich fundamental für unsere Existenz. Ist die Welt also für uns gemacht? Und wenn ja – von wem? Gab es doch einen allmächtigen, allwissenden und gütigen Designer, der die Welt mit höchster Präzision auf uns abgestimmt hat, so wie es Leibniz vermutete? Die Erkenntnistheorie vermag dieses Problem nicht aufzulösen. Mit dem anthropischen Prinzip versucht sie aber zumindest, es präziser zu formulieren. Die einfachste Formulierung dieses Prinzips besagt, dass wir nur eine Welt beobachten können, die einen Beobachter gestattet. Auch diese Aussage ist banal. Sie ist ein logischer Ringschluss, eine Tautologie. Wir haben jedoch keine andere Möglichkeit, über diese unsere Welt zu urteilen, weil wir nur dieses eine Universum kennen. Um das anthropische Problem wissenschaftlich zu lösen, müssten wir im

Sinne der Frage „Was wäre, wenn?“ mit unserem Universum experimentieren oder eine Vielzahl weiterer Universen untersuchen können. Ersteres wollen und können wir nicht. Letzteres führt uns zur Idee eines Multiversums.

Die Multiversums-Hypothese

Die Frage, ob wir in der besten aller Welten leben, führt zwangsläufig zu der Frage, ob es neben unserer Welt noch andere Welten mit anderen physikalischen Gesetzen gibt, ob wir nicht in einem Multiversum aus vielen Universen leben. Die Multiversums-Hypothese gehört zu den gewagtesten Konzepten der modernen Wissenschaft. Hypothesen weisen immer ins Unbekannte und sind meist umstritten. Aber solange wir sie klar unterscheiden von bestätigten Theorien, sind sie ein unverzichtbarer Teil des Erkenntnisprozesses. So stellte der englische Chemiker John Dalton 1808 die erste auf wissenschaftlicher Beobachtung beruhende Atomhypothese auf. Er verfolgte damals genau die richtige Frage: Wieso reagieren kontinuierliche Substanzen im Verhältnis ganzer Zahlen? Ein Experiment zur direkten Bestätigung oder Widerlegung seiner Hypothese konnte Dalton allerdings nicht angeben, und erst nach einem Jahrhundert intensiver Forschung gab der letzte Physiker seinen Widerstand gegen die Atomhypothese auf.

Auch die Kosmologie brauchte Jahrzehnte, um als Wissenschaft anerkannt zu werden. Und innerhalb der Kosmologie war die Hypothese vom Urknall anfangs ähnlich umstritten wie heute die vom Multiversum. So lehnte noch 1948 der große englische Astronom Fred Hoyle die Vorstellung des Weltenbeginns durch einen Urknall vehement ab. Hoyle bevorzugte stattdessen die „steady state“-Theorie als kosmologisches Modell. Zwar expandiert das Universum auch in dieser Theorie, aber die Dichte der Materie bleibt durch Erzeugung neuer Materie konstant. Hoyle kritisierte die Idee, das Universum könne einen ersten Anfang gehabt haben, als Pseudowissenschaft,

„als ein irrationaler Prozess, der nicht mit wissenschaftlichen Begriffen beschrieben werden kann.“[8] In seiner Kritik kommt auch die Ablehnung einer kosmologischen Singularität zum Ausdruck. Es heißt, Fred Hoyle hätte Ende der 1940er Jahre in einer Radiosendung der BBC die von ihm abgelehnte Idee eines „Anfangs des Universums“ spöttisch als „Big Bang“ bezeichnet. Damit gab er ironischerweise dem von ihm verabscheuten Urknall einen prägnanten Namen. Hoyles Biograph Simon Mitton schreibt dazu: „Um ein Bild in den Köpfen der Zuhörer zu erzeugen, hatte Hoyle die explosionsartige Theorie der Entstehung des Universums mit einem ‚großen Knall‘ verglichen.“[9] Noch 1982 bezeichnet Hoyle den Urknall als „religious fundamentalism at its strongest“, als „strengsten religiösen Fundamentalismus“.

Der für uns sichtbare Radius des Universums beträgt im Standardmodell der Kosmologie rund 47 Milliarden Lichtjahre. Das ist die Strecke, die das Licht seit dem Urknall zurücklegen konnte, vermehrt um die kosmische Expansion. Weiter können wir aufgrund der endlichen Lichtgeschwindigkeit nicht blicken, und weiter können kausal über Wechselwirkungen miteinander verknüpfte Ereignisse nicht voneinander entfernt sein. Dieser Radius wird Beobachtungshorizont genannt. Auch jenseits dieser uns von der Natur auferlegten Erkenntnisschranke kann das Universum aussehen wie das uns zugängliche. Es kann aber auch Regionen enthalten, die aus der Geburt eines völlig andersartigen Universums stammen, in dem die oben beschriebenen Quantenfluktuationen eines skalaren Inflaton-Feldes völlig andere physikalische Gesetze schufen. Diese Vielfalt von Universen in einem Multiversum wurde von dem amerikanischen Physiker Leonhard Susskind „landscape“ genannt. Der Kosmologe George Ellis sagt dazu in seiner Einführung in die moderne Kosmologie: „Es wurde behauptet, dass ein Universum mit mehreren Bereichen das unvermeidliche Ergebnis physikalischer Prozesse ist, die unsere eigene expandierende Region aus einer ursprünglichen Quantenkonfiguration hervorgebracht haben; sie hätten daher viele andere solche Regionen erzeugt.“[10]

Das Konzept eines Multiversums ist eng mit dem Gedanken einer extremen Expansion oder Inflation zu Beginn der Evolution des Kosmos verbunden. In Stringtheorien kann die Vielzahl möglicher Schemata der Brechungen abstrakter Symmetrien und der sogenannten Kompaktifizierung höherdimensionaler Räume in unseren dreidimensionalen Raum die unvorstellbar große Zahl von 10^{500} erreichen – eine eins mit 500 Nullen. Dabei sind die Extradimensionen zusammengerollt, sodass sie in unserer dreidimensionalen Raumzeit unsichtbar sind. Die Anzahl denkbarer Universen mit unterschiedlichen physikalischen Gesetzen in einem Multiversum ist damit praktisch unerschöpflich.

Unser Universum, dessen Eigenschaften durch das Standardmodell der Kosmologie wie auch das der Elementarteilchen bestimmt werden, wäre damit nur eines dieser vielen Universen. Bei einer so großen Anzahl möglicher Universen scheint es immerhin höchst wahrscheinlich, dass mindestens eines davon in der Lage ist, intelligentes Leben hervorzubringen. Dieses Konzept des Multiversums liefert somit auch eine wissenschaftliche Grundlage für das anthropische Prinzip. Denkbar sind Universen mit beispielsweise bis zu sieben zusätzlichen Raumdimensionen, Universen ohne die Asymmetrie zwischen Materie und Antimaterie oder solche, in denen sich die Urkraft nicht oder anders in die uns bekannten Kräfte aufgespalten hat, und viele andere mehr.

In den teils kontroversen Diskussionen über das Konzept des Multiversums halten die Kritiker den Befürwortern vor, das Konzept würde nicht dem empirischen Falsifikationsprinzip des Philosophen Karl Popper genügen. Demzufolge sind wissenschaftliche Theorien, die sich nicht durch Empirie widerlegen lassen, reine Spekulationen. „Insofern sich die Sätze einer Wissenschaft auf die Wirklichkeit beziehen, müssen sie falsifizierbar sein, und insofern sie nicht falsifizierbar sind, beziehen sie sich nicht auf die Wirklichkeit", sagt Popper. Diesem häufig dogmatisch ins Feld geführten Argument lässt sich Folgendes entgegenhalten: Erstens richtete Popper seine Forderung der Falsifizierbarkeit gegen Theorien außerhalb der Naturwissenschaften wie Teile der Psychoanalyse oder des Marxismus. Zweitens warnte er in seinen Schriften vor Fehlinterpretationen und beabsichtigte keineswegs, den wissenschaftlichen Prozess der Hypothesenbildung zu verhindern oder dogmatisch die Diskussion neuer Gedanken zu unterbinden: „Das wertvollste Besitztum der Menschen sind Ideen. Wir haben nie genug Ideen. Woran wir leiden, ist Ideenarmut. Und Ideen sind ein wertvoller Besitz, daher soll man die Metaphysik mit Respekt behandeln und diskutieren – vielleicht kommt aus ihren Ideen etwas heraus."

Gefragt ist in der frühen Phase der Theorienbildung das freie Denken, um neue Gedankengebäude zu konstruieren – und gegebenenfalls zu falsifizieren, sobald die technischen Mittel dazu zur Verfügung stehen. Wie im Falle der Atomhypothese, der Urknallhypothese und der Vorhersage des Higgs-Bosons. Die Verifikation oder Falsifikation kann allerdings Jahre, Jahrzehnte oder Jahrhunderte in Anspruch nehmen, je nachdem, wie früh unser Denken die Idee entwickelt hat und wie schnell sich die experimentelle Wissenschaft entwickelt, um die Idee zu bestätigen oder zu widerlegen. In diesem Sinne ist es offen, wie lange die Multiversum-Hypothese zu ihrer Verifikation oder Falsifikation benötigt. Im Moment sind wir in unserem Universum genauso gefangen wie die Menschen der Antike innerhalb des Firmaments.

Der Kosmologe George Ellis drückt diese Gratwanderung zwischen Dogmatismus und produktiver Offenheit für Neues so aus: „Die Herausforderung, die ich den Befürwortern eines Multiversums stelle, lautet: Können Sie beweisen, dass nicht sichtbare Paralleluniversen unerlässlich sind für die Erklärung der Welt, die wir sehen? Und ist die Verbindung wesentlich und unausweichlich? So skeptisch ich bin, denke ich doch, dass die Betrachtung des Multiversums eine ausgezeichnete Gelegenheit ist, über das Wesen der Wissenschaft und die letztendliche Natur der Existenz nachzudenken: Warum wir hier sind … Bei der Betrachtung dieses Konzepts brauchen wir einen offenen Geist, allerdings nicht zu offen. Wir beschreiten da einen heiklen Weg. Paralleluniversen mögen existieren oder auch nicht; der Fall ist unbewiesen. Wir werden mit dieser Ungewissheit leben müssen. Gegen wissenschaftlich begründete philosophische Spekulationen ist nichts einzuwenden, und genau das sind Vorschläge zum Multiversum. Aber wir sollten sie als das benennen, was sie sind."[11] Kurz darauf warnt er jedoch gemeinsam mit seinem Kollegen Joseph Silk im Journal *Nature*, empirische Kriterien in der Physik zu sehr zu vernachlässigen. Dagegen befindet der theoretische Physiker Sean Carroll vom California Institute of Technology (Caltech) unlängst, dass das Kriterium der Falsifizierbarkeit einer wissenschaftlichen Idee „in den Ruhestand geschickt werden sollte." Die Meinungen, ob grundsätzlich oder nur im Moment nicht falsifizierbare Hypothesen Teil der Wissenschaft sein dürfen oder nicht, gehen also weit auseinander.

Neben der Unmöglichkeit, die Multiversums-Hypothese zu widerlegen, könnte es allerdings noch einen Grund geben, sie abzulehnen. Kopernikus vertrieb uns einst aus dem Zentrum des Universums auf einen von vielen Planeten. Später machte Darwin uns zu einem von vielen Tieren und mutete uns zu, vom Affen abzustammen. Diesen zwei Demütigungen fügt das Multiversum eine dritte, kosmologische hinzu, nämlich, dass unser Universum bloß eines von unzählbar vielen Universen ist – auch wenn es für uns im Sinne von Leibniz die „beste aller Welten" ist.

Wie dem auch sei, im Moment liefert die Hypothese der Existenz einer Vielzahl an Universen mit unterschiedlicher Physik einen wichtigen Beitrag zu einer Metaphysik, einer „Über-Physik“ im besten, ursprünglichen und positiven Sinne von Aristoteles. Sie ist ein Konzept, das die physikalischen Gesetze in unserem Universum verallgemeinert und auf eine neue, eine Meta-Ebene hebt. Sie ist ein Spiel unseres Denkens mit den Möglichkeiten der Natur. So bezeichnet auch Hans Magnus Enzensberger in seinem Buch *Die Elixiere der Wissenschaft* die Kosmologen als die „letzten Mohikaner der Metaphysik.“

Für die Frage der Feinabstimmung unseres Universums im Sinne des anthropischen Prinzips bieten sich damit zwei Auswege an. Einerseits die Existenz eines fundamentalen Gesetzes hinter den Dingen, einer „Weltformel“, einer „Theory of Everything“. Andererseits das statistische Konzept eines Multiversums, in dem unser Universum eine von vielen Welten ist. Beide Ansätze können gleichzeitig wahr sein und müssen einander nicht widersprechen. Es ist nicht ausgeschlossen, dass wir unsere dreidimensionale Welt in Extradimensionen überwinden können, dass es also eine Verbindung zwischen unserem und anderen Universen gibt. Dazu ein Beispiel: Der Abstand vom Nordpol zum Südpol ist auf der zweidimensionalen Oberfläche der Erde gleich dem Erdradius mal Pi, während er in drei Dimensionen, also durch die Mitte der Erde, nur das Zweifache des Erdradius beträgt. Diese dritte Extradimension gestattet also eine Abkürzung. Solche Wege des Durchtunnelns des Raums über weitere Dimensionen werden „Wurmlöcher“ genannt, wie der Weg eines Wurms, der sich durch die Mitte eines Apfels bohrt und auf diese Weise auf kürzerem Weg auf die andere Seite des Apfels gelangt.

In den hochenergetischen Kollisionen im LHC am CERN wird versucht, erste Anzeichen dieser auf kleinsten Raumskalen aufgerollten, kompaktifizierten Zusatzdimensionen aufzuspüren. Diese würden sich als ein anders nicht erklärbarer Verlust an Energie durch Teilchen bemerkbar machen, die – wenn auch nur kurzzeitig – in diesen Extradimensionen verschwinden. So fantastisch solche Überlegungen erscheinen mögen, sollten wir auch vor gewagten Hypothesen wie der Existenz von Extradimensionen oder einer schier unendlichen Zahl an Universen in einem Multiversum nicht zurückschrecken. Die Geschichte der Atomhypothese von der Antike über Dalton bis in die Gegenwart zeigt: Ohne kühnes Denken kommen wir den Geheimnissen des Kosmos nicht auf die Spur. Am Ende behalten die Natur und das Experiment das letzte Wort.

In seinem berühmten Buch über das anthropische Prinzip und die Frage nach dem Universum oder den Multiversen stellt Bernard Carr die Frage: „If you have just one universe, you might have a fine tuner. If you don't want God, you better have a multiverse." Carr meint also: Wenn wir nicht an einen Designer oder Uhrmacher, an einen wohlwollenden Schöpfer glauben, der das Universum für uns geschaffen und genau auf uns abgestimmt hat, dann bietet uns die Hypothese von einem Multiversum eine interessante Alternative. Deshalb werden die Multiversums-Hypothese und das anthropische Prinzip heute in der Physik und in der Erkenntnistheorie so intensiv diskutiert. Der britische Astronom Lord Martin Rees schreibt 1999 in seinem berühmten Buch *Just Six Numbers*: „Unser gesamtes Universum ist eine Oase innerhalb des Multiversums."[12] Lee Smolin, ein anderer Physiker, propagiert 1997 in seinem Buch *Life of the cosmos* eine kosmologische natürliche Selektion unseres Universums aus einem Multiversum. Der Nobelpreisträger Steven Weinberg verfolgt einen ähnlichen Gedanken, wenn er 2007 in einem Artikel mit dem Titel *Leben im Universum* schreibt: „… die String-Landschaft kann erklären, wie die Naturkonstanten, die wir beobachten, Werte annehmen können, die Leben ermöglichen, ohne von einem gutmeinenden Schöpfer feinabgestimmt zu sein."[13] Auch Steven Weinberg versucht also, Gott mit dem Multiversum auszutreiben.

Eine berechtigte Kritik an der Multiversums-Hypothese ist, dass sie alles zulässt. Sie gestattet alle Arten von Physik und macht in diesem Sinne keine Vorhersagen. Das bringt ihr den Vorwurf ein, es sei keine Wissenschaft mehr. Die große Tugend der Vorstellung eines Multiversums, ihre große Produktivität und Kreativität, ist zugleich ihr größter Fluch. Das kennen wir allerdings ebenso aus der Quantenmechanik. Auch die Quantenmechanik sagt, dass alles, was möglich ist, geschehen kann. Sie liefert nur die Wahrscheinlichkeit, mit der bestimmte Prozesse geschehen. Der Physiker Richard Feynman machte aus dieser Not eine Tugend: Bei seiner sogenannten Pfadintegral-Methode werden alle alternativen Wege von Zustand A nach B betrachtet und nur die Wahrscheinlichkeiten berechnet, dass ein bestimmter Weg tatsächlich eingeschlagen wird. Die Kritik an der Multiversums-Hypothese ist also, dass sie nicht, wie es sich für eine gute physikalische Theorie gehört, Vorhersagen macht, sondern nur „Nachhersagen", auf Englisch: „No predictions, only postdictions." Eine weitere Kritik am Konzept des Multiversums ist, dass es wesentliche Eigenschaften unseres speziellen Universums nicht aus ersten Prinzipien und fundamentalen Gesetzen ableitet, aus einer Weltformel. Vielmehr betrachtet es die Vielzahl der Parameter unseres Universums – seine Zusammensetzung, die Massen der Teilchen, die Materie-Antimaterie-Symmetrie und so weiter – als Umgebungsparameter, als eine Art biologische Parameter eines Raums, in dem sich komplexe Strukturen optimal entwickeln können. An die Stelle strenger physikalischer Gesetze tritt das evolutionäre Spiel des Zufalls.

Dabei wird eine wichtige Frage bei der Feinabstimmung unseres Universums zu selten gestellt. Was genau wird abgestimmt? Sind es die Gesetze? Oder sind es die fundamentalen Parameter, wie die Anzahl der Dimensionen unserer Welt oder die Newtonsche Konstante oder die Feinstrukturkonstante? Oder sind es Umgebungsparameter unseres Universums, wie die Kraft des ersten Anstoßes, des Urknalls – also die Hubble-Konstante? Oder betrifft es das Inventar des Universums wie seine Materiedichte oder die Dichte der dunklen

Energie? Eine ganze Hierarchie an mehr oder weniger fundamentalen Parametern könnte auf diese Weise feinabgestimmt sein.

Und es gibt noch einen weiteren Punkt, der bisher zu wenig untersucht wurde. Bei der Frage „Was wäre, wenn?" drehen wir normalerweise immer nur an einem Knopf. Wir „tunen" oder verstellen in der Regel nur einen Parameter des Universums. Meist zerstören wir in solchen Gedankenexperimenten das Universum. Wenn wir an einem Parameter des Universums nur um ein Billionstel drehen, ist bereits in einem ganz frühen Moment auf mikroskopischer (Kerne, Atome) oder makroskopischer Ebene (Galaxien, Sterne) keine Strukturbildung mehr möglich, geschweige denn die Entwicklung von Chemie, Biologie und Leben. Es ist aber schwierig, mehrere Parameter gleichzeitig abzustimmen. Die Frage ist, ob sich in einem Raum mit vielen Parametern nicht doch Ecken finden, in denen sich die negativen Auswirkungen einzelner Parameter kompensieren und man zu einer anderen Welt mit einer anderen möglichen Konstellation der Parameter kommt.

Resümee

In diesem Kapitel sind wir der Frage nachgegangen, ob die Welt für uns gemacht ist. Schon Einstein fragte, ob unsere Welt nicht auch anders aussehen könnte. Warum sind die Dimensionen und Symmetrien, die Naturgesetze und Naturkonstanten des Universums derart feinjustiert, dass sie unser Leben ermöglichen? Alles scheint auf uns abgestimmt zu sein. Das anthropische Prinzip erklärt uns, dass wir nur eine Welt beobachten können, die auch einen Beobachter ermöglicht. Das ist jedoch ein Zirkelschluss. Teilchenphysik und Kosmologie schufen in den letzten Jahren die Idee eines Multiversums aus vielen Universen mit unterschiedlichen physikalischen Gesetzen. Die Antwort auf Einsteins Frage, ob Gott eine Wahl hatte bei der Erschaffung der Welt, könnte somit lauten: Ja, in einem Multiversum.

WAS IST DER URSPRUNG DES LEBENS?

„Order out of Chaos"

BUCHTITEL VON ILYA PRIGOGINE UND ISABELLE STENGERS (1984)

Die Frage nach dem Ursprung des Lebens gehört seit jeher zu den Rätseln der Natur. In diesem Kapitel versuchen wir zu verstehen, wie sich die Ordnung lebender Strukturen spontan aus dem Chaos entwickeln konnte. Wir diskutieren die Rolle des Bewusstseins und fragen schließlich, ob es auch außerirdisches Leben gibt.

Das Leben aus dem Nichts

Was ist Leben und woher kommt es? Für den Physiologen Emil du Bois-Reymond gehört diese Fragestellung zu einem seiner sieben „Welträtsel" aus dem Jahr 1880. Die Mehrzahl der Physiologen jener Zeit begnügt sich mit einfachen Antworten und nimmt als Ursache für das Leben eine „Lebensseele" an, die im Organismus die chemischen und physikalischen Kräfte im Gleichgewicht hält. Hermann von Helmholtz, einer der einflussreichsten Naturwissenschaftler des 19. Jahrhunderts und Freund und Wegbegleiter von Emil du Bois-Reymond, gibt sich mit dieser metaphysischen Erklärung nicht zufrieden. Eine Lebenskraft, ein mystischer „élan vital", ist für ihn als Erklärung inakzeptabel. Er zeigt, dass Energie weder erzeugt noch vernichtet, sondern nur in andere Formen umgewandelt werden kann und formuliert den ersten Hauptsatz der Thermodynamik. Geschlossene Systeme streben jedoch spontan und langfristig einen Zustand an, der wesentlich wahrscheinlicher ist als ein geordneter Zustand: die maximale Unordnung, das Chaos, also das thermodynamische Gleichgewicht. Das ist der Inhalt des zweiten Hauptsatzes der Thermodynamik: In geschlossenen Systemen kann die Ordnung nicht zunehmen.

Wie aber kann das Leben dann seine Strukturen aufbauen und erhalten? Der Kampf gegen den Zerfall, gegen die Unordnung, gegen den Wärmetod im thermodynamischen Gleichgewicht gelingt lebenden Systemen nur dadurch, dass sie als offene Systeme bei ihrem Stoffwechsel Energie mit ihrer Umgebung austauschen und diese in die Ordnung ihrer komplexen Strukturen umwandeln. Das Leben verschafft sich durch Nahrungsaufnahme von außen Energie, um für sich in seinem Innern negative Unordnung zu schaffen, negative Entropie. Bei diesem Stoffwechsel entsteht Wärme, die die Lebewesen in ihre Umgebung abgeben, wodurch dort die Unordnung beziehungsweise Entropie zunehmen.

Aber du Bois-Reymonds Frage, woher das Leben ursprünglich kommt, kann auch Helmholtz nicht beantworten. Manche Forscher jener Zeit nehmen fruchtbare Substanzen wie Humus als Ursprung an. Bildet sich nicht Schimmel wie aus dem Nichts? Solche Ideen finden sich bereits in der christlich-jüdischen Mystik. Der Golem wird aus Lehm geformt, und ihm wird das Leben als Geist Gottes eingehaucht, der hebräische „ruach elohim“, das griechische „Pneuma“. Erst Louis Pasteur, ein französischer Chemiker und Mikrobiologe sowie Zeitgenosse von Helmholtz und du Bois-Reymonds, kann nachweisen, dass Leben nur dort entstehen kann, wo bereits Leben vorhanden ist. Zellen können nur aus Zellen hervorgehen. Eine Feststellung, die maßgeblich zur Entstehung der modernen Mikrobiologie beiträgt. Trotzdem muss irgendwann einmal eine erste Zelle entstanden sein. Doch wie? Dieser Frage kam die Wissenschaft lange kaum näher. Erst in den letzten Jahrzehnten zeichnen sich neue Möglichkeiten ab, den Ursprung des Lebens besser zu verstehen. Wir werden sehen, dass das Leben und seine Entstehung aus dem Chaos mit den linearen deterministischen Ansätzen der klassischen Physik nicht zu verstehen ist. Moderne Computersysteme gestatten es zu simulieren, wie Ordnung aus dem Chaos entstehen kann.

Die Grenzen des Determinismus

Vergegenwärtigen wir uns deshalb nochmals die Ausgangslage, aus der heraus Emil du Bois-Reymond seine Welträtsel formuliert. Die Physik jener Zeit basierte auf Jahrhunderte alten, linearen Vorstellungen von der Welt. In einem linearen System verhält sich die Änderung eines Ausgabeparameters proportional zur Änderung des Eingabeparameters. Einen Höhepunkt erreichte die lineare Physik in der klassischen Mechanik. Mit der von Gottfried Wilhelm Leibniz und Isaac Newton geschaffenen höheren Mathematik, der Differential- und Integralrechnung, ließ sich die Dynamik von Systemen in Raum und Zeit erstmals präzise beschreiben. Die Mathematiker und Physiker aus der Zeit der französischen Revolution (wie Pierre-Simon Laplace, Adrien-Marie Legendre, Pierre Louis Maupertuis, Jean-Baptiste le Rond d'Alembert, die Schweizer Brüder Daniel und Nikolaus Bernoulli, Leonhard Euler und andere) schufen die Mittel, um auf Grundlage der klassischen Mechanik die Geschossbahnen der Artillerie, aber auch die Bahnen der Planeten oder die Schwingungen von Pendeln präzise zu berechnen.

Dieser Erfolg führt in Frankreich zur Gründung der großen polytechnischen Schulen, wie der École Navale, der École Militaire oder der École Polytechnique. Kurz darauf entsteht die Thermodynamik, die die Beziehungen von globalen Größen wie Druck, Volumen und Temperatur in Systemen im thermodynamischen Gleichgewicht beschreibt. Das 19. Jahrhundert endet mit der Entwicklung der Elektrizitätslehre, auf deren Höhepunkt James Clerk Maxwell seine berühmten Gleichungen der Elektrodynamik formuliert. Auch diese Physik und die ihr zugrundeliegenden Differentialgleichungen sind linear.

Lineare physikalische Systeme sind gekennzeichnet durch Erhaltungsgrößen. Ein Pendel ist zum Beispiel durch die Länge und die Masse des Pendels charakterisiert. Damit ist seine Frequenz ebenso festgelegt wie seine maximale Auslenkung, seine Amplitude. Beide sind im Fall des idealen reibungsfreien Pendels konstant. Die Dynamik eines solchen linearen Systems ist in jedem Moment vorhersagbar. Aus der Beschreibung eines solchen Systems können wir, wie bereits erwähnt, die Zeit eliminieren.

Erst gegen Ende des 19. Jahrhunderts wird deutlich, dass unsere Welt nicht ausschließlich durch eine Mechanik der Geschossbahnen, Planetenbewegungen oder Pendelschwingungen beschrieben werden kann. Sobald sie bunt und vielfältig und lebendig wird, besteht sie meist aus nichtlinearen Systemen, die sich wesentlich komplizierter verhalten. Einer der ersten, der nichtlineare Systeme untersuchte, war der Franzose Henri Poincaré. Ein weiterer Pionier auf diesem Gebiet war der russische Mathematiker Alexander Ljapunow. Nichtlinearitäten treten, wie bereits besprochen, schon beim Dreikörperproblem auf, wenn sich drei einander anziehende Massen umeinander bewegen. Es lässt sich zeigen, dass das Verhalten solcher Systeme grundsätzlich instabile Punkte im Raum seiner Bewegungsparameter wie Ort oder Impuls hat, sogenannte Verzweigungs- oder Bifurkationspunkte. Wenn ein System an einem solchen Punkt angelangt ist, dann hängt sein zukünftiges Verhalten von beliebig kleinen Störungen ab – mit Betonung auf „beliebig“ klein. An einem solchen Bifurkationspunkt ist die Zukunft eines Systems grundsätzlich nicht vorhersagbar. Sie ist völlig offen. Schon das klassische Dreikörperproblem beinhaltet also den Ansatz für eine fundamental offene Welt. Somit entsteht bereits bei bestürzend einfachen mechanischen Systemen wie drei gravitierenden Massepunkten echter Zufall – ganz ohne den Zufall der Quantenmechanik oder der Radioaktivität bemühen zu müssen.

Ein tieferes Verständnis des nichtlinearen Verhaltens komplexer Systeme entstand ab den 1970er Jahren durch die Weiterentwicklung der Analyse der Stabilität nichtlinearer Differentialgleichungen sowie durch die Möglichkeit, komplexe Systeme auf Computern zu simulieren. Bisher hatte sich die Physik zwischen Experiment und Theorie bewegt. Mit der Entwicklung immer leistungsfähigerer Computer und mathematischer Verfahren wurde die Computersimulation zu einer neuen, dritten Methode, die Natur zu verstehen.

Fundamentales Chaos, Zufall, nichtlineares Verhalten und die dazugehörige Mathematik ziehen damit in die Naturwissenschaft ein. Damit verlässt die Forschung das Gebiet strenger Kausalität. Ein Bifurkationspunkt und eine beliebig kleine Störung können bestimmend sein für das weitere Verhalten des Systems. Damit entsteht etwas aufregend Neues: ein echter Unterschied zwischen Vergangenheit und Zukunft, das Phänomen einer echten Zeit und ihrer Richtung, die lineare Systeme der klassischen Mechanik und Elektrodynamik nicht aufweisen. Diese Offenheit komplexer Systeme ist entscheidend sowohl für das Leben eines jeden Individuums als auch für die biologische Evolution als Ganzes.

Chaos und Selbstorganisation

Wir verzeichnen also im 20. Jahrhundert einen Paradigmenwechsel, und zwar vom klassischen Determinismus und der linearen Dynamik der Mathematik der französischen Revolution hin zu einer nichtlinearen Dynamik komplexer Systeme. Damit wendet sich die Physik nicht mehr nur der unbelebten Materie zu, sondern auch der Entstehung des Lebens, der Evolution und der Selbstorganisation der Materie.

Als ein erkenntnistheoretischer Meilenstein beim Verständnis des Lebens gilt Erwin Schrödingers Buch *Was ist Leben?* von 1944 – trotz mancher Aussagen, die inzwischen als überholt gelten. Schrödinger benennt darin das physikalische Grundproblem, das die Biophysik bis heute beschäftigt: Obwohl geschlossene Systeme gemäß dem zweiten Hauptsatz der Thermodynamik den Zustand maximaler Unordnung oder Entropie anstreben, gelingt es lebenden Systemen unter Aufnahme von Energie, ihre Entropie zu verringern, ihre geordneten Strukturen aufzubauen und zu erhalten. Zur Erinnerung: Entropie ist in der Thermodynamik ein Maß für die Unordnung einer großen Zahl mikroskopischer Teilchen. Zum Schaffen von Ordnung – also von negativer Entropie – benötigt ein System somit Energie von außen. Damit ist es kein geschlossenes System mehr, befindet sich nicht mehr im thermodynamischen Gleichgewicht und kann somit den zweiten Hauptsatz der Thermodynamik umgehen. Ein schönes Beispiel für ein solches System ist ein atlantischer Wirbelsturm. Bei diesem meteorologischen Phänomen wird die in der Atmosphäre gespeicherte Energie in die geordnete Struktur eines riesigen Hurrikans verwandelt. Ein solcher Wirbel besitzt neben dem Umsatz von Energie, also einem energetischen Stoffwechsel, noch weitere Eigenschaften des Lebens: Er wird geboren, entsteht wie aus dem Nichts an einem Verzweigungspunkt in Raum und Zeit, er nimmt die Kondensationswärme der sich abregnenden feuchten Tropenluft auf. Er wächst und rotiert immer schneller. Der Hurrikan hat eine Lebenszeit, bis er wieder zerfällt und stirbt. Er ist ein Beispiel für Entstehung von Ordnung aus Chaos. Und er besitzt noch eine weitere Eigenschaft des Lebens. Wie ein Organismus hat er ein Innen und ein Außen, er entzieht seiner Umgebung Energie und schafft im Innern Ordnung. Allerdings fehlen Wirbelstürmen andere wesentliche Eigenschaften des Lebens: Sie vermehren sich nicht, sie haben keinen genetischen Code, um Information zu speichern und durchlaufen damit keine Evolution. Wirbel bleiben immer gleich.

Ein wissenschaftlicher Meilenstein bei der Untersuchung der Frage nach der Entstehung des Lebens war die Entschlüsselung des Erbguts durch Francis Crick und James Watson in den 1950er Jahren. Dank der Röntgenbeugungsdiagramme der Physikerin Rosalind Franklin entschlüsselten die beiden Molekularbiologen die Struktur der Desoxyribonukleinsäure. Die Nukleinsäuren gehören neben Proteinen (bestehend aus Aminosäuren), Lipiden und komplexen

Kohlenhydraten zu den vier Hauptarten von Makromolekülen, die für das Leben auf der Erde wesentlich sind. In diesen aus zwei Ketten bestehenden Nukleinsäuren, die sich als Doppelhelix umeinanderwinden, sind die genetischen Informationen für Entwicklung, Funktion, Wachstum und Reproduktion eines Organismus kodiert und enthalten. Informationsspeicherung kennen wir auch aus anderen Systemen. Ein Äquivalent zum genetischen Code des Lebens ist das in Büchern und Bibliotheken kodierte Wissen unserer Zivilisation.

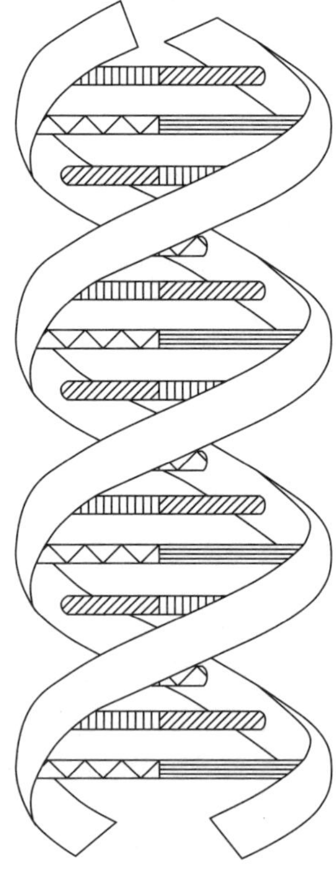

Die Doppelhelix-Struktur eines DNA-Moleküls mit den Basen-Paaren, die beide Stränge verbinden. DNA ist die englische Abkürzung für deoxyribonucleic acid.

Aufgrund des gespeicherten und stetig wachsenden Wissens durchläuft unsere Kultur eine Evolution wie das biologische Leben. Aber während die Evolution des Lebens Milliarden von Jahren benötigte, verläuft unsere kulturelle Evolution viel schneller. Sie vollzog sich in wenigen Zehntausend Jahren und beschleunigt sich durch die digitale Revolution rasant.

Charles Darwin erkannte schon im 19. Jahrhundert: Evolution bedeutet Veränderung vererbbarer Eigenschaften biologischer Arten über aufeinanderfolgende Generationen. Dem biologischen Prinzip von Mutation und Selektion liegen Generationswechsel und damit unser aller Weg von der Geburt bis zum Tod zugrunde. Dieses Prinzip garantiert stetige Erneuerung und Anpassung. Der wichtigste Akteur in diesem Spiel ist der Zufall. Chemische Mutationen und die uns umgebende natürliche Radioaktivität verursachen ständig kleine Änderungen in den molekularen Strukturen des Lebens und verhindern eine völlig identische Reproduktion. Misserfolge selektiert die Natur in diesem erbarmungslosen Spiel des Lebens aus. Das Zusammenspiel von Naturgesetzen und äußeren Randbedingungen liefert den Rahmen, was biologisch möglich ist und was nicht. Insofern gehorcht das Leben Gesetzen. Was aber im Detail passiert, ist offen und zufällig. So bewegt sich das Leben in einer Dialektik, einem Spannungsfeld von Zufall und Notwendigkeit.

Wesentliche Eigenschaften des Lebens sind also erstens ein in sich geschlossener Organismus mit einem Stoffwechsel, der die Energie liefert, um seine Ordnung beziehungsweise negative Entropie gegenüber dem Chaos der Umgebung zu schaffen und aufrecht zu erhalten. Zweitens Fortpflanzung, also Geburt und Tod, die Mutation und Selektion ermöglichen. Und drittens die Speicherung und Weitergabe genetischer Information.

Der Übergang zwischen lebender und nichtlebender Materie ist fließend. Beispiele für Organismen am Rande des Lebens sind Viren wie das Corona-Virus, das unser Leben in den letzten Jahren stark verändert hat. Obwohl den Viren Schlüsselmerkmale des Lebens wie ein eigener Stoffwechsel fehlen, verfügen sie über einen eigenen genetischen Code. Sie nutzen den Stoffwechsel ihrer Wirtszellen und zerstören sie – zum Preis der Selbstauflösung. Bei diesem Prozess entwickeln sie sich durch Mutation und Selektion weiter, wie wir es in der Pandemie mit dem Auftauchen ständig neuer Corona-Varianten beobachten konnten.

Wie strukturiert sich aber Materie spontan zu geordneten lebenden Strukturen? Ein Ausgangspunkt zum Verständnis solcher Systeme bildet die Strömungslehre der Flüssigkeiten aus dem 19. Jahrhundert, die Hydrodynamik. Die Thermodynamik des Nicht-Gleichgewichts, die einen Ansatz zum Verständnis der Selbstorganisation bietet, wird erst später begründet – von Wissenschaftlern wie dem norwegischen Physikochemiker Lars Onsager in den 1930er und 1940er Jahren oder den belgischen und deutschen Biochemikern Ilya Prigogine und Manfred Eigen in den 1960er und 1970er Jahren. Prigogine analysiert nichtlineare autokatalytische chemische Reaktionen, während Eigen die Entwicklung des genetischen Codes auf der Basis der Aminosäuren betrachtet. So wurden die chemischen, physikalischen, biologischen, genetischen und mathematischen Grundlagen des Lebens immer besser verstanden und modelliert.

Wie organisieren sich aber die biochemischen Bausteine des Lebens weiter zu einem Organismus? Das Grundelement des Lebens ist die Zelle und ihr Stoffwechsel mit dem Zellkern und den Mitochondrien, den Zellorganellen. Der nächste Schritt ist die Differenzierung von Zellen zu spezialisierten Strukturen wie Blutgefäße, Nerven, Organe und so weiter. Doch wie sich die komplexen Strukturen lebender Systeme von Zellen über Gewebe und Organe bis zum kompletten Organismus während der Morphogenese, also in der Entwicklung des Fötus bis zur Geburt, im Detail ausdifferenzieren, ist nach wie vor

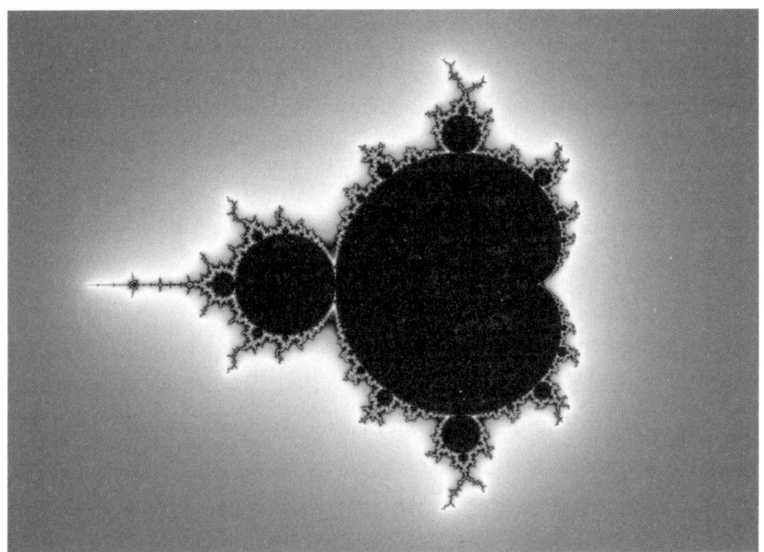

Die nach dem französischen Mathematiker Benoît Mandelbrot benannte Menge beruht auf einer sehr einfachen Formel. Sie entwickelt an ihren Rändern bei zunehmender Vergrößerung rekursiv immer neue feinere Strukturen. Komplexe Strukturen können also aus einfachen Prinzipien entstehen.

eins der großen Rätsel der Biologie. Die ersten zwei, vier, acht und sechzehn Zellen sind wie Stammzellen noch undifferenziert und omnipotent. Aus ihnen können Zellen für jedes Gewebe entstehen. Doch dann setzt die Zelldifferenzierung ein: eine Zelle wird zu einer Leberzelle, eine andere Zelle zu einer Nervenzelle, und am anderen Ende dieses Zellhaufens entsteht ein Auge oder das Herz. Wissenschaftler wie die deutsche Biologin und Biochemikerin Christiane Nüsslein-Volhard versuchen, dieses Rätsel der Morphogenese während der Embryonalentwicklung zu lüften. Nüsslein-Volhard erforschte beispielsweise die genetischen und molekularen Mechanismen, durch die sich mehrzellige Organismen während der Embryogenese von Einzelzellen zu morphologisch komplexen Formen entwickeln. Dafür erhielt sie 1995 den Nobelpreis für Medizin.

Neben der Frage der physikalischen und chemischen Grundlagen des Lebens ist auch die nach seinem Ursprung auf der Erde offen. Die Schwierigkeit besteht unter anderem darin, dass wir keine archäologischen Zeugnisse von Frühformen des Lebens haben, sprich von den Vorläufern der ersten Zellen, die vor etwa dreieinhalb Milliarden Jahren auf der Erde entstanden sein dürften. Der Grund ist banal: Die organischen Substanzen dieser Frühformen des Lebens sind längst zerfallen. Wir können also das Leben bestenfalls bis zu den ersten bereits funktionierenden Zellen zurückverfolgen. Deshalb versuchen wir im Labor zu erforschen, wie sich im Urozean aus den einfachsten organischen Molekülen die Nukleinsäuren, daraus die Ribonukleinsäure RNA und Desoxyribonukleinsäure DNA als Bausteine des Lebens und schließlich in einem weiteren Schritt die ersten Zellen entwickelt haben. Der Brite John Sutherland und andere konnten 2009 unter Bedingungen, wie sie eventuell in der Frühzeit der Erdentwicklung herrschten, Makromoleküle erzeugen, aus denen sich die Ribonukleinsäuren zusammensetzen. Hat das Leben vielleicht seinen Ausgangspunkt über RNA statt DNA genommen? Trotz dieser ersten erfolgreichen Ansätze ist der Wissenschaft die Rekonstruktion des Lebens jedoch bei weitem noch nicht gelungen. Es ist auch nicht auszuschließen, dass das Leben auf der Erde aus einer „Schmierinfektion" aus dem Kosmos hervorgegangen ist, dass es sich aus Keimen entwickelt hat, die aus dem All stammen. Im Jahr 2020 hat die japanische Sonde Hayabusa 2 in einem spektakulären Manöver Proben des Asteroiden (162173) Ryugu zur Erde zurückgebracht. Die Forscher hoffen, in den Proben Hinweise auf den Ursprung des Lebens zu finden. Da die ersten organischen Moleküle nach Milliarden Jahren vermutlich zerfallen sind, lässt sich vielleicht niemals eindeutig nachweisen, wie das Leben auf unserer Erde entstanden ist. Aber eines ist sicher: Das Leben hat sich unter geeigneten Bedingungen aus einfachsten organischen Molekülen durch spontane Selbstorganisation unbelebter

Materie entwickelt – sei es auf unserem Planeten oder auf einem anderen Himmelskörper.

Die Erforschung des Ursprungs des Lebens erzwingt also einen Paradigmenwechsel im naturwissenschaftlichen Denken. In den vergangenen Jahrhunderten leiteten wir die Dynamik mechanischer, elektrischer, gravitativer und auch nuklearer Prozesse aus einfachen linearen und damit kausalen und deterministischen Gesetzen her. Diese Reduktion der Wirklichkeit war zur Beschreibung der unbelebten Natur ausreichend und effektiv. Auch entsprach sie den damaligen Möglichkeiten der Mathematik und Rechentechnik. Die Beschreibung der belebten Natur, der Evolution des Lebens durch Selbstorganisation unbelebter Materie erfordert ein tiefgreifendes Umdenken. Wir können heute die spontane Entstehung von Ordnung, Komplexität und Struktur aus dem nichtkausalen, nichtvorhersagbaren, nichtlinearen, nichtdeterministischen Chaos in ihren Grundzügen sowohl mathematisch beschreiben als auch mit Computern simulieren. Damit vollziehen wir den Übergang von der alten, exakt berechenbaren, deterministischen Welt in eine neue Welt mit einer echten irreversiblen Zeit und einer offenen Zukunft. Dies führt uns zu einer Welt, die sich aus einer Vergangenheit heraus immer weiterentwickelt. Auch wenn wir das Rätsel der Entstehung des Lebens auf der Erde noch nicht im Detail gelöst haben, können wir damit erstmals wissenschaftlich beschreiben, wie die Evolution sowohl des Kosmos als auch des Lebens ständig Neues hervorbringt.

Was ist Bewusstsein?

Nachdem das Universum geeignete Strukturen entwickelt hatte, entstand das Leben. Und mit dem Leben tauchte der Mensch auf und mit ihm Bewusstsein. Was jedoch ist Bewusstsein, und wie entstand es? Der Belgier Ilya Prigogine erhielt 1977 den Nobelpreis für Chemie für seine Beiträge zur Klärung der Frage, wie komplexe Strukturen durch Selbstorganisation der Materie entstehen können. In seinem Buch *Vom Sein zum Werden* schreibt er dazu: „Anthropomorph gesprochen: Im Gleichgewicht ist die Materie blind, in gleichgewichtsfernen Zuständen beginnt sie wahrzunehmen." Obwohl die Frage des Bewusstseins keine ausschließlich physikalische Frage ist, wollen wir hier ihre naturwissenschaftlichen Aspekte diskutieren. Sie zählt bereits für den Physiologen und Mediziner Emil du Bois-Reymond zu den sieben Welträtseln. „Welche denkbare Verbindung besteht zwischen bestimmten Bewegungen bestimmter Atome in meinem Gehirn einerseits, andererseits den für mich ursprünglichen, nicht weiter definierbaren, nicht zu verleugnenden Tatsachen: Ich fühle Schmerz, ich fühle Lust, ich schmecke Süßes, rieche Rosenduft, höre Orgelton, sehe Rot." Emil du Bois-Reymond spricht hier das sogenannte Qualia-Problem an, wonach der Übergang von objektiven neuronalen Zuständen unseres Gehirns zu subjektiven Erlebniszuständen keineswegs offensichtlich ist. Diese Frage ist gleichermaßen spannend für die Neurologie und Hirnforschung wie für die Erforschung und Entwicklung Künstlicher Intelligenz (KI), die das Ziel hat, die Fähigkeiten unseres Bewusstseins technisch nutzbar zu machen.

Zwei Eigenschaften machen es uns schwer, das Bewusstsein zu erforschen: Es ist äußerst komplex, und es ist subjektiv, also nicht unabhängig vom wahrnehmenden Individuum, was normalerweise von einem Forschungsgegenstand erwartet wird. Deshalb können wir es nicht auf seine materielle Basis, wie unsere Sinnesorgane, Nerven und das Gehirn reduzieren. Zudem gibt es keine einfachen Experimente, um das Bewusstsein zu erforschen. Der in den 1950er Jahren von dem britischen Mathematiker Alan Turing entwickelte und nach ihm benannte Turing-Test wird von den meisten Kognitionswissenschaftlern schon lange nicht mehr als ausreichender Nachweis für Bewusstsein betrachtet. Der Turing-Test bewertet eine Maschine oder künstliche Intelligenz als intelligent, wenn ihre Antworten in einem

Gespräch nicht von denen eines Menschen zu unterscheiden sind. Die Kritiker dieses Testes monieren, dass ein solcher Test im Grunde nur die Funktion einer Maschine, nicht aber ihr Bewusstsein teste.

Bewusstsein ist offensichtlich mehr als bloß wie ein intelligentes System zu funktionieren. Es ist vielmehr die Fähigkeit eines Systems, sich seiner selbst „bewusst" zu werden, sich selbst zu analysieren. Es ist der Schritt von der rein kognitiven Stufe auf eine höhere, selbstreferentielle Meta-Ebene. Es umfasst die Fähigkeit differenzierter Informationsverarbeitung (Kognition), die Kompetenz zur Prüfung von Folgerichtigkeit (Logik), aber auch die Möglichkeit der Bewertung, Abwägung und Einsicht (Interpretation) sowie das Wissen von der Existenz des eigenen Ichs („cogito ergo sum") und schließlich die Fähigkeit zum Mitgefühl für andere (Empathie). Nach Meinung der Autoren gehört zum Bewusstsein unbedingt auch Humor. Ein System mit Bewusstsein, ob natürlich oder künstlich, muss lachen können – über sich und andere. Das kann es nur, wenn es von außen, aus Distanz und von einer höheren Ebene auf sich selbst schauen kann. Erst damit wird es sich seiner selbst bewusst. Aber auch Humor lässt sich mittlerweile simulieren.

Neben dem Bewusstsein sind die Neurologen und KI-Forscher noch von einer anderen Fähigkeit des menschlichen Gehirns fasziniert, nämlich von seinem Gedächtnis. Auch deshalb, weil einige Forscher glauben, dass zu Bewusstsein auch Erinnerungsfähigkeit und Zeitverständnis gehören. Gedächtnis ist die Fähigkeit, Informationen zu speichern und abzurufen. Diese Eigenschaft kann die moderne Hirnforschung bestimmten Hirnregionen und Netzwerken zuordnen, zum Beispiel dem Hippocampus, einer zentralen Schaltstelle des Gehirns. Insbesondere aus Untersuchungen von Fehlfunktionen des Gehirns durch Schädigungen bestimmter Hirnareale lassen sich verschiedene Facetten des Gedächtnisses identifizieren und ihm Netzwerkregionen zuordnen. Die KI-Forschung versucht, die mit dem Gedächtnis verknüpften Prozesse auf künstliche neuronale Netze zu übertragen. Das wird beispielsweise bei der Realisierung sogenannter neuromorpher Computer verfolgt, deren Schaltkreise neurobiologischen Strukturen des menschlichen Nervensystems ähneln. Offenbar lassen sich auf diese Weise Eigenschaften und Wechselwirkungen verschiedener Hirnzustände simulieren. Lernen und Erinnern sind menschliche Fähigkeiten, die sich inzwischen teilweise auf künstliche Systeme übertragen lassen. Beim Lernen geschieht das zum Beispiel in sogenannten Helmholtz-Maschinen, um die rasant wachsenden Datenmengen der Experimente der Teilchenphysik mittels maschinellem Lernen zu analysieren. Eine solche Helmholtz-Maschine besteht aus einem künstlichen neuronalen Netz ähnlich dem des menschlichen Gehirns, das trainiert wird, die verborgene Struktur eines Datensatzes algorithmisch zu erfassen. Dazu bildet eine solche Maschine den empirisch gewonnenen Datensatz mittels eines generativen Modells nach, um die Beziehungen innerhalb der Daten aufzudecken. Ein Vorgang, der durchaus als intelligentes Lernen bezeichnet werden darf.

Trotz vieler Erfolge zeigt sich die künstliche Intelligenz im Umgang mit unvollständigen Informationen und Datensätzen gegenüber der natürlichen Intelligenz meist unterlegen. So kann ein zweijähriges Kind die Mimik im Gesicht eines Menschen richtig interpretieren, was einem künstlichen Netzwerk kaum gelingt. Auch fällt es künstlicher Intelligenz schwer, kreativ zu sein und Neues zu schaffen. Sie kann zwar den Stil von Gemälden oder Musikstücken in andere Stile überführen. Ebenso hat künstliche Intelligenz inzwischen hunderte einfache Sätze der Mathematik bewiesen. Aber es ist für künstliche Intelligenz nach wie vor schwierig, aus der Kenntnis der Additionsregeln natürlicher Zahlen zuerst die Multiplikation und dann die Division zu generieren und anschließend das Phänomen der Teilbarkeit und das der Primzahlen zu entdecken. Geschweige denn, sich neben sich zu stellen und ein Bewusstsein seiner selbst zu entwickeln.

Sind wir allein im Weltall?

Diese Frage gehört zu den Rätseln, die sich um das Leben im Universum ranken. In unserer Milchstraße wie in den Milliarden anderer Galaxien muss es rein statistisch betrachtet eine Vielzahl an Exoplaneten mit lebensfreundlichen Bedingungen geben. Die Erde sollte also nicht der einzige Planet im Universum sein, der Leben hervorgebracht hat. Das ist Teil des kopernikanischen Prinzips, das besagt, dass die Erde keine besondere Position im Weltall einnimmt. Auch hatte das Universum bereits vor der Entstehung des Lebens auf der Erde einige Milliarden Jahre Zeit, um Leben hervorzubringen. Deshalb ist es, wenn nicht rätselhaft, so doch zumindest verwunderlich, dass wir bisher trotz großer Bemühungen keine Spur außerirdischen Lebens nachweisen konnten. Diese Feststellung machte bereits 1950 der Kernphysiker Enrico Fermi am Kernforschungszentrum Los Alamos in den USA. Wie können wir Licht in dieses Rätsel bringen?

Beginnen wir mit der Untersuchung der astrophysikalischen Voraussetzungen, die für die Entstehung von Leben erfüllt sein müssen. Eine besteht in der Existenz der für die komplexen Strukturen des Lebens unabdingbaren kombinatorischen Vielfalt, die der Entwicklung des Lebens genügend Bausteine zur Verfügung stellt. Ein Universum, das nur aus Photonen oder den primordialen Elementen Wasserstoff und Helium besteht, ist dazu nicht ausreichend. Erst die Vielzahl an Kernen und damit Atomen und Molekülen ermöglicht eine komplexe Chemie und Biologie. Doch woher kommen die schwereren Elemente wie Kohlenstoff, Stickstoff und Sauerstoff, die eine wesentliche Grundlage des Lebens bilden? Bis zum Element Eisen werden sie durch die sogenannte Nukleosynthese in Sternen gebildet. Die noch schwereren metallischen Elemente entstehen in Supernova-Explosionen und bei der Verschmelzung von Neutronensternen. Die Erde, alles Leben und wir bestehen also aus der Asche von Sternen, die in gigantischen kosmischen Katastrophen erloschen sind.

Eine weitere Voraussetzung für die Entstehung von Leben betrifft das Zentralgestirn, das über Milliarden von Jahren zuverlässig die Energie zur Entstehung und Existenz des Lebens liefern muss. Unsere Sonne, ein ganz normaler Stern, hat sich für die Entstehung und Erhaltung von Leben bewährt. Zwergsterne wie die im uns nächsten Sternsystem Alpha und Proxima Centauri in unserer Milchstraße liefern gute Voraussetzungen dafür. Erstens sind die etwa 10^{20} Zwergsterne die häufigsten Sterne im beobachtbaren Universum, was sie statistisch als Kandidaten für die Entstehung von Leben betrachtet interessant macht. Zweitens leben solche Zwergsterne bis zu eintausend Mal länger als unsere Sonne. Sie sollten also möglichem Leben genug Zeit bieten, sich zu entwickeln.

Eine dritte Voraussetzung ist die Position des Planeten, auf dem sich Leben ausbilden kann. Innerhalb der sogenannten habitablen Zone der Umlaufbahnen um einen Stern besitzt ein Planet eine Atmosphäre mit ausreichendem Druck und hat damit die Möglichkeit, flüssiges Wasser zu beherbergen. Denn Wasser ist nach Ansicht vieler Exobiologen Grundvoraussetzung für die Entstehung von Leben. Es ist sehr wahrscheinlich, dass viele der geschätzten 10^{20} Zwergsterne im Universum von Planeten begleitet werden, die in der habitablen Zone angesiedelt sind. Tatsächlich haben Astronomen in der Nachbarschaft unseres Sonnensystems bereits ein paar Dutzend solcher Exoplaneten innerhalb habitabler Zonen identifiziert, deren Lebensbedingungen unseren irdischen Verhältnissen recht nahekommen.

Statistisch betrachtet ist außerirdisches Leben somit nicht unwahrscheinlich. Aber wie könnten wir es bemerken? Eine Möglichkeit bietet die astronomische Erforschung besagter Exoplaneten. Spektroskopische Untersuchungen ihrer Atmosphäre könnten Hinweise auf Leben geben, wie zum Beispiel das Vorhandensein größerer Mengen freien Sauerstoffs, der auch in der Erdatmosphäre erst durch die Photosynthese in lebenden Zellen erzeugt wurde. Solche Messungen sind jedoch schwierig, da ein Planet selbst nicht leuchtet. Beobachten lässt sich das Licht seines Zentralgestirns, das die Atmosphäre des Planeten durchleuchtet. Und das ist äußerst schwach. Doch könnte nicht umgekehrt intelligenten außerirdischen Lebewesen unsere Biosphäre auffallen? Und hätte dies nicht längst geschehen müssen? Wir dürfen doch davon ausgehen, dass sie genau wie wir die sie umgebenden Exoplaneten nach Leben absuchen. Es war ein Astronom, der die erste ernsthafte Diskussion um intelligentes außerirdisches Leben anfachte. Ende des 19. Jahrhunderts meinte der italienische Forscher Giovanni Schiaparelli, bei seinen Beobachtungen des Mars zahlreiche Kanäle auf dem Planeten ausgemacht zu haben. Ein Hinweis auf die Existenz einer entwickelten außerirdischen Zivilisation, der die Menschen noch mehr als ein halbes Jahrhundert beschäftigen sollte. So verfasste kurz darauf Herbert George Wells im Jahre 1898 sein Werk *Krieg der Welten*, worin Außerirdische vom Mars die Erde erobern wollen – ein Bestseller, dessen Inszenierung als Hörspiel in Form einer fiktiven Reportage durch Orson Welles Ende der 1930er Jahre beim amerikanischen Publikum Furcht und Schrecken auslöste. Doch spätestens die Resultate der Naherkundungen der acht Planeten inklusive des Zwergplaneten Pluto durch die Mariner-, Venera-, Pioneer-, Viking- und Voyager-Sonden in den 1960er und 1970er Jahren haben unsere Erwartungen hinsichtlich der Existenz außerirdischen Lebens im Sonnensystem deutlich gedämpft. Immerhin besteht noch Hoffnung, zumindest einfache Lebensformen in unserer stellaren Nachbarschaft zu finden. Selbst der Fund primitivsten Lebens wäre eine Sensation, wie dies die vermeintliche Entdeckung von Phosphin in der Atmosphäre der Venus verdeutlicht. Da dieses Gas auf der Erde beim Stoffwechsel lebender Organismen entsteht, wird spekuliert, ob dies nicht auch Zeugnis von Leben auf der Venus sein könnte. Inzwischen gilt die These der Existenz von Phosphin auf der Venus allerdings als weitgehend entkräftet.

Richten wir deshalb unseren Blick hinaus in den interstellaren Raum. Über die Einschränkungen der direkten Erforschung der Exoplaneten in kosmologischer Nachbarschaft unserer Sonne sprachen wir bereits. Deshalb werden auch indirekte Messmethoden diskutiert und verfolgt. Der polnische Autor Stanislaw Lem beschreibt bereits 1968 in seinem Roman *Die Stimme des Herrn*, wie ein Mathematiker ein Neutrino-Signal von Außerirdischen zu entschlüsseln versucht. Zugegeben: Modulierte Neutrino-Signale wären eine sehr exotische Kommunikationsform. Aber es ist nicht ausgeschlossen, dass sich auf einem der Planeten unserer Nachbarsterne intelligentes Leben gebildet hat, das sich zumindest durch elektromagnetische Radiowellen bemerkbar macht. Und tatsächlich wird seit mehr als 50 Jahren immer wieder nach solchen Signalen aus dem Weltall im Rahmen von Projekten der Search for Extraterrestrial Intelligence (SETI) gesucht. Erst kürzlich horchten zwei Wissenschaftler in Australien, Chenoa Tremblay und Steven Tingay von der Curtin University, einen Teil der südlichen Hemisphäre im Bereich niederfrequenter Radiowellen mit dem Radioteleskop des Murchison Widefield Array akribisch danach ab. Leider fanden sie kein elektromagnetisches Signal, das auf eine außerirdische Intelligenz schließen lässt. Im Universum scheint eine große Stille zu herrschen – zumindest, was Radiosignale außerirdischer Intelligenzen betrifft. Aber ist das wirklich überraschend? Die Leistung ihrer Radiosender müsste die unserer irdischen bei weitem übertreffen, damit uns überhaupt noch nachweisbare Signale über die unvorstellbar großen interstellaren Entfernungen erreichen. Der Energieaufwand für den Betrieb solcher Sender wäre enorm. Außerdem müssten die Außerirdischen ihre Anlagen über hunderte von Jahren betreiben, um die Wahrscheinlichkeit zu erhöhen, dass der potentielle Empfänger in der Lage ist, das Signal wahrzunehmen. Wir Menschen senden Radiowellen erst seit 100 Jahren aus, und erst seit etwa einem halben Jahrhundert horchen wir in den Kosmos hinein. Außerirdische müssten zudem Willens sein, sich bemerkbar zu machen. Es gibt noch weitere Gründe, warum wir bisher noch keinen Kontakt zu anderen Zivilisationen gefunden haben. Je weiter im Raum wir schauen, umso weiter blicken wir zurück in die Vergangenheit, und umso weniger Zeit hatten mögliche Zivilisationen, sich zu entwickeln. Es könnte aber noch einen zweiten, tragischeren Grund geben. Vielleicht ist es das Schicksal jeder hochentwickelten Zivilisation, entweder binnen kosmologisch kürzester Zeit ihre Ressourcen zu verbrauchen und ihre Lebensgrundlage zu zerstören – oder sich in inneren Konflikten selbst zu vernichten. Wir Menschen haben die Existenz unserer eigenen Zivilisation durch Raubbau an der Natur, Überbevölkerung und Kriege nach kaum 10.000 Jahren bereits stark gefährdet. Das ist weniger als ein Millionstel des Alters des Universums. Schließen wir unsere Überlegungen mit einem Bonmot des Science-Fiction-Autors Arthur C. Clarke. Für ihn gibt es im Grunde nur zwei Möglichkeiten, der Frage nach der Existenz außerirdischen Lebens zu begegnen: „Entweder sind wir allein im Universum. Oder wir sind es nicht. Beides ist gleichermaßen erschreckend."

Resümee

In diesem Kapitel haben wir ein Welträtsel Emil du Bois-Reymonds aufgegriffen und besprochen, was Leben auszeichnet. Leben tauscht im Rahmen seines Stoffwechsels Energie mit seiner Umgebung aus, um seine innere Ordnung und Struktur zu schaffen und aufrechtzuerhalten. Es kämpft auf diese Weise ständig gegen Unordnung. In einem ewigen Zyklus von Geburt, Fortpflanzung und Tod ermöglichen Mutation und Selektion eine immer bessere Anpassung des Lebens an seine Umgebung und damit die Evolution. Im genetischen Code speichert es das Wissen um seine Strukturen und das Überleben in seiner Umgebung. Erst der Paradigmenwechsel von der klassischen linearen deterministischen Physik zu einer Physik der nichtlinearen

Systeme fernab des Gleichgewichts ermöglicht es, echten Zufall und eine nach vorn offene Welt mit einer echten Zukunft zu beschreiben und damit die physikalischen Grundlagen des Lebens aufzudecken. Die Frage, wie das Leben auf unserer Erde entstanden ist, ist wesentlich spezieller und komplizierter und bleibt noch unbeantwortet. Und trotz allem Fortschritt bei der Entwicklung künstlicher Intelligenz liegt die Entwicklung künstlichen Bewusstseins noch in der Ferne. Auch wissen wir nicht, ob wir allein im Weltall sind. Das Leben stellt uns also noch vor viele Rätsel.

GIBT ES EIN GESETZ HINTER DEN DINGEN?

„Mein Gott schuf Gesetze, die alles regeln.
Sein Universum wird nicht von Wunschdenken beherrscht,
sondern von ehernen Gesetzen."

ALBERT EINSTEIN (IM GESPRÄCH MIT WILLIAM HERMANNS, 1954)

Diese scheinbar einfache Frage ist ein uraltes Rätsel. Denn wer hat schon einmal ein Gesetz gesehen? Geschweige denn den Gesetzgeber? Warum glauben wir dann an die Existenz von Naturgesetzen? Und lassen sich alle Gesetze der Natur erkennen? Woher wissen wir, ob ein Gesetz wahr ist? Gibt es ein Gesetz der Gesetze, eine Weltformel? Was war als Erstes da – Gesetz oder Materie? Und warum gibt es etwas – und nicht etwa nichts? Aus all diesen Fragen erwächst unser fünftes Welträtsel.

Können wir Gesetze erkennen?

Der Erfolg der Naturwissenschaft und ihrer Beschreibung der Wirklichkeit beruht auf zwei Voraussetzungen. Erstens, dass es Gesetze hinter den Erscheinungen gibt. Und zweitens, dass wir diese Gesetze erkennen können. Beide Voraussetzungen sind Apriori unseres Denkens. Sie haben ihren Ursprung im jüdischen Glauben und der Verkündigung der Zehn Gebote, die eine wichtige Triebkraft des abendländischen Denkens und der Entwicklung der Naturwissenschaften bilden. Das Alte Testament beginnt mit der Schöpfungsgeschichte, hebräisch das Buch „Bereshit" oder „Im Anfang". Es sagt, am Anfang der Schöpfung herrschte Tohuwabohu oder Chaos. Im Neuen Testament hingegen beginnt das Evangelium des Johannes mit der Behauptung, am Anfang stehe der Logos, der Sinn, das Wort – anders gesagt: das Gesetz. Was war nun zuerst da – das logische Gesetz oder die chaotische Materie?

Das ist eine uralte Frage der Philosophie und Erkenntnistheorie. Doch angenommen, es gibt universell gültige Gesetze. Dann ist noch nicht garantiert, dass wir diese Gesetze auch erkennen können. Sie könnten uns durchaus in einer Art „Buch mit den sieben Siegeln" verborgen sein. Oder unser Verstand ist nicht in der Lage, bestimmte Zusammenhänge in der Natur zu erkennen. Doch wie die Entwicklung der abendländischen Wissenschaft und Kultur und unser technischer Fortschritt uns lehren, hat sich das Konzept des Gesetzes in den vergangenen Jahrhunderten durchaus bewährt.

Wir kennen und nutzen viele physikalische Gesetzmäßigkeiten, in der Mechanik, Thermodynamik, Elektrodynamik, Quantentheorie, in der Atom- und Kernphysik. Wir schauen mit ihrer Hilfe in Raum und Zeit bis an den Rand des Universums, also zurück bis zum Urknall und in die winzigsten Bereiche des Mikrokosmos. Dennoch ist nicht ausgeschlossen, dass es Bereiche in Raum und Zeit und auch in der Logik gibt, die unserer Erkenntnis nicht zugänglich sind. So verlassen ständig Galaxien unseren Beobachtungshorizont und werden nie wieder sichtbar sein. Dieser Prozess wird durch die immer schneller werdende Expansion des Universums sogar beschleunigt. Oder denken wir an ein anderes bereits besprochenes Beispiel, die Planck-Skala, die aufgrund der Quantisierung und den daraus resultierenden Fluktuationen in Raum und Zeit eine Grenze des kausalen Denkens darstellt.

Seit der Neuzeit stehen wir in der Tradition des Rationalismus. Wahr ist nur, was durch Beobachtungen und Tatsachen belegt und in einem auf Axiomen und a priori geltenden Annahmen aufbauenden System logisch motiviert ist. Das Muster für diese Auffassung liefert neben der euklidischen Geometrie vor allem Immanuel Kants *Kritik der reinen Vernunft*, in der Kant auf David Humes Kritik am Apriorismus reagiert. Hume hält die Kausalität für ein fragwürdiges Konzept. Sie lasse sich nicht beobachten und sei eine Unterstellung. Somit könne nicht entschieden werden, ob es wirklich kausale Zusammenhänge gibt. Kant versucht, das Kausalitätsprinzip durch eine „a priori"-Begründung zu retten. Kausalität sei eine apriorische, das heißt nicht hinterfragbare Kategorie des menschlichen Denkens, die Menschen anwenden, um kausale Zusammenhänge zu erkennen. Kant orientiert sich dabei auch an der Physik Newtons, für die ebenso die Kausalität a priori gilt. Mit der Benennung von Raum, Zeit und Kausalität als a priori unseres Denkens benennt Kant damit die in seinem System nicht weiter hinterfragbaren Grundvoraussetzungen unserer Erkenntnis.

Doch wie können wir sicherstellen, dass die Gesetze echter Bestandteil einer außer uns existierenden, realen und materiellen Welt sind? Dass sie nicht bloß Artefakte oder Hilfsmittel unseres Denkens darstellen? Genauer gesagt: Sind diese Gesetze ontologischer oder epistemologischer Natur, also Fragen des realen Seins, der Realität, oder nur Fragen unseres Denkens? Diese Fragen der Erkenntnistheorie müssen wir klären, wenn wir die Welt erkennen wollen. Eine weitere Frage der Erkenntnistheorie ist, wann ein Gesetz wirklich gilt, ob es wahr ist. Ein Kriterium für die Wahrheit eines Gesetzes ist seine Übereinstimmung mit der unabhängig von uns existierenden objektiven Realität, mit der Natur. Die Existenz einer solchen Realität ist ebenfalls ein a priori unseres Denkens, ein Glaube, eine Art Credo eines jeden Naturwissenschaftlers. Wir können die Gesetze des Elektromagnetismus dann als zutreffend betrachten, wenn Milliarden Elektromotoren auch nach Milliarden von Umdrehungen immer wieder genau das tun, was Maxwells Gleichungen vorhersagen. Dieser naturwissenschaftliche Realismus folgt dem englischen Sprichwort: „The proof of the pudding is in its eating."

Bereits die großen antiken griechischen Philosophen Platon und Aristoteles fragten sich, was die Rolle unserer Ideen in unserem Verhältnis zur Welt sei. Sie entfachten den Dialog zwischen Materialismus und Idealismus und stellten die Frage: Was ist primär – die Materie oder die Idee? Die außer uns existierende materielle Wirklichkeit – oder die Ideen in unserem Denken, in unserem Kopf? Diese Frage berührt auch die Dialektik zwischen Inhalt und Form, die in der Kunst und der Ästhetik von großer Relevanz ist. Die Unterteilung zwischen unserem Denken und der außer uns und unabhängig von uns existierenden materiellen Realität tritt noch an einer anderen Stelle zum Vorschein, nämlich in Gestalt der Mathematik. Sie ist die Sprache der Natur und insbesondere der physikalischen Gesetze. Aber sie ist ein reines Produkt unseres Denkens. Sie hat ihre eigene Logik, sie schafft ihre eigenen Gesetze und Strukturen. Nicht umsonst unterscheiden wir die Mathematik von den Naturwissenschaften. Die Naturwissenschaften befassen sich mit der Beobachtung und mit Theorien einer unabhängig und außerhalb von uns existierenden Realität. Die Mathematik hingegen schafft Artefakte des Denkens. Eine berechtigte Frage ist, ob wir die Gesetze der Mathematik durch unser Denken generieren oder wir wie in den Naturwissenschaften ihre außerhalb unseres Denkens existierenden Strukturen tatsächlich „entdecken“. Ein Beispiel für Artefakte des Denkens in der Mathematik, die kaum eine Entsprechung in der Natur haben, ist die Zahlentheorie, wie man am Beispiel der Primzahlen sieht. Primzahlen spielen in der Natur nur selten eine Rolle. Eine Ausnahme bilden die Lebenszyklen einiger Insekten, zum Beispiel von bestimmten Arten amerikanischer Heuschrecken. Diese Tiere tauchen nur alle 13 oder 17 Jahre aus ihren Verstecken auf, vermehren sich und entwickeln sich zu einer Heuschreckenplage. Weshalb ist ihre Population gekoppelt an Primzahlen? Würden sie sich alle sechs, acht oder zwölf Jahre vermehren, träfen sie mit den Lebenszyklen ihrer natürlichen Fressfeinde von zwei, drei oder vier Jahren zusammen, und diese Feinde würden ihre Brut vernichten. Wenn ihr Lebenszyklus aber keine Teiler (außer eins und der Zahl selbst) hat, also prim ist, geschieht das frühestens alle $2 \times 13 = 26$

oder 34 oder 39 Jahre. Das ist einer der seltenen Fälle, in dem die Zahlentheorie als Orchideenfach unseres Denkens und der Mathematik eine Entsprechung in der Natur hat.

Es gibt in der Wissenschaft zuweilen die Tendenz, Probleme, die im Moment nicht lösbar scheinen, zu verdrängen, zu vergessen und unter den Teppich zu kehren. Das ist ein verständlicher und gesunder Pragmatismus und Selbstschutz. Der Philosoph Ludwig Wittgenstein sagte einmal: „Worüber man nicht sprechen kann, darüber muss man schweigen." Betrachten wir einige historische Beispiele dieser Verdrängung. Ein scheinbar einfaches Problem, das seinerzeit verdrängt wurde und das wir heute erklären können, ist das nach dem deutschen Astronomen des 19. Jahrhunderts Heinrich Wilhelm Olbers benannte Olbers-Paradoxon: „Warum ist der Nachthimmel schwarz und nicht strahlend hell?" Damals nahm man vernünftigerweise an, das Universum sei unendlich groß sowie homogen und isotrop von leuchtenden Sternen erfüllt. Dann gäbe es in jeder Richtung am Himmel einen leuchtenden Stern. Warum ist dann aber der Nachthimmel nicht strahlend hell? Die scheinbare Helligkeit immer entfernter liegender Sterne fällt zwar mit dem Quadrat der Entfernung. Zugleich wächst aber ihre Häufigkeit mit demselben Quadrat der Entfernung. Beide Effekte sollten einander kompensieren und eine konstante Leuchtdichte liefern. An jeder Stelle am Himmel müsste deshalb ein Stern zu sehen sein. Erst heute haben wir eine differenzierte Antwort auf Olbers' Paradoxon. Sie ist verknüpft mit der Expansion des Weltalls, seinem endlichen Alter und seiner Struktur. Je weiter wir blicken, umso mehr schauen wir in die dunkle Ära des frühen Universums, in der es noch keine leuchtenden Sterne gab. Das ist ein Argument in der Zeit. Dasselbe Argument im Raum ist, dass wir mit größerer Entfernung immer näher an den Rand des Universums schauen, wo die Sterndichte historisch abnimmt. Ein weiteres Argument bildet der Umstand, dass unser Universum nicht homogen von Sternen erfüllt, sondern hierarchisch organisiert ist: Die Sterne sind konzentriert in Galaxien, die Galaxien in Galaxienhaufen und so weiter. Der französisch-amerikanische Mathematiker Benoît Mandelbrot schlug 1974 als Erklärung des Olbers-Paradoxons eine fraktale Verteilung der Sterne im Universum vor. Die Voraussetzungen für Olbers' Paradoxon, nämlich ein homogenes, isotropes, unendliches Universum, sind also nicht erfüllt. Deshalb kann der Nachthimmel nicht hell sein. Das war aber zu Olbers Zeiten nicht bekannt.

Eine ebenso offensichtliche Frage, die in der Physik lange verdrängt wurde, war die nach dem Grund, weshalb unsere Sonne so lange brennt. Um 1900 zeigten geologische Beobachtungen immer deutlicher, dass die Erde und mit ihr die Sonne bereits über eine Milliarde Jahre existieren müssen. Damit stellte sich die Frage, wie die Sonne über einen so langen Zeitraum derart intensiv brennen kann. Kohle kam als Brennstoff nicht in Frage. Es war also völlig rätselhaft, auf welche Weise die Sonne und alle anderen Sterne im Universum brennen. Angesichts dessen, dass die Physik um 1900 über die Thermodynamik von Wärme und Verbrennung ausgezeichnet Bescheid wusste, war das eine beunruhigende Frage. Solche im Moment unlösbaren Rätsel kann die Naturwissenschaft wunderbar über lange Zeiträume verdrängen. Wenn man keinerlei Chance sieht, ein Problem zu lösen, dann legt man es ad acta und kehrt es unter den Teppich. Dort ruht es dann über Jahrzehnte oder gar Jahrhunderte. Erst 1937/38 konnten Carl Friedrich von Weizsäcker und Hans Bethe die nach ihnen benannten Zyklen der Kernfusion im Innern der Sonne formulieren.

Ein ähnliches Rätsel war der Grund für die Wärme im Innern unserer Erde. Als man Ende des 19. Jahrhunderts Erze und Kohle in großen Tiefen abzubauen begann, stellte man fest, dass das Erdinnere unterhalb von tausend Metern unangenehm warm wird. Im Mittel steigt die Temperatur mit jeden hundert Metern Tiefe um etwa drei

Grad Celsius. Nun hatte man um 1900 bereits eine gute Kenntnis der Erdgeschichte. Es war klar, dass die Erde wie die anderen Planeten aus einer heißen Substanz entstanden ist und sich während der Entstehung des Sonnensystems abgekühlt haben musste. In dieser Zeit entdeckte Henri Becquerel die Radioaktivität, und das Ehepaar Marie und Pierre Curie begann, die bei radioaktiven Zerfällen entstehende Wärme genauer zu vermessen. Noch heute nennen wir deshalb in der Kern- und Teilchenphysik diese Art der Messungen Kalorimetrie (von lateinisch calor, Wärme). Die Wärme der vom Ehepaar Curie untersuchten Stoffe war buchstäblich mit Händen zu greifen. Marie Curie hatte die Elemente Radium und Polonium aus der Joachimsthaler Pechblende extrahiert, die damals im Erzgebirge an der heutigen Grenze zwischen Deutschland und Tschechien zum Teil offen zutage lag. Für dieses Material, das schwarz wie Pech war, hatten die Bergleute damals keine Verwendung. Damit war klar, dass dieses radioaktive Gestein im Erdinnern Wärme freisetzt. Gleichzeitig kühlt unsere Erde seit Milliarden Jahren aus. Pierre und Marie Curie stellten deshalb die Frage: Welcher Teil unserer Erdwärme ist primordial, stammt also aus der Zeit der Bildung des Sonnensystems? Und welcher Teil wird ständig von Radioaktivität nachgeliefert?

Auch diese einfachen und grundlegenden Fragen konnten über einhundert Jahre nicht beantwortet werden. Zwar waren wir um das Jahr 2000 in der Lage, bis an den Rand des beobachtbaren Universums zu sehen, wir wussten aber nicht, was unter unseren eigenen Füßen in der Erde geschieht – wenige Kilometer unter der Oberfläche. Erst im Jahr 2005 konnte das japanische Neutrino-Experiment KamLAND neben Neutrinos aus der Atmosphäre, der Sonne und Kernreaktoren noch einen winzigen Überschuss an Neutrinos nachweisen, die aus radioaktiven Zerfällen im Erdinnern stammen müssen. Diese Neutrinos werden als Geo-Neutrinos bezeichnet. Die Messungen ergaben, dass die Erdwärme etwa zur Hälfte primordialer Natur ist, also aus der Entstehungszeit der Erde stammt, und zur anderen Hälfte ständig von radioaktiven Zerfällen im Innern der Erde nachgeliefert wird. Die Genauigkeit dieser Messungen liegt im Moment bei etwa 50 %. Fest steht aber: Beide Prozesse tragen zur Erdwärme bei. Auch das ist ein Beispiel für eine elementare Frage, die wir fast ein Jahrhundert nicht beantworten konnten und die deshalb von der Naturwissenschaft lange ad acta gelegt wurde.

Wenden wir uns noch einer wesentlich fundamentaleren Frage zu, mit der sich Albert Einstein bei der Formulierung seiner Allgemeinen Relativitätstheorie konfrontiert sah. Einstein musste 1915, also noch vor der Entdeckung der Galaxienflucht und des Urknalls, von einem statischen Universum ausgehen. Wie schon mehrfach erwähnt, besitzt Antimaterie ebenso wie Materie als Quelle der Schwerkraft eine positive Masse. Schwerkraft ist also immer anziehend. Eine kaum lösbare Frage war deshalb: Weshalb ist das Universum stabil und bricht nicht unter seiner eigenen Last zusammen? Wie Atlas in der griechischen Sage musste Einstein in seiner Relativitätstheorie dieses Universum stützen, um es nicht unter seiner eigenen Last zusammenstürzen zu lassen. Wie wir wissen, führte Einstein zur Lösung dieses Problems eine zusätzliche kosmologische Konstante in seine Allgemeine Relativitätstheorie ein, die das Universum stabilisierte. Sie spielt die Rolle einer Art Antigravitation, einer Gegenkraft, die den Gravitations-Kollaps des Universums verhindern kann. Doch 1927 kam die Überraschung: der belgische Priester und Astrophysiker Georges Lemaître schloss aus den Beobachtungen von Edwin Hubble und Milton Humason, dass sich das Universum ständig ausdehnt. Je weiter eine Galaxie von uns entfernt ist, umso stärker ist die Wellenlänge ihres Lichts ins Langwellige, also ins Rote verschoben, umso größer ist ihre Rotverschiebung und somit ihre Fluchtgeschwindigkeit. Dieses Bild bietet sich in einem universell expandierenden Universum jedem Beobachter.

Plötzlich musste Einsteins kosmologische Konstante kein statisches Universum mehr stützen. An ihre Stelle trat die Hubble-Konstante als Maß für die Wucht des Urknalls und für die heutige Galaxienflucht. Wie wir wissen, bezeichnete Einstein das Einführen der kosmologischen Konstante in seine Gravitationsgleichung später als seine „größte Eselei“. So lebte die Kosmologie lange glücklich ohne die lästige kosmologische Konstante und erwartete, dass sich die Expansion des Kosmos im Laufe seiner Geschichte aufgrund der Gravitation langsam verringert. Umso größer war jedoch 1998 die Überraschung, als zwei voneinander unabhängige Forscherteams feststellten, dass sich die Expansion des Universums während der letzten Milliarden Jahre stetig beschleunigt hat. Für diese Entdeckung erhielten Saul Perlmutter, Brian Schmidt und Adam Riess 2011 den Nobelpreis für Physik. Diese Beschleunigung entspricht einer mysteriösen Antigravitation, die der Schwerkraft entgegenwirkt. Wir nennen sie dunkle Energie und beschreiben sie in Einsteins Gleichungen durch die kosmologische Konstante, die wir wieder in die Physik einführen müssen, ohne im Entferntesten zu verstehen, was hinter ihr steckt. Wir sehen: Unser Blick auf die Welt, die Gesetze, mit denen wir versuchen, sie zu erfassen und die Fragen, die wir an sie stellen, unterliegen einem ständigen Wandel. Das bringt uns zur nächsten Frage.

Was ist Wahrheit?

Mit dieser abgründigen Frage beendet Pontius Pilatus im Johannes-Evangelium das Verhör Jesu. Und mit ihr eröffnet Francis Bacon im Jahr 1625 seinen Essay *Of Truth*: „‚Was ist Wahrheit?‘, scherzte Pilatus und wartete nicht auf eine Antwort.“[14] Auch Gottlob Frege, einer der Väter der modernen Logik, greift diese Frage auf, wenn er 1918 sagt, es sei „wahrscheinlich, dass der Inhalt des Wortes ‚wahr‘ […] undefinierbar ist.“ Was also bedeutet der Begriff Wahrheit in der Naturwissenschaft? Ziel der Naturwissenschaften ist es, die uns umgebende Welt zu erkennen. Das heißt, Aussagen über die Wirklichkeit zu gewinnen und sie in Form von Beobachtungen und Gesetzen abzubilden. Ihre Aussagen bezeichnen wir als wahr, wenn sie mit der widergespiegelten Realität übereinstimmen. Sie sind allerdings subjektiv und nicht identisch mit der objektiven materiellen Realität. Deshalb handelt es sich beim Verhältnis zwischen Abbild und Wirklichkeit um mehr als um eine einfache identische Abbildung.

Rufen wir uns das wichtigste Kriterium der Wahrheit in Erinnerung – die Übereinstimmung einer wissenschaftlichen Gesetzmäßigkeit mit der Realität. Ein Naturwissenschaftler muss seine Gesetze an der Realität testen, insbesondere durch das Experiment. Ein Begründer dieser naturwissenschaftlichen Methode ist Galilei. In seinen *Discorsi* bezweifelt er im Jahr 1638, dass Aristoteles je getestet hat, ob ein schwerer Stein schneller fällt als ein leichter. Galilei beschreibt Experimente, die zeigen, dass alle Körper (unter Ausschluss des Luftwiderstands) gleich schnell fallen, und formuliert daraufhin sein Fallgesetz. Ganz ähnlich verweist Karl Marx in seiner zweiten sogenannten Feuerbach-These auf die reale und materielle Welt: „Die Frage, ob dem menschlichen Denken gegenständliche Wahrheit zukomme – ist keine Frage der Theorie, sondern eine praktische Frage. In der Praxis muss der Mensch die Wahrheit [...] seines Denkens beweisen." Auch Max Born, einer der Begründer der Quantentheorie, rät zum Realismus: „Mein Rat [...] ist, sich nicht auf die abstrakte Vernunft zu verlassen, sondern die geheime Sprache der Natur aus den Zeugnissen der Natur, den Fakten der Erfahrung, zu entziffern."[15]

Du sollst dir kein Bild machen – fordert eines der Zehn Gebote. Die Bilder, die wir uns von der Wirklichkeit machen, bergen immer die Gefahr in sich, nicht alle Aspekte der Realität korrekt wiederzugeben. So kursieren in der Teilchenphysik viele irreführende Bilder vom Higgs-Feld als Ursache des Phänomens „Masse" im Universum wie beispielsweise das vom Higgs-Feld als einer viskosen Substanz.

Dieses Bild ist irreführend, weil Masse laut Newtons Bewegungsgesetz Widerstand gegen Beschleunigung ist und nicht gegen gleichförmige Bewegung. Auch kombinieren Astrophysiker in ihren Darstellungen häufig die Messungen kosmischer Objekte mit Computersimulationen und Fehlfarbenbildern und vermischen auf diese Weise Realität und Simulation. Was also ist Wahrheit?

Ein Kriterium für die Wahrheit einer Aussage ist neben dem bereits angesprochenen Verhältnis zur Wirklichkeit die innere Konsistenz der Aussage. Sie soll in sich logisch und widerspruchsfrei sein, um als wahr gelten zu können. Neben externer Überprüfbarkeit und innerer Konsistenz werden als weitere Wahrheitskriterien die Einfachheit, die Vorhersagekraft sowie Konsistenz mit anderem Wissen herangezogen. Schon der mittelalterliche Philosoph und Theologe Wilhelm von Ockham forderte in der nach ihm benannten „Methode des Rasiermessers", bei der Suche nach der Erklärung eines Phänomens stets die einfachste Theorie allen anderen Theorien vorzuziehen. Nicht immer erfüllt ein Gesetz beziehungsweise eine Theorie alle Kriterien gleichermaßen. So können wir zum Beispiel aus naheliegenden Gründen nicht mit dem Universum experimentieren, sodass sich manche kosmologische Theorie nicht überprüfen lässt. Oder denken wir an Darwins Theorie von der Entstehung der Arten, die kaum Vorhersagen macht. Auch hier sind Überprüfungen durch Experimente nahezu unmöglich. Zudem müssen wir Probleme oft vereinfachen, so zum Beispiel bei der Modellierung chaotischer Systeme wie bei der Vorhersage von Wetter und Klima in Meteorologie und Klimaforschung. Oder denken wir an die Modellierung biologischer Strukturen, die meist sehr komplex sind.

Wenn wir über Wahrheit sprechen, sollten wir zwischen Beobachtungen und den daraus abgeleiteten Theorien unterscheiden. Natürlich enthält unser Bild vom Kosmos präzisere Beobachtungen als das von Aristoteles. Dessen geozentrisches Weltbild war falsch:

Die Erde umkreist die Sonne und nicht umgekehrt. Und unsere Welt besteht nicht aus den vier Elementen Erde, Wasser, Feuer und Luft, sondern aus Kohlenstoff, Wasserstoff, Sauerstoff sowie vielen anderen Elementen, und die wiederum aus Quarks und Elektronen. Aber die Geschichte der Wissenschaft zeigt: Jenseits gesicherter Beobachtungstatsachen gibt es keine absoluten und endgültigen Wahrheiten. Schon Platon berichtet in seiner *Apologie des Sokrates*, sein Lehrer Sokrates habe im Jahr 399 v. Chr. vor dem Volksgericht in Athen gesagt: „Ich weiß, dass ich nicht weiß." Wenige Jahrhunderte später verwandelte Cicero Sokrates' Spruch in das viel schärfere logische Paradoxon „Ich weiß, dass ich nichts weiß." Seitdem bedeutet Wissen immer auch gleichzeitig das Wissen um die Grenzen des Wissens. Sokrates' Skepsis sollte jedem Wissenschaftler eine Mahnung sein.

Der Mathematiker Kurt Gödel konnte das Mitte des 20. Jahrhundert auch für das Gebiet der Logik zeigen. Er bewies, dass es in hinreichend komplexen logischen Systemen Aussagen gibt, deren Wahrheit weder bewiesen noch widerlegt werden kann. Diese Aussagensysteme sind damit offen und schließen endgültige und absolute Wahrheiten und Theorien aus. Gesetze sind nicht ehern und in Stein gemeißelt, ihre Wahrheiten nie endgültig. Träumte Laplace im Rahmen seines Determinismus noch davon, bei genauem Vorwissen das Verhalten klassischer mechanischer Systeme exakt vorhersagen zu können, so wissen wir heute von der fundamentalen Instabilität und Nichtvorhersagbarkeit selbst einfacher Vielteilchensysteme. Unser Wissen ist stets auf einen begrenzten Geltungsbereich beschränkt. Betrachtete man über Jahrhunderte Raum und Zeit als absolute Maßstäbe, so wissen wir seit Einstein, dass sie bei hohen Geschwindigkeiten und starker Gravitation veränderlich sind. Galten Raum, Zeit und Energie lange als kontinuierliche und absolute Größen, so erweisen sie sich seit Planck und Einstein als quantisiert, also sprunghaft, und als relativ. Die klassische Physik gilt nur für Geschwindigkeiten, die klein sind gegenüber der Lichtgeschwindigkeit, und für Energien, die sehr groß sind gegenüber dem Planckschen Wirkungsquantum. Sie ist aber als Grenzfall in der Relativitäts- und Quantentheorie enthalten.

Die Grenzen einer Theorie zu erkennen, ist häufig bereits der Schlüssel dafür, sie zu überwinden. Die Physik ist Grundlage der Chemie und diese wiederum Grundlage der Biologie. Jedes dieser Gebiete hat seine eigenen Gesetze. Das jeweils fundamentalere Gebiet ist aber im abgeleiteten, höheren enthalten. Dieser Übergang von einer Ebene zur nächsten wird oft als Emergenz bezeichnet. Im Übrigen können auch unvollständige Theorien zutreffende Vorhersagen liefern. So fragte sich John Michell bereits 1783, wie groß die Anziehungskraft eines Himmelskörpers sein muss, damit Licht nicht mehr von seiner Oberfläche entweichen kann. Er benutzte Newtons Gravitationstheorie und Korpuskulartheorie des Lichts und fand eine Beziehung zwischen dem Radius und der Masse eines Himmelskörpers, bei dem dieser Effekt auftritt. Schon lange vor der Allgemeinen Relativitätstheorie leitete er damit die korrekte Formel für den Schwarzschildradius ab.

Wie von dem US-amerikanischen Wissenschaftsphilosophen Thomas Kuhn beschrieben, lebt der Fortschritt der Wissenschaft entscheidend von Paradigmenwechseln – also den grundlegenden Änderungen der Fundamente und Prinzipien eines Wissensgebiets. Nach einem Paradigmenwechsel ist die vorangegangene Theorie häufig in der neuen Theorie enthalten und in ihr aufgehoben. So ist die klassische Mechanik als Grenzfall für kleine Geschwindigkeiten in Einsteins Spezieller Relativitätstheorie aufgehoben. Und Quantensysteme können durch klassische Physik beschrieben werden, sobald wir die winzigen Dimensionen der Mikrowelt verlassen. So schreitet die wissenschaftliche Erkenntnis von einer relativen Wahrheit zur nächsten voran, und wir gelangen von der einen Stufe der Erkenntnis zur nächsten tieferen Einsicht. Für den Philosophen Karl Popper ist

„Wahrheit" so etwas wie ein ferner Fluchtpunkt, auf den sich die Wissenschaft zubewegt. Wir sehen nur eine relative Annäherung an eine Wahrheit und wissen nie, wie nah wir ihr schon sind. Die Idee einer „absoluten Wahrheit", der wir uns immer weiter annähern, lehnten Kuhn und andere allerdings ab.

Eine wichtige Rolle für den Fortschritt der Wissenschaft spielen der Zweifel und das Bestimmen der Grenzen einer Theorie. Das formuliert schon der Naturforscher und Philosoph René Descartes in seinem *Discours de la méthode* – nichts für wahr zu halten, was nicht in Zweifel gezogen werden kann. Übertragen auf aktuelle Fragestellungen, heißt das zum Beispiel: Nehmen Schwerkraft und elektrische Kraft auch auf größten und kleinsten Distanzen mit dem Quadrat des Abstandes ab? Haben beide Kräfte unendliche Reichweite, und sind damit die Quanten von Licht und Gravitation tatsächlich masselos? Breitet sich Licht auch auf kosmologischen Skalen nach den Gesetzen der Relativitätstheorie aus, gilt also die Lorentz-Invarianz wirklich? Wo immer möglich, testen Physiker deshalb die grundlegenden und scheinbar unumstößlichen Gesetze, um neue Physik aufzuspüren. So steht auch die Konstanz der Naturkonstanten auf dem Prüfstand. Die Stärke des Elektromagnetismus, die Feinstrukturkonstante, variiert – wenn überhaupt – um weniger als 10^{-17}, die Stärke der Gravitation um weniger als 10^{-10} ihres Betrages pro Jahr. Andererseits haben Teilchenphysiker nachgewiesen, dass sowohl die Stärken der Kräfte als auch die Massen der Elementarteilchen von der Energie abhängen. Konstanten sind also mitunter nicht immer konstant, sondern sie können eine innere Dynamik enthalten! Des Weiteren sind Messungen häufig nicht genau genug, um die Wahrheit vollständig zu erkennen. Deshalb versuchen wir, uns dem wahren Wert einer Messgröße durch höhere Präzision, große Statistik sowie bessere Systematik der Messungen immer weiter anzunähern. Neue Erkenntnisse entstehen auf recht unterschiedliche Art.

Die physikalische Forschung arbeitet häufig aufgrund ihrer präzise ausgearbeiteten Theorien jahrzehntelang auf vorhergesagte und geplante Entdeckungen hin, die dann irgendwann tatsächlich gelingen. Dazu gehören das von Wolfgang Pauli im Jahr 1930 vorhergesagte und nach über 25 Jahren entdeckte Neutrino, ebenso das von Peter Higgs und anderen 1964 vorhergesagte und nach fast einem halben Jahrhundert am LHC des CERN entdeckte Higgs-Boson, schließlich die von Einstein 1916 vorhergesagten und nach hundert Jahren im Jahr 2015 vom LIGO-Detektor entdeckten Gravitationswellen. Hier hat die Theorie das Experiment motiviert. In der Hoffnung, Neues zu entdecken, versuchen die Forscher, durch verbesserte Messungen Fenster in Neuland aufzustoßen, wie dies mit den immer empfindlicheren Teleskopen in der Astronomie und Astrophysik geschieht. Zuweilen gibt es auch völlig unerwartete Entdeckungen, die häufig neue Wissensgebiete eröffnen und neue Theorien erfordern. Dazu gehören die Entdeckung der Röntgenstrahlen sowie die Entdeckung der Radioaktivität und des Myons, die die Ära der Kern- und Teilchenphysik einleiteten. Niemand hatte diese Phänomene erwartet, die das Tor in die Mikrowelt öffneten. Das führt uns zur nächsten Frage.

Gibt es eine Weltformel?

Die Frage nach einer Weltformel wurde bereits in der Antike gestellt, und sie ist immer noch brandaktuell. Auch in der der Bibel sind die „ewigen Wahrheiten" in der Offenbarung des Johannes im „Buch mit den sieben Siegeln" fest eingeschrieben. Allerdings sind diese Wahrheiten, wie der Titel verrät, versiegelt, uns also nicht ohne weiteres zugänglich. Um sie zu enträtseln, müssen diese sieben Siegel gebrochen werden, was in der qualvollen Prozedur der Apokalypse geschieht, die das Ende der Welt herbeiführt.

Es gab und gibt noch andere, weniger apokalyptische Vorstellungen von verborgenen Wahrheiten. So suchten die Alchimisten im

Mittelalter nach dem „Stein der Weisen", der unedle Metalle in edle Metalle verwandeln sollte wie zum Beispiel Blei zu Gold. Dieser Idee liegt zugrunde, dass Blei und Gold eine ähnliche Dichte haben. Beide Elemente sind im Periodensystem nicht weit voneinander entfernt.

Auch Kepler versuchte in seinen *Harmonices Mundi* und im *Mysterium Cosmographicum* die letzten göttlichen Harmonien der Welt zu finden. Er glaubt sie in der Zahl der damals bekannten Planeten und deren Bahnradien zu sehen, die scheinbar in geheimnisvoller Verbindung zu den fünf platonischen Körpern stehen. Die Suche nach einer universellen Erklärung, einer alles umfassenden kosmischen Harmonie, einer Art Weltformel, führte ihn allerdings, wie wir wissen, nicht weiter. Erst seine Erkenntnis, dass die Planeten nicht auf idealen Kreisbahnen um die Sonne kreisen, sondern auf Ellipsen, ermöglichte ihm die Formulierung seiner drei Gesetze: (1) Die Umlaufbahn eines Planeten ist eine Ellipse mit der Sonne in einem der beiden Brennpunkte. (2) Eine von einem Planeten zur Sonne gezogene Linie überstreicht gleiche Flächen in gleichen Zeitintervallen. (3) Das Quadrat der Umlaufzeit eines Planeten ist proportional zur dritten Potenz der Halbachsenlänge seiner Umlaufbahn. Die Ableitung dieser drei Gesetze war eine unerhörte Leistung, auch wenn sie eine rein phänomenologische Beschreibung der Beobachtungen in der Sprache der Mathematik darstellen. Keplers Gesetze sind reine Kinematik, also Lehre von der Bewegung. Sie erklären nicht, welche fundamentale Dynamik und welche Kraft der Bewegung zugrunde liegen.

Das gelingt erst Isaac Newton, der die echte erste Weltformel formuliert. Aufgrund von Keplers Gesetzen entwickelt er 1687 in seinen *Principia* den Prototypen eines universellen Gravitationsgesetzes. Universell vor allem deshalb, weil Newton verallgemeinert: „Wie im Himmel, so auf Erden." Das Gravitationsgesetz gilt für den auf unserer Erde vom Baum fallenden Apfel ebenso wie für die Planeten am Himmel.

Auch Albert Einstein greift die Idee einer Weltformel auf. Nachdem er seine Spezielle und Allgemeine Relativitätstheorie geschaffen hatte, versucht er ab 1918 gemeinsam mit dem Mathematiker Hermann Weyl, die zwei damals bekannten fundamentalen Kräfte Gravitation und Elektromagnetismus miteinander zu vereinigen und damit eine weitergehende, universellere „Weltformel" zu finden. In seinem Vortrag anlässlich der Verleihung des Nobelpreises sagt er 1923: „Ein zweites Problem, das gegenwärtig die Geister besonders lebhaft beschäftigt, ist das der Wesens-Einheit des Gravitationsfeldes und des elektromagnetischen Feldes. Der nach Einheitlichkeit der Theorie strebende Geist kann sich nicht damit zufriedengeben, dass zwei ihrem Wesen nach voneinander ganz unabhängige Felder existieren sollen. Man sucht nach einer mathematisch einheitlichen Feldtheorie, in welcher das Gravitationsfeld beziehungsweise das elektromagnetische Feld nur als verschiedene Komponenten beziehungsweise Erscheinungsformen des gleichen einheitlichen Feldes aufgefasst sind." Damit folgt Einstein einem naheliegenden Gedanken. Gravitation und Elektromagnetismus sind Anfang der 1920er Jahre die einzig bekannten fundamentalen Wechselwirkungen, und ihre jeweiligen Stärken sind umgekehrt proportional zum Quadrat des Abstandes ihrer Quellen. Ferner haben beide Kräfte eine unendliche Reichweite. Einstein interessiert sich in dieser Zeit auch für eine Idee des Physikers Theodor Kaluza aus dem Jahr 1919, die einen Lösungsansatz für eine vereinheitlichte Feldtheorie darstellt. Der Physiker Oskar Klein überträgt die Idee 1926 auf die Quantentheorie. Neben der vierdimensionalen Raumzeit der Relativitätstheorie führen Kaluza und Klein eine fünfte Dimension ein und versuchen, diese neue, periodisch eingerollte Dimension mit den sogenannten Viererpotentialen des Elektromagnetismus zu vereinigen, welche die Potentiale von Elektrizität und Magnetismus enthalten. Mit diesem Versuch einer Vereinigung der Kräfte begründen Kaluza und Klein die Theorie der Extradimensionen. Klein zeigt, dass die fünfte Dimension auf einem extrem kleinen Radius zusammengerollt sein muss. Einstein wird für den Rest seines Lebens immer wieder an der Idee einer solchen vereinheitlichten Feldtheorie arbeiten, jedoch erfolglos.

Einen weiteren Versuch, die „Weltformel" zu schaffen, unternimmt Werner Heisenberg in den 1950er Jahren. Er nennt es einen „Vorschlag für eine Materie-Gleichung". Sie sah ein universelles masseloses Urteilchen mit halbzahligem Spin vor, aus dem sich alle anderen Teilchen zusammensetzen sollen. Heisenberg bezieht in diese Formel die damals brandneuen Erkenntnisse zur Paritätsverletzung der schwachen Wechselwirkung ein. Der erste Term seiner Gleichung beschreibt die Kinematik des Teilchens, der zweite Term die Wechselwirkungen. Eine Erweiterung auf die Gravitation fehlt allerdings. Der Ansatz erweist sich schnell als Irrweg, der auch an Heisenbergs Reputation kratzt.

Die Welt ist zu dieser Zeit längst nicht mehr so einfach, um sie in eine Formel zu packen. Zur Schwerkraft und dem Elektromagnetismus gesellen sich inzwischen die schwache und die starke Wechselwirkung hinzu. Und der Teilchenzoo wird zusehends vielfältiger. Heute kennen wir etwa eintausend „Elementarteilchen", die natürlich nicht alle elementarer Natur sind. In den 1950er bis 1970er Jahren entsteht das heutige Standardmodell der Teilchenphysik mit seinen drei Wechselwirkungen und den $2 \times 2 \times 3$ gleich 12 fundamentalen Teilchen, den Quarks und den Leptonen.

$$\mathcal{L} = \frac{1}{4g^2} G^{\alpha}_{\mu\nu} G^{\alpha}_{\mu\nu} + \sum_j \bar{q}_j (i\gamma^{\mu} D_{\mu} + m_j) q_j$$

Die Grundgleichung der Quantenchromodynamik als der Theorie der Kernkraft entspricht denen der Quantenelektrodynamik: Der erste Term beschreibt die Dynamik der Gluonen G als der Quanten der Kernkraft. Die Summe enthält die Wechselwirkung aller Quarksorten q_j mit Massen m_j mit den Gluon-Feldern in den Ableitungen D.

Kaum war dieses Standardmodell etabliert, schlugen Theoretiker bereits die große Vereinigung aller Kräfte zu einer Urkraft vor: der elektroschwachen Kraft (aus schwacher und elektromagnetischer) mit der starken Kraft. Mit dieser Vereinigung der Kräfte sollte allerdings auch eine Vereinigung der Bausteine der Welt einhergehen – der Elementarteilchen. Insbesondere müssen Leptonen und Quarks zu einer neuen Teilchenart verschmelzen, den sogenannten Lepto-Quarks. Wie erwähnt, suchte man in den 1990er Jahren auch am Deutschen Elektronen-Synchrotron DESY nach besagten Lepto-Quarks. Die Hadron-Elektron-Ring-Anlage HERA in Hamburg war bestens geeignet, Leptonen mit Quarks zu verschmelzen, weil dort Elektronen auf Protonen, also Leptonen auf Quarks geschossen wurden. Leider hat HERA bei Energien bis zu 300 GeV und mehr keine Lepto-Quarks erzeugt und keine solche Vereinigung beobachtet. Auch heute, 20 Jahre später, können wir an dem wesentlich leistungsstärkeren Large Hadron Collider des CERN keine Vereinigung von Leptonen und Quarks zu Lepto-Quarks feststellen. Eine solche Vereinigung der Kräfte findet, wenn überhaupt, offenbar erst bei Energien weit oberhalb eines Tera-Elektronvolts statt.

Wir hatten bereits erwähnt, dass am Ende des vergangenen Jahrhunderts die Theorie der Supersymmetrie geschaffen wurde. Sie sagt eine Vereinigung der starken mit der schwachen und elektromagnetischen Kraft bei etwa 10^{16} GeV voraus. Das ist nur ein Faktor Tausend unterhalb der Planck-Masse. Die Stärke einer solchen supersymmetrischen Urkraft lässt sich aus reinen Symmetrieüberlegungen exakt berechnen. Diese Vorhersage der Energieskala und Kopplungsstärke ist ein starkes Argument dafür, dass unsere Welt tatsächlich supersymmetrisch ist. Die Theorie wurde kurz darauf erweitert und die hypothetische Spiegelwelt der Supersymmetrie mit der Gravitationstheorie zu einer Theorie der Super-Gravitation und weiter zur Theorie der Super-Strings verallgemeinert. Diese Vereinigung der elektroschwachen und starken Kraft mit der Gravitation zu einer allumfassenden Urkraft sagt neben supersymmetrischen Teilchen auch Gravitonen voraus und vollzieht sich nur in Extradimensionen. Jedoch wurde – trotz intensiver Suche – bisher keines dieser Phänomene entdeckt, weder in unseren Beschleunigern noch in astrophysikalischen Objekten im Universum. Die Frage, ob unser heutiges Universum einer großen Vereinigung aller fundamentaler Kräfte und Bausteine zu einer Urkraft entsprungen ist, die sich im Rahmen einer Weltformel beschreiben lässt, bleibt also eines der großen Rätsel der Physik unserer Zeit.

Allerdings gab es andere unerwartete Entdeckungen, wie die dunkle Materie und dunkle Energie in der Kosmologie. Die Teilchenphysik beobachtet sogenannte Neutrino-Oszillationen. Es zeigte sich, dass sich Neutrinos auf ihrem Weg durch die Erde oder aus dem Innern der Sonne zur Erde in andere Neutrinosorten verwandeln, sie zwischen ihren drei Sorten oszillieren. Da das nur für massebehaftete Teilchen möglich ist, müssen Neutrinos eine Masse haben. Diese Massen verletzen das Standardmodell der Teilchenphysik und bilden eines der größten Rätsel der Teilchenphysik. Neutrinos und ihre Massen könnten aber umgekehrt auch der Schlüssel sein, um das Rätsel um die Existenz von Masse und Materie im Weltall zu lösen und uns den Weg zur Urkraft weisen.

Wir sollten uns an dieser Stelle eine erkenntnistheoretische Frage stellen: Ist es sinnvoll zu versuchen, die Welt auf ein einziges, einfaches Prinzip zu reduzieren? Muss es überhaupt ein alles umfassendes, fundamentales Gesetz des Universums geben? Einen Heiligen Gral des Wissens oder den Stein der Weisen? Vielleicht tritt uns, wenn wir das siebte Siegel brechen, nur das sinnlose Chaos des Anfangs gegenüber, das Tohuwabohu, das die Schöpfungsgeschichte in der Genesis an den Anfang der Welt stellt. Vielleicht jagen wir einem Phantom hinterher und folgen einem Irrweg. In seinem Buch *Eine kurze Ge-*

schichte der Zeit sagt Stephen Hawking, „wenn das Universum ohne Singularitäten oder Grenzen vollständig in sich geschlossen ist und vollständig durch eine Einheitliche Theorie beschrieben wird, dann hat das tiefgreifende Auswirkungen auf die Rolle Gottes als Schöpfer." Richtig, dann nämlich wäre sich das Universum selbst genug. Es bräuchte keinen Gott mehr in diesem System. Schon Pierre-Simon Laplace soll auf die Frage Napoleons, wo denn Gott in seinen mathematisch-physikalischen System stecke, selbstbewusst geantwortet haben, dass er dieser Hypothese nicht bedürfe. Es besteht nämlich keinerlei Grund, dass die Natur einfach oder durch einfache Gesetze beschreibbar sein muss. Unser Universum kann charakterisiert sein durch Gesetze, Symmetrien und Konstanten, die zufällig und ohne tieferen, gesetzmäßigen Grund aus einem reichhaltigen Angebot an Universen eines Multiversums entstanden sind. Auch ist es vorstellbar, dass die Natur durch die Koexistenz mehrerer fundamentaler Gesetze beschrieben wird. Oder durch Gesetze, die auf anderen Gesetzen aufbauen, also emergent sind aus tieferen, eventuell chaotischen und nicht kausalen Strukturen. Wie sinnvoll ist also die Suche nach einer Weltformel? Ähnelt sie nicht der Suche nach der endgültigen Glückseligkeit, dem Land Utopia? Schon der Erfinder dieses idealen Ortes, der englische Lordkanzler Thomas Morus, betrieb 1516 mit der Namensgebung ein Sprachspiel. Im Englischen klingen nämlich Utopie und Eutopie, der griechische Un-Ort und Gut-Ort, gleich. Jagen wir also mit der Suche nach der Weltformel einem Ideal nach, das gar nicht existiert? Oder anders gesagt: Suchen wir nach einem tieferen Sinn in der Welt, den es eigentlich nicht gibt?

In seinem Aufsatz „Physik und Biologie in einem offenen Universum" behauptet der amerikanische Physiker Freeman Dyson im Jahr 1979, dass das Universum einen Sinn und einen Zweck hat, solange es Intelligenz beherbergt. Äonen später, so vermutet er, könnten unsere Nachfahren andere Sternsysteme und Galaxien besiedeln, vielleicht, nachdem sie ihre Körper aus Fleisch und Blut abgestreift haben und zu Wolken aus hochstrukturiertem Gas geworden sind. Dyson zeigt mathematisch, dass diese Wesen durch effizientes Energie-Management die Ressourcen erhalten können, die sie zum Überleben, Nachdenken und Kommunizieren in einem ewig expandierenden Kosmos benötigen. Unsere Nachkommen werden immer genug zum Nachdenken haben, behauptet Dyson. Er stützt sich dabei auf Kurt Gödels Beweis von 1931, dass jedes System mathematischer Axiome unvollständig ist und Fragen enthält, die im Rahmen dieser Axiome nicht beantwortet werden können. Gödels Satz impliziert, dass sowohl die Mathematik als auch die physikalische Realität uns mit immer neuen Problemen herausfordern werden. Dyson leitet daraus ab, dass „egal wie weit wir in die Zukunft gehen, es immer neue Dinge geben wird, die passieren, neue Informationen, die eintreffen, neue Welten, die es zu erforschen gilt, ein sich ständig erweiternder Bereich des Lebens, des Bewusstseins und der Erinnerung." Dyson propagiert also einen unendlichen Fortschritt menschlicher Erkenntnis.

In seinem Buch *Eine kurze Geschichte der Zeit* fragt Stephen Hawking: „Selbst wenn es nur eine mögliche einheitliche Theorie gibt, handelt es sich nur um eine Reihe von Regeln und Gleichungen. Was ist es, dass den Gleichungen Feuer einhaucht und ein Universum schafft, das sie beschreiben? Der in der Wissenschaft übliche Ansatz, ein mathematisches Modell zu konstruieren, kann die Frage nicht beantworten, warum es ein Universum geben sollte, das das Modell beschreiben kann. Warum macht sich das Universum die Mühe, zu existieren? Ist die einheitliche Theorie so überzeugend, dass sie ihre eigene Existenz bewirkt? Oder braucht es einen Schöpfer, und wenn ja, hat er eine andere Wirkung auf das Universum? Und wer hat ihn erschaffen?" Hier stellt Hawking die Frage nach der Kontingenz der Physik und zeigt, dass sie, durchaus im Sinne Gödels, letzte Fragen offenlassen muss.

Warum ist etwas – und nicht etwa nichts?

Die Frage nach dem Ursprung der Welt stellt sich in allen Religionen und Weltanschauungen. Was geschah am Anfang, im Moment des Urknalls? Stand am Anfang einfach Materie, das pure Chaos – oder steckte eine Idee, ein Gesetz dahinter? Woher kommen diese Gesetze? Wer oder was hat sie geschaffen? Diese platonische, idealistische Frage unterstellt das Primat der Idee bei der Entstehung des Universums. Aber was war vor dem Urknall? Wer oder was hat ihn ausgelöst? Diese Fragen stellten bereits die antiken Philosophen. Schon Parmenides meint: „Ex nihilo nihil fit." Von Nichts wird nichts. Und Lukrez formuliert in seinem Lehrgedicht *De rerum natura*: „Nichts kann je aus dem Nichts entstehen durch göttliche Schöpfung." Was aber stand dann am Anfang? Der griechische Logos, ein Gesetz? Standen am Anfang Harmonie und Schönheit? Oder entsteht die Welt aus Chaos, aus blinder, sinn- und zielloser Evolution?

In der Moderne formuliert Ludwig Wittgenstein 1918 in seinem *Tractatus logico-philosophicus* die ontologische Grundfrage: „Nicht wie die Welt ist, ist das Mystische, sondern, dass sie ist." Jean-Paul Sartre nennt sein philosophisches Hauptwerk des Existenzialismus, das 1943 während der deutschen Besatzung in Paris entsteht, *Das Sein und das Nichts*. Er bezeichnet es als „Versuch einer phänomenologischen Ontologie" und fragt darin, wie man vom Nichts zum Sein kommen kann. Schon ein Jahrhundert zuvor gehen in Hegels *Wissenschaft der Logik* „Sein" und „Nichts" durch das „Werden" ineinander über. In diesem Sinne nennt der belgische Chemienobelpreisträger Ilya Prigogine 1980 sein populäres Buch über die Bedeutung irreversibler Prozesse bei der Entstehung von Strukturen und insbesondere des Lebens *Vom Sein zum Werden* („From Being To Becoming").

Was jedoch ist das Nichts? Der deutsche Philosoph Martin Heidegger setzt Hegels Konzept „Das Sein ist." provokatorisch entgegen: „Das Nichts nichtet." Heidegger schreibt also nicht nur dem Sein, sondern auch dem Nichts eine aktive, produktive Funktion zu. Eine moderne und produktive Variante dieser nihilistisch anmutenden Gedanken Heideggers ist, dass unsere Welt bloß irgendeins von Billionen Universen im Multiversum darstellt. Dass dahinter also keine Weltformel steckt, keine Absicht eines Designers, sondern reines Spiel des Zufalls, ohne tieferen Sinn. Damit erübrigt sich die Suche nach einer universellen Weltformel. Es ist das Chaos, das Tohuwabohu, der Zufall, aus dem die Welt geboren wird.

Das entspricht dem lebendigen Vakuum der Quantenmechanik. Die Quantenmechanik kennt kein reines Nichts. Das Vakuum kann sich im Rahmen von Heisenbergs Unschärferelation Energie aus dem Nichts entleihen und daraus Paare aus Teilchen und Antiteilchen produzieren. Diese Teilchen und Antiteilchen haben eine sehr kurze Lebensdauer, die umso kürzer ist, je höher die Massen dieser virtuellen Teilchen sind. Nach kurzer Zeit vernichten sie einander und verschwinden wieder im Vakuum. Deshalb ist das Vakuum ein extrem dynamischer, lebendiger Ort, ein See sogenannter virtueller Teilchen. Ständig entstehen und vergehen in ihm Paare von Teilchen und Antiteilchen. Wenn wir aus den Vakuum-Fluktuationen des Higgs-Felds berechnen, wie lebhaft das skalare Vakuum besiedelt ist, können wir daraus seine Energiedichte ableiten. Leider ist sie ganze 54 Größenordnungen größer als die des skalaren Feldes, das wir der dunklen Energie zuschreiben. Diese Diskrepanz ist, wie erwähnt, eines der großen Rätsel des Standardmodells der Teilchenphysik. Doch zu einem bestimmten Moment in der Geschichte des Kosmos könnten die Vakuumfluktuationen eines dritten fundamentalen skalaren Feldes – neben dem Higgs-Feld und dem der dunklen Energie – eine entscheidende Rolle gespielt haben. Die extrem gewaltige Expansion zu Beginn unseres Universums könnte wie erwähnt durch Vakuumfluktuationen eines skalaren Inflaton-Felds ausgelöst worden sein, die gleichzeitig eine Vielzahl an Universen mit unterschiedlicher Zahl an Raumdimensionen und Symmetriebrechungen in unsere heute bekannten Kräfte schufen.

Es war Aristoteles, der sagte: „Der Anfang aller Naturwissenschaften ist zu akzeptieren, dass die Welt ist, wie sie ist." Das ist ein materialistischer Ansatz: Es gibt eine Welt außerhalb unseres Bewusstseins, die unabhängig von uns als dem erkennenden Subjekt existiert. In einem solchen Ansatz sind die Gesetze nur Ideen und Modelle der Realität. Sie sind Artefakte, also Kunstprodukte unseres Denkens und historisch entstanden. Denn die Welt existierte schon lange vor uns und unabhängig von uns als dem erkennenden Subjekt. Der Unterschied zwischen den Ansätzen Platons und Aristoteles ist, dass ersterer, wie die Philosophen sagen, ontologisch ist. Das Gesetz ist bestimmend für das Sein, für die Existenz der Dinge unserer Welt. Aristoteles dagegen betont das Primat der Materie und weist dem Gesetz einen nur erkenntnistheoretischen, also epistemologischen und heuristischen Platz zu. Auch wenn wir heute bis an den Rand des Universums und bis an den Anfang der Zeit blicken und glauben, die Bausteine der Welt zu kennen: Die Kontroverse zwischen Idealisten und Materialisten, zwischen Platon und Aristoteles ist auch nach über 2000 Jahren immer noch im positiven Sinne offen und eines der großen Rätsel unserer Welt.

Resümee

Die Frage nach der Rolle von Gesetzen ist für unsere Erkenntnis der Natur außerordentlich wichtig. Wir haben den Zusammenhang von Gesetz und Wahrheit diskutiert und festgestellt, dass Wahrheit nie absolut, sondern immer nur relativ ist. Gesetze gelten immer nur innerhalb bestimmter Gültigkeitsbereiche. Die Suche nach einer Weltformel führt möglicherweise in die Irre. Die Jahrtausende alte Frage, was der Welt zugrunde liegt, die Idee und das Gesetz einerseits oder die Materie und Realität andererseits, bleibt nach wie vor offen.

IST SCHÖNHEIT EIN KRITERIUM DER WAHRHEIT?

„Der Wissenschaftler studiert die Natur nicht, weil es nützlich ist, er studiert sie aus Freude, aus Freude, dass sie so schön ist. Wäre die Natur nicht so schön, wäre sie nicht wissenswert, und das Leben wäre nicht lebenswert."

HENRI POINCARÉ, *SCIENCE ET MÉTHODE* (1908)

Wissenschaft soll die Wirklichkeit beschreiben, und die Gesetze der Physik sollen sich im Experiment bestätigen. Um der Wahrheit näherzukommen, suchen Wissenschaftler in der Natur oft nach Schönheit, Eleganz, Einfachheit und Effizienz – und sind den Geheimnissen der Natur damit schon wesentlich nähergekommen. Ist Schönheit also ein zuverlässiges und legitimes Kriterium der Wahrheit? Welche Rolle spielen Symmetrien in der Natur? Und welche die Brechungen von Symmetrien? Gibt es auch hässliche Wahrheiten? Unser sechstes Welträtsel lautet daher: Ist Wahrheit schön – und Schönheit wahr?

Wahrheit und Schönheit

Im Leben wie in der Kunst liegen Wahrheit und Schönheit im Auge des Betrachters. Sie sind subjektiv. Aber wie hängen Wahrheit und Schönheit zusammen? Ist Schönheit ein Kriterium für Wahrheit? Schauen wir uns das genauer an.

Wenn wir über Schönheit sprechen, sollten wir zunächst zurück ins antike Griechenland gehen. „Kosmos" ist ein griechisches Wort und bezeichnet Harmonie, Ordnung und Schönheit. Nicht umsonst heißt die Wissenschaft von der Schönheit „Kosmetik". Und die Antike definierte Schönheit als die richtige Übereinstimmung der Teile zueinander und mit dem Ganzen. In Raffaels berühmtem Gemälde *Die Schule von Athen* schreiten Platon und sein Schüler Aristoteles durch ihre Schule. Platon, der Ältere, betrachtet Schönheit als fundamental, als ontologisch. Für ihn war die reale Welt abgeleitet aus einer geistigen, einer idealen Welt der Ideen. Platon war der Prototyp eines Idealisten. Aristoteles dagegen appellierte, die Welt so zu akzeptieren, wie sie ist. Das klingt trivial, ist es aber nicht. Es ist die Definition eines fundamentalen Realismus und Materialismus. Grundlage der Naturforschung war für ihn das Primat der Materie, eine außerhalb von uns existierende Realität. Nicht umsonst schreibt er zuerst seine *Physica* und erst danach die *Metaphysica*. Für Aristoteles ist die Wahrheit epistemologisch, das heißt ein Werkzeug unseres Erkennens. Wir sollten seiner Meinung nach nicht die Schönheit in die außerhalb von uns existierende Realität projizieren und ihr den Status des Realen zuweisen.

In der Wissenschaft benötigen wir objektive und funktionale Kriterien dafür, ob ein Gesetz wahr ist. Die Kriterien sind neben der angesprochenen Übereinstimmung mit der Realität, dass es effektiv, funktional, minimal, einfach und natürlich sowie symmetrisch sein muss. Eine funktionale und rationale Definition von Schönheit wäre demnach: Schön ist, was funktioniert. Die Suche nach Schönheit hat, wie wir gesehen haben, oft zur Wahrheit geführt, nämlich Realitäten in Gesetzmäßigkeiten abzubilden, die einem Test in der Praxis standhalten. Das gilt insbesondere für die Theorien, die mit Paradigmenwechseln in der Physik zu Beginn des 20. Jahrhunderts einhergingen – die Relativitätstheorie und Quantentheorie. So soll der Pionier der Computer-Architektur, der Mathematiker und Physiker John von Neumann, einmal in Anspielung auf diese funktionale Schönheit geäußert haben: „Wahrscheinlich gibt es einen Gott. Viele Dinge sind leichter zu erklären, wenn es ihn gibt, als wenn es ihn nicht gibt.“ Dem Mathematiker sollten wir hier entgegenhalten: Einfachheit, Eleganz und Effektivität sind wünschenswerte und notwendige, aber keine hinreichenden Kriterien der Wahrheit.

Wir dürfen bei der Betrachtung der Rolle der Schönheit in der Physik jedoch nicht vergessen, dass die damaligen Akteure wie Planck, Heisenberg, Schrödinger oder Einstein der gymnasialen Bildung des ausgehenden 19. Jahrhunderts entstammten und deshalb fast ausnahmslos Anhänger der Lehre Platons und somit Idealisten waren. Das ist bei Werner Heisenberg besonders auffällig. In seinem Buch *Der Teil und das Ganze* beschreibt er die Erregung, die ihn ergriff, als er 1925 im Alter von 23 Jahren eines Nachts auf Helgoland die Matrizenmechanik entdeckte: „Ich hatte das Gefühl, durch die Oberfläche der atomaren Erscheinungen hindurch auf einen tief darunterliegenden Grund von merkwürdiger innerer Schönheit zu schauen, und es wurde mir fast schwindlig bei dem Gedanken, dass ich nun dieser Fülle von mathematischen Strukturen nachgehen sollte, die die Natur dort unten vor mir ausgebreitet hatte." Gegen Ende seines Lebens verweist Heisenberg auf eine Inschrift im Physik-Hörsaal der Universität Göttingen, die ihn offenbar geprägt hat: „Der lateinische Leitsatz ‚pulchritudo splendor veritatis' (‚Die Schönheit ist der Glanz der Wahrheit') kann auch so gedeutet werden, dass der Forscher die Wahrheit zuerst an diesem Glanz, an ihrem Hervorleuchten erkennt." Wir müssen allerdings bedenken, dass es sich bei den Fürsprechern der Schönheit in der Wissenschaft meistens um theoretische Physiker handelt. Des Weiteren, dass sie ihre Aussagen zur Wahrheit und Schönheit meistens a posteriori – also im Nachhinein – und meist im fortgeschrittenen Alter formulieren, nachdem sie ihre bahnbrechenden Entdeckungen längst gemacht haben. Dennoch bleibt die Frage: Ist Schönheit als Kriterium der Wahrheit nur ein epistemologisches und heuristisches, also ein die Erkenntnis beförderndes Erfolgsrezept? Oder ist Schönheit ontologisch, also dem Sein unserer realen Welt innewohnend? Aber unsere Welt ist nicht nur schön und ideal und symmetrisch. Auch Hässlichkeit und Asymmetrie spielen in ihr eine Rolle, und zwar sowohl in der Kunst als auch in der Naturwissenschaft.

Häufig sind sogar ein wenig Asymmetrie und ein bisschen Hässlichkeit das Salz in der Suppe, das, was die Dinge erst richtig schön und wahr macht. Ein bezeichnendes Zitat aus dem *Daodejing,* der Sammlung von 81 Sprüchen des chinesischen Philosophen und Vaters des Taoismus Laotse, lautet: „Wahre Worte sind nicht schön, schöne Worte sind nicht wahr."

Halten wir fest: Seit der Antike verbindet die abendländische Geistesgeschichte das Schöne mit dem Höchsten: von Platon und Aristoteles über Augustinus und Thomas von Aquin bis zu Schiller, Hölderlin und Hegel. Die antike Venus vereint die Wahrheit ihres perfekt gestalteten Körpers mit ihrer idealen Schönheit. In die Mauern des Apollon-Tempels in Delphi ist der Spruch gemeißelt: „Das Richtigste ist das Schönste." Für die Griechen ist die Seele erst durch die Schönheit befähigt, Gott zu schauen. In ihren Götterstatuen feiern sie nicht nur den idealen Körper, sondern den Menschen als Ebenbild Gottes. Denn Schönheit ist für sie ein Abglanz jener göttlichen Ordnung, die einst aus dem Chaos entstanden ist. Bevor es Erde, Himmel und Ozeane gab, war die Welt formlose Materie. Daraus geht in der Vorstellung der alten Griechen zuerst „Eros" hervor, die alles verändernde Kraft der Leidenschaft, und nach und nach folgen die anderen Mächte des Kosmos. Leonardo da Vincis Vitruvianischer Mensch zeigt, wie harmonisch sich der menschliche Körper einfügt in einen Kreis und ein Quadrat, mit dem Geschlecht als Mittelpunkt. In seiner *Metaphysica* schreibt Aristoteles: „Vor allem die mathematischen Wissenschaften zeichnen sich aus durch Ordnung, Symmetrie und Beschränkung. Und dies sind die größten Formen des Schönen."

Die fundamentalen Gleichungen der Elektrodynamik, Gravitation und Quantentheorie von Maxwell, Einstein, Dirac, Schrödinger und Heisenberg zeichnen sich tatsächlich durch eine außerordentliche Einfachheit und Schönheit aus. Sie bilden auf elegante und ästhetische Weise die Eigenschaften der Kräfte und Bausteine unserer Welt ab.

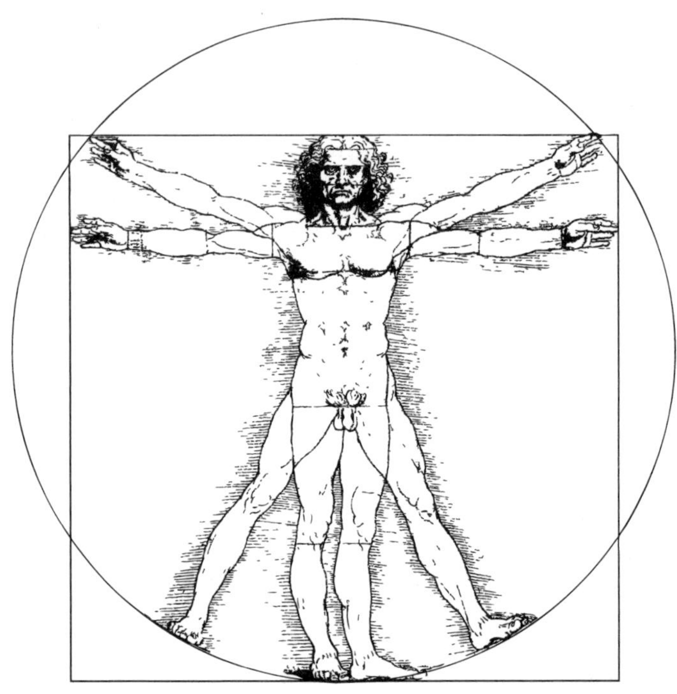

Leonardo da Vincis Vitruvianischer Mensch zeigt, wie harmonisch sich der menschliche Körper in einen Kreis und ein Quadrat einfügt, mit dem Geschlecht als Mittelpunkt. Neben Symmetrie wird in den Füßen aber auch Asymmetrie dargestellt.

Die Sprache der Mathematik und die Gesetze der Physik haben also – wie die Sprache in der Literatur und der anderen Künste – eine ganz eigene Ästhetik. So vergleicht Arnold Sommerfeld 1919 im Vorwort zu seinem Standardwerk *Atombau und Spektrallinien* die Atomphysik mit der Musik: „Was wir heutzutage aus der Sprache der Spektren heraushören, ist eine wirkliche Sphärenmusik des Atoms, ein Zusammenklingen ganzzahliger Verhältnisse, eine bei aller Mannigfaltigkeit zunehmende Ordnung und Harmonie. [...] Alle ganzzahligen Gesetze der Spektrallinien und der Atomistik fließen letzten Endes aus der Quantentheorie. Die Quantentheorie ist das geheimnisvolle Organon, auf dem die Natur die Spektralmusik spielt und nach dessen Rhythmus sie den Bau der Atome und der Kerne regelt."

Worin besteht nun die Dialektik von Wahrheit und Schönheit in der Wissenschaft? Für viele große Gelehrte waren Eleganz und Schönheit ein wichtiges, wenn nicht gar *das* wichtigste erkenntnistheoretische Wahrheitskriterium. Einsteins Berliner Assistentin Ilse Rosenthal-Schneider berichtet, wie Einstein 1919 auf Eddingtons Telegramm mit der Bestätigung der von seiner Allgemeinen Relativitätstheorie vorhergesagten Lichtablenkung im Gravitationsfeld der Sonne reagierte: „Aber ich wusste, dass die Theorie richtig war." Auf die Frage, wie seine Reaktion ausgefallen wäre, wenn sich seine Vorhersage nicht bestätigt hätte, antwortete er: „Da könnt' mir halt der liebe Gott leidtun, die Theorie stimmt doch." In seiner für ihn typischen halbernsten Art stellt Einstein damit mathematische Schönheit und Eleganz über die Realität – und sein Denken über die Weisheit Gottes. Ähnlich äußert sich der englische Nobelpreisträger Paul Dirac, nachdem er die Maxwellschen Gleichungen bezüglich Elektrizität und Magnetismus symmetrisiert und als Partner der elektrischen eine magnetische Elementarladung vorhergesagt hatte – den Diracschen Monopol: „Man würde sich wundern, wenn die Natur keinen Gebrauch davon gemacht hätte."[16] Auch später besteht Dirac auf dem Primat der Schönheit einer Theorie über ihrer Kongruenz zur Realität: „Es ist wichtiger, Schönheit in seinen Gleichungen zu haben, als dass sie mit dem Experiment übereinstimmen. […] Es scheint, dass man, wenn man Schönheit in seine Gleichungen bekommen will und einen wirklich soliden Einblick hat, auf einem sicheren Weg zum Fortschritt ist."[17] Auch Richard Feynman betont in seinem Buch *The Character of Physical Law*: „Die Natur ist von großer Einfachheit und daher von großer Schönheit."[18] Der indische Astrophysiker und Nobelpreisträger Subrahmanyan Chandrasekhar wiederum zitiert in seinem Aufsatz *Beauty and the quest for beauty in science* den mathematischen Physiker Hermann Weyl, den Begründer der heutigen Eichtheorien und Kollegen Einsteins: „In meiner Arbeit habe ich immer versucht, das Wahre mit dem Schönen zu vereinen; aber wenn ich mich für das eine oder das andere entscheiden musste, habe ich meist das Schöne gewählt."[19] Weyl war bereit, die Wahrheit der Schönheit zu opfern. Ein Beispiel ist seine Eichtheorie der Gravitation, die er 1919 in seinem Werk *Raum · Zeit · Materie* ausgearbeitet hatte. Weyl stellte fest, dass seine Gravitationstheorie nicht funktionierte. Dennoch empfand er sie als so schön, dass er sie nicht aufgeben wollte, und so hielt er um ihrer Schönheit willen an ihr fest. Später stellte sich heraus, dass Weyls Intuition richtig war: Sein Formalismus der Eichinvarianz wurde zum Bestandteil aller modernen Feldtheorien.

Wie auch immer wir das Verhältnis von Wahrheit und Schönheit sehen: Das Kriterium der Schönheit hat Forschern oft den richtigen Weg zur Wahrheit gewiesen. Deshalb wollen wir im Folgenden noch einen Moment beim Phänomen der Schönheit als Ideal in der Wissenschaft verweilen.

Ideal und Wirklichkeit

Einstein war, wie wir wissen, angetan von der Schönheit und Harmonie der Natur. Im April 1929 fragte ihn Israel Goldstein, der Rabbi der Institutional Synagogue in New York per Telegramm: „Glauben Sie an Gott? Bezahlte Rückantwort fünfzig Worte."[20] Die New York Times veröffentlichte daraufhin Einsteins telegrafisch übermitteltes Glaubensbekenntnis: „Ich glaube an Spinozas Gott, der sich in der gesetzlichen Harmonie des Seienden offenbart, aber nicht an einen Gott, der sich in die Handlungen der Menschen einmischt." Im Jahr 1947 bestätigt Einstein diese Haltung gegenüber seinem alten Freund Marvin Magalaner: „Meine Überzeugungen sind denjenigen Spinozas verwandt. Bewunderung für die Schönheit und Glaube an die logische Einfachheit der Ordnung und Harmonie, welche wir demütig und nur unvollkommen fassen können." Das Atommodell von Niels Bohr bezeichnete Einstein als „höchste Musikalität des Gedankens". Wir sehen also, dass sich alle großen Physiker der Vergangenheit stark von ästhetischen Gedanken und von Schönheit leiten ließen. Aber ist das verwunderlich? Hinter dem Gedanken an Schönheit im Universum steckt wie erwähnt der Begriff des „Kosmos", von Ordnung und Schönheit, das Gegenteil dessen, was im Griechischen „Chaos" heißt. Kosmos und Chaos sind einander widersprechende und ergänzende Kategorien. Im Griechischen gibt es sogar die Mehrzahl von Kosmos – die „Kosmoi", die Beamten antiker griechischer Stadtstaaten, die für eine ordentliche Verwaltung der Stadt sorgten. Diese griechische Vorstellung von Kosmos ist beileibe nicht das, was das Lateinische als Universum bezeichnet. Kosmos meint also die kosmische und göttliche Ordnung und Harmonie, aber auch das Gesetz.

Einsteins Ideal tritt noch an anderer Stelle zutage. Er gehörte zu den wenigen Wissenschaftlern, die schon vor der Machtergreifung Hitlers Deutschland verließen. Kurz vor seiner Emigration sprach er zugunsten der Deutschen Liga für Menschenrechte sein Glaubensbekenntnis auf eine Schelllackplatte – ein Hohelied auf Wahrheit und Schönheit: „Das Schönste und Tiefste, was der Mensch erleben kann, ist das Gefühl des Geheimnisvollen. Es liegt der Religion sowie allem tieferen Streben in Kunst und Wissenschaft zugrunde. Wer dies nicht erlebt hat, erscheint mir, wenn nicht wie ein Toter, so doch wie ein Blinder. Zu empfinden, dass hinter dem Erlebbaren ein für unseren Geist Unerreichbares verborgen sei, dessen Schönheit und Erhabenheit uns nur mittelbar und in schwachem Widerschein erreicht, das ist Religiosität. In diesem Sinne bin ich religiös. Es ist mir genug, diese Geheimnisse staunend zu ahnen und zu versuchen, von der erhabenen Struktur des Seienden in Demut ein mattes Abbild geistig zu erfassen." Dieses Bekenntnis zeigt, wie tief Wahrheit und Schönheit bei einem Wissenschaftler einander bedingen können.

Wenn wir über Wahrheit und Schönheit, Ideal und Wirklichkeit sprechen, müssen wir ein weiteres Mal an Keplers *Harmonices Mundi* erinnern, seine Harmonien der Welt. Er beschrieb damit, in welchem Ausmaß er Gottes Schöpfung als schön und harmonisch betrachtet. In der Person Keplers vereinigen sich auf wunderbare Weise unvereinbar scheinende Gegensätze: einerseits ein klarer Beobachter, der als Wissenschaftler Gesetze formuliert, andererseits ein tief religiöser Mensch mit dem Anliegen, die Schönheit des von Gott geschaffenen Universums zu enthüllen. Nicht zu vergessen die astrologischen Aktivitäten Keplers für die Heerführer des Dreißigjährigen Krieges wie Wallenstein und andere. Kepler war Kind seiner Zeit, und auch bei seiner Suche nach den göttlichen Harmonien der Welt in seinem *Mysterium Cosmographicum* blieb er im beschränkten Wissen seiner Zeit gefangen. Dennoch ließ er – anders als der ältere Nikolaus Kopernikus oder sein Zeitgenosse Galilei – am Ende mit seinen Messungen die Natur und die Realität sprechen: Nach fast 20 Jahren mühseliger Forschung gab Kepler die Vorstellung von Einfachheit, Harmonie, Schönheit und Symmetrie der Kreisbahnen seiner Planeten auf und deformierte sie zu Ellipsen. Das ist ein bewundernswerter Schritt. Damit schuf Kepler den Übergang von der idealen Rotationssymmetrie einer Kreisbahn zu den in eine spezielle Richtung weisenden Hauptachsen einer Ellipse und bricht die Symmetrie des Kreises.

Die Natur muss also weder schön noch einfach oder symmetrisch sein. Eine Theorie sollte allerdings effizient sein, also mit möglichst wenigen Aussagen möglichst viele Phänomene der Natur auf möglichst einfache Gesetze reduzieren und von Unwichtigem abstrahieren. In diesem Minimalismus bestehen die Schönheit, Harmonie und Eleganz der Gesetze der Physik weiter. Symmetrien spielen dabei eine herausragende Rolle. Diese Eleganz, Effizienz und Symmetrie erreichte Newton knapp ein Jahrhundert später mit seinem universellen Gravitationsgesetz.

Schönheit und Hässlichkeit

Ein Gesetz gilt in der Praxis als wahr, wenn es die Natur gut abbildet, wenn es also gut funktioniert. Das Denken muss also der Wirklichkeit, das Gesetz der Realität, die Idee der Materie entsprechen. Wir haben gelernt, dass Schönheit eine wesentliche Motivation und ein Ideal bei der Entwicklung der Physik bildet. Wie in der Kunst und im Leben unterliegt die Schönheit allerdings einem subjektiven Urteil.

So gibt es zwei alternative Beschreibungsweisen der Quantenmechanik. Erstens die Wellenmechanik von Erwin Schrödinger und zweitens die Matrizenmechanik von Werner Heisenberg. Beide jungen Männer empfanden die Theorie des jeweils anderen als unschön. So sagte Schrödinger über Heisenbergs Matrizenmechanik: „Ich hatte von [Heisenbergs] Theorie natürlich Kenntnis, fühlte mich aber durch die mir sehr schwierig scheinenden Methoden der transzendenten Algebra und durch den Mangel an Anschaulichkeit abgeschreckt, um nicht zu sagen abgestoßen." Umgekehrt urteilte Werner Heisenberg über Schrödingers Wellenmechanik: „Je mehr ich über die physikalischen Teile der Schrödinger-Theorie nachdenke, desto abscheulicher finde ich sie. Was Schrödinger über die Anschaulichkeit seiner Theorie schreibt [...] Ich finde es Mist."

Aber auch die Verschränkung von Teilchen in der Quantenmechanik ist auf den ersten Blick nicht einfach und schön. Ganz anders dagegen das Pythagoreische Gesetz zum Verhältnis von Saitenlängen und Tönen. Werner Heisenberg schrieb dazu in einem Aufsatz über *Die Bedeutung des Schönen in der exakten Naturwissenschaft* folgendes: „Pythagoras' Entdeckung, dass gleich gespannte schwingende Saiten dann harmonisch zusammenklingen, wenn ihre Längen in einem einfachen rationalen Zahlenverhältnis stehen, die mathematische Struktur, nämlich das rationale Zahlenverhältnis als Quelle der Harmonie – das war sicher eine der folgenschwersten Entdeckungen, die in der Geschichte der Menschheit überhaupt gemacht worden sind.

Das harmonische Zusammentönen zweier Saiten gibt einen schönen Klang. Das menschliche Ohr empfindet die Dissonanz durch die aus den Schwebungen entstehende Unruhe als störend, aber die Ruhe der Harmonie, die Konsonanz, als schön. Die mathematische Beziehung war damit auch die Quelle des Schönen. Die Schönheit ist, so lautete eine der antiken Definitionen, die richtige Übereinstimmung der Teile miteinander und mit dem Ganzen. Die Teile sind hier die einzelnen Töne, das Ganze ist der harmonische Klang." Nicht umsonst nannte Werner Heisenberg sein letztes philosophisches Werk *Der Teil und das Ganze.*

Die Naturwissenschaft geht davon aus, dass es eine objektive Wahrheit gibt, die an der Realität überprüft werden kann. Aber wie weit ist nun Schönheit Teil dieser Wahrheit? Bei Werner Heisenberg findet sich dazu eine weitere Antwort. Am Ende eines Vortrags beim Berliner physikalischen Kolloquium am 28. April 1926 sagt er auf Einsteins Frage, weshalb er an die Quantenmechanik glaube: „Wenn man durch Natur auf mathematische Formen von großer Einfachheit und Schönheit geführt wird, so kann man eben nicht umhin zu glauben, dass sie wahr sind. [...] Sie können mir vorwerfen, dass ich hier ein ästhetisches Wahrheitskriterium verwende, in dem ich von Einfachheit und Schönheit spreche. Aber ich muss zugeben, dass für mich von der Einfachheit und Schönheit des mathematischen Schemas, dass uns hier von der Natur suggeriert worden ist, eine ganz große Überzeugungskraft ausgeht." Heisenberg propagiert damit „Schönheit" als ein Kriterium von Wahrheit. Auch Paul Dirac meint in einem Vortrag an der Yeshiva University in New York im Jahr 1963: „Die grundlegenden Gesetze der Physik werden durch eine mathematische Theorie von großer Schönheit und Kraft beschrieben."[21]

Und er fährt fort: „Gott ist ein sehr guter Mathematiker, und er hat beim Bau des Universums eine sehr fortgeschrittene Mathematik verwendet."[22] Auch Einsteins Gleichungen der Allgemeinen Relati-

$$(i\partial\!\!\!/ - m)\psi = 0$$

Diese von Paul Dirac 1928 aufgestellte Gleichung ist von großer Einfachheit und Schönheit. Sie verknüpft die Bewegung eines relativistischen Elektrons und seines Antiteilchens Ψ mit ihrer Masse m und steht auf Diracs Grab in der Westminster-Abtei.

vitätstheorie – der Gravitation – sind zweifellos von großer Schönheit. Auf der linken Seite steht der sogenannte Krümmungstensor, der die Krümmung des Universums, seine Geometrie, beschreibt. Wir haben ihn auf Seite 119 im ersten Teil des Buches als Inventar des Universums vorgestellt. Auf der rechten Seite dieser Gleichung steht ein Term für die Materie, der sogenannte Energie-Impuls-Tensor. Als Gegenkraft folgt noch die sogenannte kosmologische Konstante. Einstein bezeichnet später die reine mathematische Geometrie des Raums, die Krümmung, auf der linken Seite als Marmor, als das Edle, und die dumpfe Materie auf der rechten Seite als das schlichte Holz. Daran lässt sich erkennen, wie stark Einstein von ästhetischen Kategorien getrieben war. Der bedeutende amerikanische Gravitationsphysiker John Archibald Wheeler fasste einmal Einsteins Gleichungen der Allgemeinen Relativitätstheorie wie folgt zusammen: „Die Materie sagt dem Raum, wie er sich krümmen soll. Der Raum sagt der Materie, wie sie sich bewegen soll.“[23] Das ist das Wechselspiel zwischen Geometrie und Materie in Einsteins Gleichung. Der amerikanische Nobelpreisträger Leon Lederman äußerte sich ähnlich: „Wir glauben, dass die Natur am besten durch Gleichungen beschrieben wird, die so einfach, schön, kompakt und universell wie möglich sind.“[24]

Doch die Wirklichkeit sieht oft anders aus. Es gibt auch Hässlichkeit und Asymmetrien im Universum. Erinnern wir uns an eine Feststellung von Francis Bacon: „Es gibt keine große Schönheit ohne seltsame Form.“[25] Natürlich, schön und realistisch wirkt das Porträt eines Menschen erst, wenn es nicht völlig symmetrisch ist. Und der Amerikaner Frank Wilczek, der den Nobelpreis für seine Beiträge zur Theorie der starken Kraft erhielt, kommentierte selbstironisch: „Die fundamentalen Gleichungen der Physik haben mehr Symmetrie als die tatsächliche physikalische Welt."[26] Auch die Physikerin Sabine Hossenfelder setzt sich in ihrem Buch *Das hässliche Universum: Warum unsere Suche nach Schönheit die Physik in die Sackgasse führt* mit der Rolle von Schönheit und Hässlichkeit in der modernen Physik auseinander, wobei sie die These ihres Buches bereits im Titel führt.

Schauen wir jetzt einmal, ob die Natur die idealen Symmetrien überhaupt einhält. Das auf Keplers Gesetzen aufbauende Newtonsche Gravitationsgesetz ist exakt rotationssymmetrisch. Es besagt, dass die Stärke der Schwerkraft proportional zum Abstand der Massen ist, aber nicht von der Richtung ihrer Wirkung abhängt. Die Bahnen der Planeten verhalten sich aber wie Ellipsen. Sie zeichnen eine bestimmte Richtung aus und brechen die fundamentale Rotationssymmetrie des Newtonschen Gesetzes. Die Gravitation besitzt also eine fundamentale Symmetrie, die aber von den Bahnen aller Planeten des Sonnensystems spontan gebrochen wird. Auch die Magnetisierung eines Ferromagneten hat oberhalb der sogenannten Curie-Temperatur keine ausgezeichnete Richtung. Sie ist rotationssymmetrisch. Unterhalb dieser Temperatur weist sie jedoch in eine bestimmte Richtung. Im Elektromagnetismus gibt es eine weitere Symmetriebrechung, die oft vergessen oder verdrängt wird: Es gibt sowohl einen elektrischen Dipol wie auch einen magnetischen Dipol. Zum elektrischen Monopol, der elektrischen Ladung, gibt es jedoch kein magnetisches Pendant. Es gibt keinen magnetischen Monopol, also keine magnetische Ladung. Trotz vielfältiger experimenteller Bemühungen konnte das magnetische Pendant zur elektrischen Ladung bisher nicht beobachtet werden. (Gemeint sind hier isolierbare magnetische Monopole und nicht die Quasiteilchen der Festkörperphysik in Materialien wie dem sogenannten „Spin-Eis".) Wieso ist die in Maxwells Gleichungen so elegant beschriebene elektromagnetische Kraft derart unsymmetrisch bezüglich Elektrizität und Magnetismus? Maxwells Gleichungen sehen symmetrisch viel einfacher aus. Auf eine elegante Weise mischen sich Elektrizität und Magnetismus und gehen ineinander über. Jedoch folgt die Natur dieser Einfachheit und Symmetrie offenbar nicht. Was ist die Ursache dieser eklatanten Asymmetrie und Symmetriebrechung? Auch das ist eines der Rätsel der Physik dieses Jahrhunderts.

Die Symmetriebrechung unseres Universums zwischen Materie und Antimaterie hatten wir bereits besprochen. Wir existieren lediglich aufgrund eines winzigen Überschusses von Materie gegenüber Antimaterie im frühen Universum. Verdanken wir unser Leben einem minimalen Schönheitsfehler des Universums von weniger als einem Milliardstel der Dichte der Photonen der Hintergrundstrahlung? Ein kleiner Unterschied, ein winziger Schönheitsfehler, der aber unsere Existenz überhaupt erst ermöglicht. Auch die Massen der Austauschteilchen, die Eichbosonen der schwachen Kraft, wie auch die Massen der Bausteine der Materie, die Fermionen, entstammen einer Symmetriebrechung, nämlich der des Higgs-Felds zu einem gebrochenen Vakuum-Grundzustand des Universums. Diese Brechung macht die Eichbosonen der schwachen Kraft über 80-mal schwerer als ein Proton. Dadurch wird die schwache Kraft extrem schwach, und die Neutrinos wechselwirken extrem selten mit der sie umgebenden Materie. Die Kernfusion in der Sonne ist damit ein schwacher Prozess, der sich über Milliarden Jahre erstreckt. Wäre die Symmetrie des Higgs-Felds nicht gebrochen und damit die Eichbosonen masselos, dann wäre der Sternenbrand wie zuvor erwähnt eine Kernexplosion, und alle Sterne würden binnen kürzester Zeit wie eine Supernova explodieren. Eine ähnliche Symmetriebrechung vermuten wir für das Inflaton-Feld, das die primäre Inflation des Urknalls hervorgerufen haben könnte, sowie für die mysteriöse dunkle Energie, die seit einiger Zeit das Universum zu einem zweiten Urknall durchstarten lässt.

Unsere Welt wird also von Symmetriebrechungen geprägt. Nicht überall in der Physik herrschen Schönheit und Harmonie. Nicht schön sind auch die Abermillionen Prozesse, die wir in der Quantenfeldtheorie bei den Wechselwirkungen von Elementarteilchen berücksichtigen müssen. Mit Zehntausenden modernster Prozessoren und in hunderten Stunden Rechenzeit berechnen wir Tausende hochkomplizierte vieldimensionale Integrale, nur um das nachzuvollziehen, was die Natur in den Teilchenkollisionen innerhalb von 10^{-23} Sekunden einfach so macht. Diese Berechnungen sind weder schön noch elegant. Deshalb glauben viele Wissenschaftler, dass wir hier die wahre Schönheit hinter den Dingen noch nicht entdeckt haben. Wie kann man alle Kräfte der Natur unter Einschluss der Gravitation und skalarer Felder wie der des Higgs-Bosons und der dunklen Energie in einer Theorie konsistent beschreiben? Das ist eins der Rätsel, das die Physik in diesem Jahrhundert unbedingt lösen sollte.

Schönheit als Leitbild hat uns oft zur Wahrheit geführt. Wir sollten uns aber nicht von ihr verführen lassen. „Zu schön, um nicht wahr zu sein“ – so verteidigte Einstein einmal seine Allgemeine Relativitätstheorie. Als Hermann Weyl und er allerdings versuchten, sie mit dem Elektromagnetismus zu vereinigen, scheiterten sie. Wahrheit kann kompliziert sein, und die Natur komplex. Schönheit, Harmonie, Einfachheit, Symmetrie und Ordnung sind nur unsere Abbilder der Realität, nicht die Realität selbst. Der amerikanische Nobelpreisträger Murray Gell-Mann sagte im Jahr 2007: „Schönheit ist ein sehr erfolgreiches Kriterium für die Auswahl der richtigen Theorie. […] Eine schöne oder elegante Theorie ist eher richtig als eine unelegante Theorie.“[27] Auch sein Kollege Frank Wilczek nahm mehrmals zum Verhältnis von Wahrheit und Schönheit Stellung: „Die Schönheit der physikalischen Gesetze ist zu beeindruckend, um zufällig zu sein.“[28]

An anderer Stelle sagte er im Umkehrschluss: „Wir haben eine ‚anthropische' Erklärung für die Schönheit der Gesetze: Wenn sie nicht schön wären, hätten wir sie nicht gefunden."[29] Am Large Hadron Collider LHC des CERN versuchen wir, Theorien von großer Schönheit zu bestätigen: Supersymmetrie und Superstrings, die Urkraft und Extradimensionen. Aber wir müssen dabei akzeptieren, dass nicht alles, was wir herausfinden, auf den ersten Blick einfach, schön und symmetrisch ist. Oft bevorzugt die Natur, eine Symmetrie zu brechen. Und sie hat immer das letzte Wort.

Resümee

In diesem Kapitel haben wir uns mit der Frage beschäftigt, welche Rolle die Schönheit in der Natur und in den Naturwissenschaften spielt. Ist sie bloß ein Ideal, dem wir blind folgen, oder ein echter Wesenszug der Natur? Schönheit war und ist für viele Wissenschaftler bei ihrer Suche nach der Wahrheit ein fruchtbarer Leitgedanke. Sie bahnte in der Vergangenheit oft den Weg zum Erfolg. Andererseits folgt die Natur nicht immer den Idealen von Einfachheit und Symmetrie. Gerade wenn sie diese Prinzipien verletzt und sich komplex und unsymmetrisch verhält, wird sie produktiv und entfaltet ihre ganze Schönheit.

WAS IST DIE ZUKUNFT DES UNIVERSUMS?

> *„Denn alles, was entsteht, ist wert, dass es zugrunde geht.“*
>
> JOHANN WOLFGANG VON GOETHE, *FAUST* (1808)

Wir haben in den vorigen Kapiteln den Anfang des Universums und seine Evolution in Raum und Zeit beschrieben. Das Universum ist heute in seinem besten Alter, erfüllt von einer bunten Vielfalt kosmischer Objekte und Heimstatt unseres Lebens. Aber es wird mit den Sternen altern und sich immer weiter ins Leere ausdehnen. Unser siebtes und letztes Welträtsel fragt nach der Zukunft des Universums. Hat es ein Ende? Oder beißt es sich zum Schluss wie unsere kosmische Schlange in den eigenen Schwanz und kehrt zurück an seinen Ursprung?

Der Anfang vom Ende

Schon die Bibel erzählt die Schöpfungsgeschichte. Sie beschreibt den Anfang der Welt und mit der Apokalypse auch ihr Ende. Anfang und Ende – Alpha und Omega – gehören zur Lehre von den letzten Dingen der Welt, der Eschatologie. Ähnlich wollen wir jetzt unseren Blick vom Urknall und der Vergangenheit in die Zukunft richten, hin zu möglichen Szenarien der Entwicklung unseres Universums. Wie alle Vorhersagen, die weit vorausschauen, sind auch diese mit großen Unsicherheiten behaftet, die umso größer werden, je weiter wir in die Zukunft blicken.

Unser Universum ist heute, 14 Milliarden Jahre nach seiner Entstehung, in Raum und Zeit tief und vielfältig strukturiert. Es hat sein bestes Alter erreicht. Auf unserer Erde hat sich in den letzten Milliarden Jahren aus chemischen Elementen biologisches Leben entwickelt und am Ende der Mensch, der bemüht ist, die Welt zu erkennen. Doch das Universum entwickelt sich weiter. Galaxien, Sterne und Planeten entstehen und vergehen. Darunter auch unsere Sonne. In etwa einer Milliarde Jahre erhöht sich ihre Leuchtkraft um rund zehn Prozent. Später bläht sie sich langsam zu einem roten Riesen auf und wird Merkur, Venus und später eventuell auch die Erde verschlingen. Jedenfalls wird es auf der Erde so heiß, dass zuerst alles Wasser verdampft, dann die Erdkruste schmilzt und damit jedes Leben auf dem Planeten verschwindet.

Schließlich erleidet die Sonne das Schicksal eines jeden Sterns ihres Typs. Nachdem ihr Wasserstoff zu Helium verbrannt ist, beginnt das Helium zu brennen und fusioniert zu Kohlenstoff. Wenn diese Prozesse erlöschen, kollabiert unsere Sonne zu einem Weißen Zwerg – einem kleinen, extrem dichten und deshalb sehr heißen Stern. Sein Volumen wird mit dem der Erde vergleichbar sein. Nur Sterne, die bedeutend massereicher sind als unsere Sonne, können weitere Fusionsprozesse in Gang setzen. Sie explodieren als Supernovae und erzeugen dabei unter anderem die schwereren Elemente, die für komplexes Leben unentbehrlich sind. Auch wir bestehen im Wesentlichen aus der Asche ausgebrannter Sterne.

Das Universum entwickelt sich unterdessen weiter. Die uns nächste Galaxie, der Andromeda-Nebel, bewegt sich zufällig auf uns zu. In wenigen Milliarden Jahren wird diese Galaxie schrittweise den Himmel füllen und sich in vier bis fünf Milliarden Jahren mit unserer Milchstraße vereinigen. Alle anderen Galaxien hingegen, die nicht gravitativ mit unserer Milchstraße verbunden sind, verlassen aufgrund der sich beschleunigenden Expansion des Weltalls unser Blickfeld. Unsere Milchstraße, die uns benachbarte Andromeda-Galaxie sowie einige weitere Dutzend Galaxien bilden die sogenannte lokale Gruppe. Nur die Gravitation innerhalb unserer Milchstraße und unserer lokalen Gruppe verhindert, dass unsere und die uns umgebenden Galaxien dieser globalen Expansion des Raums folgen. Unsere lokale Galaxiengruppe ist wiederum Bestandteil der nächstgrößeren Struktur des Universums, des sogenannten Virgo-Superhaufens. Dieser und andere Superhaufen sind so ausgedehnt und damit gravitativ so schwach gebunden, dass sie der globalen kosmologischen Hubble-Expansion und ihrer Beschleunigung durch die dunkle Energie folgen. Nach etwa einer Billion Jahre wird die Welteninsel unserer lokalen Gruppe das gesamte beobachtbare Universum ausmachen.

Hier stellt sich eine interessante erkenntnistheoretische Frage: Sind all die Galaxien, die bis dahin unseren Beobachtungshorizont verlassen haben, dann noch real, auch wenn sie kein Beobachter von der Milchstraße aus jemals mehr sehen kann? Die Antwort ist wahrscheinlich ja. Aber betrachten wir auch die unzähligen Galaxien als real, die wir bereits heute aus demselben Grund nicht mehr sehen können? Und wie real sind dann mögliche Universen eines Multiversums, die unseren Horizont bereits vor langer Zeit verlassen haben? Auch Objekte, die durch den Ereignishorizont eines Schwarzen Lochs fallen, verlassen für immer unsere Welt. Was hat es zu bedeuten, dass wir in Zukunft einen immer kleineren Teil des Universums überblicken? Diese Frage ist nicht neu. Erinnern wir uns: Unser heutiges Universum war kurz nach dem Urknall so klein wie ein Atom. Das heißt, unser heutiger Beobachtungshorizont, also der uns momentan zugängliche Ausschnitt der Welt, umfasst nur eine ursprünglich winzige Region. Die größte Anzahl an Galaxien hätten wir vor etwa sechs Milliarden Jahren sehen können, bevor die sich stetig beschleunigende Expansion des Universums und damit die Verkleinerung unseres Beobachtungshorizonts einsetzte. Mit Blick auf die Zukunft stellt sich die Frage: Gilt diese Dynamik nur für unser eigenes Universum – oder ist sie typisch für die vielen Universen eines Multiversums?

Welche Antwort wir auch auf diese Frage finden, in der ferneren kosmischen Zukunft werden aus gravitativ gekoppelten Galaxienhaufen schließlich Supergalaxien, die jeweils außerhalb des Beobachtungshorizonts ihrer Nachbarn liegen. Jede Supergalaxis wird zu ihrer eigenen Welteninsel, zu einem eigenen geschlossenen Kosmos ohne Wissen um den Rest des Universums. Diese Supergalaxien werden astrophysikalisch betrachtet immer langweiliger. In etwa hundert Milliarden Jahren wird sich auch die Milchstraße in eine kugelförmige Supergalaxie verwandelt haben. Die Sterne werden das zu ihrer Bildung benötigte Gas nach und nach verbrauchen. Irgendwann können keine neuen Sterne mehr entstehen, und die letzten Sterne brennen aus. Die größeren Sterne beenden ihr Dasein als Weiße Zwerge, Neutronensterne oder Schwarze Löcher – wie unzählige Sterne zuvor. Später kollabiert dann auch diese Supergalaxis zu einem Haufen aus Neutronensternen, Weißen Zwergen, Schwarzen Löchern und einer extrem kalten Reliktstrahlung aus Neutrinos, Photonen und Gravitationswellen. Nach etwa 10^{100} Jahren sind aufgrund der Hawking-Strahlung sowohl die stellaren als auch die supermassereichen galaktischen Schwarzen Löcher zu Photonen verdampft.

Weltendämmerung

Die Entdeckung des Higgs-Bosons am LHC des CERN im Jahre 2012 legt Zeugnis davon ab, dass das Vakuum, der Grundzustand unseres Universums, Ergebnis einer Symmetriebrechung des alles erfüllenden Higgs-Felds ist und damit möglicherweise nicht der Grundzustand der Welt. Das wirft die Frage auf, wie wahrscheinlich es ist, dass unser Universum über kurz oder lang, spontan oder durch andere Prozesse angeregt, unter Freisetzung gigantischer Energiemengen in seinen eigentlichen Grundzustand übergeht. Das wäre wie ein zweiter Urknall, bei dem der Phasenübergang eines skalaren Inflaton-Felds die primäre Inflation ausgelöst haben könnte. Genauere Messungen der Massen des Higgs-Bosons und insbesondere des Top-Quarks sollten in den nächsten Jahren am CERN klären, ob und wie instabil das

Higgs-Vakuum tatsächlich ist. Ein solcher sich mit Lichtgeschwindigkeit ausbreitender Phasenübergang würde einen Übergang unserer Welt in eine völlig andere bewirken, in eine Welt mit einer komplett anderen Physik. Es entstünde ein Universum ohne massereiche Teilchen und damit ohne Atome, Chemie und Leben. Zur Beruhigung: Da unser Universum seit vielen Milliarden Jahren von extrem hochenergetischer kosmischer Strahlung durchdrungen wird und immer noch existiert, ist eine solche – unter anderem von Stephen Hawking diskutierte – Katastrophe in absehbarer Zeit äußerst unwahrscheinlich. Auf den oben erwähnten extrem langen Zeitskalen jenseits des Endes unserer Sonne und unserer Milchstraße ist jedoch ein solches Szenario nicht völlig auszuschließen.

Jedenfalls hängt das Schicksal unseres Universums von der Balance zwischen seiner mittleren Dichte, der Stärke des ersten Anstoßes im Urknall, also der Hubble-Konstante, und der Menge an dunkler Energie ab. Große Materiedichten, die zu einem geschlossenen Universum und seinem baldigen Kollaps führen, sind durch Messungen praktisch ausgeschlossen. Vielmehr hat es den Anschein, als beschleunige die dunkle Energie die Expansion des Universums. Im dem als „Big Rip" („Großer Riss") bezeichneten Szenario zerreißt die dunkle Energie zuerst die gravitativen Bindungen von Sternen in Galaxien, dann von Planeten in Sternsystemen, dann die elektrische Bindung, die die Atome zusammenhält, anschließend die nukleare Bindung im Atomkern und am Ende Raum und Zeit. Rechnungen zeigen, dass die von uns gemessene Beschleunigung der Expansion des Universums unsere Welt auf keinen Fall früher als in drei Milliarden Jahren zerreißen kann. Wahrscheinlicher ist es, dass die dunkle Energie für ein solches Zerreißen auch in ferner Zukunft nicht ausreicht.

Wenn das Universum aber nicht zerreißt und nach dem Erlöschen der Sterne und dem Verdampfen der Schwarzen Löcher weiter ausdehnt und damit ausdünnt, gibt es thermodynamisch zwei mögliche

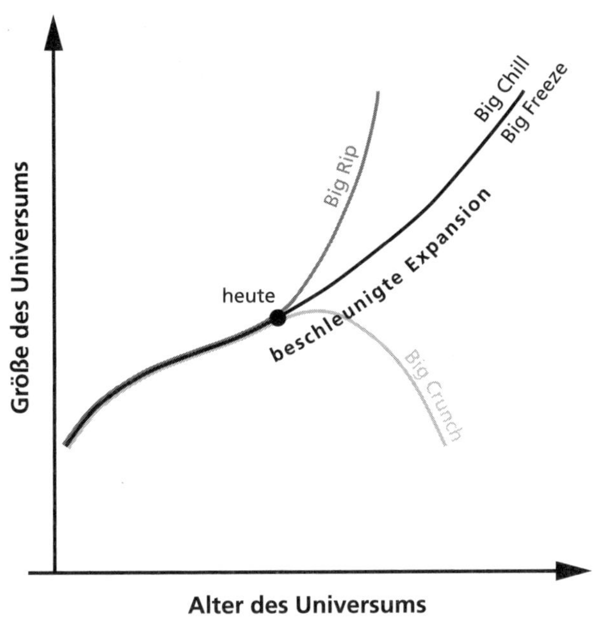

Die Zukunft des Universums abhängig vom Verhältnis von Materie und dunkler Energie: Möglich ist eine sich stetig beschleunigte Expansion, die in einem kalten und leeren Kosmos endet (Big Chill oder Big Freeze). Ein schnelles Zerreißen des Kosmos durch dunkle Energie (Big Rip) oder ein Kollaps durch die Übermacht der Gravitation der Materie (Big Crunch) sind weniger wahrscheinlich.

Endstadien. Das eine ist der seit langem diskutierte Wärmetod. Da es keine Energiequellen mehr gibt, um Ordnung zu generieren, endet das Universum in einem unveränderlichen statischen Zustand maximaler Wahrscheinlichkeit, dem Endzustand maximaler Entropie, also in maximaler Unordnung. In einem etwas anderen Szenario wird die Welt durch die unendliche Expansion des Universums immer kälter. Die Wellenlänge jeglicher Strahlung wird so stark gedehnt, dass ihre Energie für keine physikalischen Prozesse mehr reicht und sich die Temperatur im Kosmos am Ende dem absoluten Nullpunkt nähert.

Die Bezeichnungen „Big Freeze“ beziehungsweise „Big Chill“ bezeichnen die damit verbundene ewig währende Kälte. Der einzige Ausweg aus diesen öden Szenarien wären Quantenfluktuationen.

Eine Annahme der vorangegangenen Betrachtungen ist, dass die Gesetze und Naturkonstanten nicht in Raum und Zeit variieren, also überall und immer gleichermaßen gültig sind, und dass unsere Welt nicht mit anderen möglichen Universen wechselwirkt. Messungen der Stärke der elektromagnetischen Kraft und der Gravitationskonstante zeigen bisher keine nennenswerten Variationen. Die ferne Zukunft des Universums hängt zudem stark davon ab, ob es eine Urkraft gibt, also eine Vereinigung von starker, schwacher und elektromagnetischer Wechselwirkung bei sehr hohen Energien. Dann könnten sich wie zuvor diskutiert Quarks und Leptonen vereinigen, und es fiele die letzte Barriere für die Stabilität von Baryonen und Leptonen, also von Protonen und Elektronen. Das Proton könnte zum Beispiel in ein Positron und ein neutrales Pion zerfallen. Wann ist mit einem solchen Zerfall zu rechnen?

Theorien einer vereinheitlichten Theorie mit Supersymmetrie sagen eine Lebensdauer des Protons von etwa 10^{35} Jahren voraus. Kann man überhaupt Lebensdauern bestimmen, die wesentlich größer sind als das heutige Alter des Weltalls von 14 Milliarden Jahren – und wenn ja, wie? Das Super-Kamiokande-Experiment in Japan überwachte über mehrere Jahre ein unterirdisches Volumen mit 50.000 Tonnen Wasser und suchte danach, ob nicht eines der im Wasser enthaltenen 10^{34} Protonen zerfällt. Das Experiment fand jedoch kein Signal für einen solchen Protonzerfall. Daraus leiten die Forscher eine minimale Lebensdauer des Protons von mehr als 10^{34} Jahren ab. Das im Bau befindliche verbesserte Hyper-Kamiokande-Experiment wird diese Messungen ab dem Jahr 2027 mit mehr als einer Viertelmillion Tonnen Wasser, also mehr als der fünffachen Menge fortsetzen. Es wird entweder den Protonzerfall und damit indirekt eine vereinigte Urkraft entdecken. Oder es wird neue Grenzen der Protonlebensdauer von mehr als 10^{35} Jahren und damit auch indirekt für die Energieskalen von Supersymmetrie und großer Vereinigung der Kräfte bestimmen. Fest steht schon heute: Die Lebensdauer des im Standardmodell der Teilchenphysik als stabil angenommenen Protons ist wesentlich größer als das aktuelle Alter des Weltalls. Dieses Limit entspricht dem Austausch von Eichbosonen einer möglichen Urkraft mit einer Masse von mindestens 10^{16} GeV. Das ist nur noch ein Faktor Tausend von der sagenhaften Planck-Masse entfernt! Deshalb stellen Messungen wie die des Super-Kamiokande-Experiments einen unerhörten Triumph unserer menschlichen Experimentierkunst dar.

Was passiert nun beim hypothetischen Zerfall eines Protons in ein Positron und ein neutrales Pion? Da der Kosmos insgesamt elektrisch neutral ist, gehört zu jedem Proton ein Elektron. Das Positron aus dem Protonzerfall annihiliert mit diesem Elektron in Photonen. Das Pion zerfällt ebenfalls in Photonen. Mit dem Zerfall der Protonen und der anschließenden Vernichtung von Materie und Antimaterie in Form von Positronen und Elektronen verschwindet die Materie-Antimaterie-Asymmetrie des Universums. Die Quark-Lepton-Symmetrie der großen Vereinigung zu einer Urkraft und der daraus resultierende Proton-Zerfall wären somit der Weg aus unserem asymmetrischen Universum aus Materie zurück in seinen symmetrischen Urzustand aus reiner Energie. Es würde zu einer leeren Blase voller Licht, also Photonen, Gravitationswellen – und Neutrinos.

Resümee

In diesem letzten Kapitel haben wir mögliche Szenarien für eine Zukunft des Universums skizziert. Die Sterne und Galaxien entwickeln sich zu Supergalaxien aus Schwarzen Löchern, Neutronensternen und kalten Sternen, die in einer Reliktstrahlung aus Licht und Neutrinos schwimmen. Die Schwarzen Löcher werden am Ende durch Hawking-

Strahlung verdampfen. Das Universum wird sich immer schneller ausdehnen, und zwar schneller als unser Beobachtungshorizont, sodass wir in absehbarer Zeit nur noch unsere Milchstraße überblicken. Ein sich ständig weiter ausdehnendes Universum würde dann entweder in einem „Big Rip“ zerreißen oder in der Stille eines „Big Freeze“ oder der Kälte eines „Big Chill“ enden. Falls es eine Urkraft gibt, würden alle Protonen zerfallen und das Universum als Lichtblase enden, in der einzig die Neutrinos ihre winzigen Massen behalten. Läge hierin vielleicht der Keim eines neuen oder sich ewig erneuernden Universums? Folgt auf Kälte und Finsternis die Geburt eines neuen Kosmos?

EPILOG

„Wir […] haben wahrlich Grund stolz zu sein, dass es uns gegeben ist, die unbegreiflich hohen Werke in treuer Arbeit langsam verstehen zu lernen. Und wir brauchen uns nicht im Geringsten beschämt zu fühlen, wenn dies nicht gleich im ersten Ansturm eines Ikarus-Fluges gelingt."

HERMANN VON HELMHOLTZ,
DIE THATSACHEN IN DER WAHRNEHMUNG (1879)

Das Universum ist voller ungelöster Rätsel. Den größten von ihnen ist dieses Buch gewidmet. Ausgehend von Emil du Bois-Reymonds Ende des 19. Jahrhunderts formulierten Welträtseln haben wir im ersten Teil des Buches zunächst das heutige Weltbild der Physik umrissen, beginnend mit dem Makrokosmos und seinen vielfältigen Strukturen bis zum Mikrokosmos und seiner Hierarchie elementarer Bausteine der Welt mit den Atomen, dem Atomkern und dem Elektron, den Nukleonen und schließlich den Quarks. Wir haben dabei vier fundamentale Wechselwirkungen, die zwischen den Elementarteilchen wirken, und ihre Kraftfelder kennengelernt. Auch haben wir gesehen, dass die Untersuchung der Bausteine der Welt zunehmend hinter der Dynamik der Felder zurücktritt – alles ist Feld, alles ist Kraft, alles ist Dynamik.

Im zweiten Teil wenden wir uns sieben Welträtseln von heute zu. Unser erstes Welträtsel fragt nach der Rolle von Raum und Zeit, die die Bühne für das physikalische Geschehen bilden, und den Zusammenhang mit der von Einstein als spukhaft bezeichneten quantenmechanischen Verschränkung in der Quantentheorie, die dem Quantencomputing ungeahnte Möglichkeiten eröffnet.

Das zweite Welträtsel betrifft das Inventar des Universums. Es besteht zu 95 % aus dunkler Energie und dunkler Materie. Der größte Teil des Universums ist also für uns nicht direkt sichtbar. Er liegt für uns im Dunkeln. Lediglich ein Rest von weniger als 5 % besteht aus Nukleonen mit einer Masse von jeweils knapp einem Giga-Elektronvolt. Deren statische Bausteine wiederum, die Quarks, haben eine Ruhemasse von nur wenigen Mega-Elektronvolt, also von wenigen Promille der Nukleonmasse. Den Rest bildet die Bindungsenergie der Quarks im Nukleon, die auf die starken Felder der Kernkraft zurückgeht, also auf reine Dynamik. Die Masse der Elektronen beträgt weniger als ein Promille der Masse der Nukleonen. Der Anteil der Bausteine des Standardmodells der Teilchenphysik am Inventar des Universums beträgt also weniger als ein Zehntausendstel! Der überwiegende Teil ist somit entweder Dynamik – oder dunkel, das heißt unbekannt. Die Neutrinos tragen maximal ein Promille zu diesem rätselhaften Universum bei. Der Fokus der Physik wird sich deshalb in Zukunft von den Bausteinen der Welt auf die Kräfte und Felder verlagern, die in unserer Welt herrschen. Oder in der Sprache der Physik: von den Fermionen auf die Bosonen. Gleichzeitig versucht die Supersymmetrie, den Unterschied zwischen Fermionen und Bosonen zu beseitigen, indem sie eine Welt entwirft, in der Bausteine und Kräfte gleichberechtigt behandelt werden. Auch wenn wir bisher noch keine Anzeichen von Supersymmetrie in der Natur gefunden haben, sollten wir diese Idee nicht aus den Augen verlieren.

Wir haben gesehen, in welch enormem Ausmaß unsere Welt für die Bildung komplexer und stabiler Strukturen des Universums und des Lebens eingerichtet ist. Ist die Welt für das Leben und für uns geschaffen? Leben wir in der besten aller Welten? Und leben wir in dieser Welt nicht auch in der besten aller Zeiten? Ist die Welt gerade jetzt in ihrem besten Alter? Diese Fragen bilden unser drittes Welträtsel. Eine erste Antwort darauf versucht das anthropische Prinzip zu geben. Eine äußerst gewagte Hypothese lautet: Unser Universum ist nur eines von unendlich vielen Universen in einem Multiversum. Und unsere Physik ist nur eine von vielen „Physiken“ einer alles umfassenden Meta-Physik – im Sinne von Aristoteles, der seine *Metaphysica* auf seiner *Physica* aufbaute. Die Idee, unser Universum sei nur eines unter vielen in einem Multiversum, ist genauso revolutionär wie die Idee von Kopernikus, unsere Erde sei nur ein Planet unter vielen im Universum. Oder Darwins Idee, wir Menschen seien nur eins unter vielen Tieren. Die Geschichte der Wissenschaft ist eine Geschichte der Entthronung des Menschen als Krone der Schöpfung. Wir sollten deshalb als Physiker offen bleiben für die Hypothese eines Multiversums und sie weiterverfolgen. Das betrifft auch die Fragen nach dem Ursprung des Lebens und dem Phänomen des Bewusstseins, die im Mittelpunkt unseres vierten Welträtsels stehen. Die Überwindung deterministischer Ansätze und die Nutzung von Computersimulationen als ein weiteres wissenschaftliches Werkzeug neben Theorie und Experiment haben hier für Durchbrüche gesorgt. Fest steht: Die Entwicklung künstlicher Intelligenz wird unser Leben verändern.

Richard Feynman soll einmal im Scherz geäußert haben, dass „Wissenschaftstheorie für Wissenschaftler ungefähr so nützlich [sei] wie Ornithologie für Vögel.“[30] Trotzdem sollte ein Wissenschaftler genau wie ein Arzt oder Handwerker darauf achten, sein Werkzeug in Ordnung zu halten. Wir müssen regelmäßig prüfen, ob die Werkzeuge unseres Denkens den Kriterien sauberen wissenschaftlichen Arbeitens genügen. Das ist für uns auch der Grund, weshalb wir uns im fünften und sechsten Welträtsel Fragen der Erkenntnistheorie widmen. Naturwissenschaft beruht wesentlich auf der Annahme, dass es objektiv gültige Gesetze gibt. Die Rolle der Gesetze sowohl bei der Entstehung als auch bei der Erforschung des Universums ist ein altes Problem der Erkenntnistheorie. Was stand am Anfang: Die Idee, das Gesetz, dem die Materie beim Urknall folgte? Oder sind die Materie und die Gesetze bloß ein Produkt unseres Denkens?

Oft unterstellen wir, dass die Gesetze einfach und schön sind. Aber ist das berechtigt? Kann dieser Glaube an die Schönheit der Natur und ihrer Gesetze nicht auch in die Irre führen? Welche Rolle spielt Hässlichkeit in der Natur? Ist die Suche nach einer Weltformel überhaupt sinnvoll? Diese Voraussetzungen unseres Denkens müssen wir klar benennen und kritisch hinterfragen. Wir sollten unsere Werkzeuge der Erkenntnis Hand in Hand mit dem Fortschritt der Physik weiterentwickeln, um unser Denken zu schärfen. Wissenschaftler müssen versuchen, die richtigen Fragen zu stellen und dürfen die fundamentalen Rätsel der Natur nicht unter den Teppich kehren, nur weil sie im Moment unlösbar erscheinen. Eine fundamentale Frage stammt aus der Antike: Warum ist etwas und nicht etwa nichts? Ex nihilo nihil fit, von Nichts wird nichts, sagte schon Aristoteles. Es ist eines der großen ungelösten Probleme der Physik, woher beim Urknall die unerhörte Energie kam, die die Felder und Teilchen im frühen Universum erzeugte und seine extrem schnelle Expansion bewirkte. Hier dürften skalare Felder eine entscheidende Rolle spielen.

Das ist ein entscheidendes Stichwort: In den letzten 500 Jahren standen die Kräfte und deren Vektorfelder im Fokus der Physik. Seit kurzem sind wir jedoch mit drei neuen fundamentalen skalaren Feldern konfrontiert: dem Higgs-Feld, dem Feld der dunklen Energie und einem skalaren Feld, das die Inflation oder Expansion des Universums nach dem Urknall ausgelöst haben könnte. Die im Rahmen unserer heutigen Theorien berechneten charakteristischen Energien dieser Felder wie die des Higgs-Feldes oder der dunklen Energie liegen um viele Größenordnungen über den beobachteten Werten. Diese skalaren Felder prägen nach spontanen Symmetriebrechungen die Vergangenheit, Gegenwart und Zukunft unseres Universums. Gerade für die ferne Zukunft unseres Universums, unser siebentes und letztes Welträtsel, ist die skalare dunkle Energie entscheidend. Wird die dunkle Energie die Welt so stark auseinandertreiben, dass sie in Kälte und Leere endet? Oder wird sie am Ende sogar Raum und Zeit zerreißen?

Wie dem auch sei: Wir stehen vor einer skalaren Ära in der Entwicklung der Physik. Deshalb müssen wir sowohl das Higgs-Feld in der Teilchenphysik als auch die dunkle Energie in der Kosmologie besser verstehen. Das gilt auch für die Gravitation. Mit den neuen Nachweismöglichkeiten von Gravitationswellen öffnet sich uns ein völlig neues Fenster in die Tiefen und in die Frühzeit des Universums. Ähnlich, wie uns der Klang einer Glocke verrät, ob sie einen Riss oder eine Beule hat, verraten uns die letzten gravitativen Seufzer verschmelzender Schwarzer Löcher unerhört viel Neues über ihre Eigenschaften und über die Geheimnisse der Schwerkraft. Gravitationswellen könnten sogar helfen, zurück bis an den Anfang der Welt zu blicken und die Planck-Ära kurz nach dem Urknall zu verstehen.

Was uns Menschen vom Tier unterscheidet, sind unser Bewusstsein und unser Drang, die Natur und uns selbst zu erkennen. Damit erkennt sich aber die Natur in unserem Bewusstsein selbst. Die Bibel beschreibt in der Schöpfungsgeschichte diese Bewusstwerdung als den Sündenfall: Der Mensch beißt in den Apfel vom Baum der Erkenntnis. Damit verliert der Mensch seine Unschuld, seine ursprüngliche Einheit mit der Natur und wird für immer aus dem Paradies vertrieben. Von nun an muss er im Schweiße seines Angesichts für sein Leben sorgen. Bertolt Brecht lässt seinen Galilei im gleichnamigen Theaterstück sagen: „Ein Apfel vom Baum der Erkenntnis! Er stopft ihn schon hinein. Er ist ewig verdammt, aber er muss ihn hineinstopfen, ein unglücklicher Fresser!“ So sind unser Bewusstsein und unser Forscherdrang zutiefst menschlich: Sie sind Lust und Laster zugleich. Aber unsere Neugier hat uns nicht nur tiefe wissenschaftliche Erkenntnisse ermöglicht. Wir nutzen die Wissenschaft auch, um die Natur zu beherrschen und uns zu Diensten zu machen. Sie hat eindrucksvolle technische Errungenschaften und unsere hochentwickelte Zivilisation hervorgebracht. Gleichzeitig zerstören wir allerdings immer schneller unsere Umwelt und damit unsere Lebensgrundlagen. Das ist eine große Gefahr, denn die Natur braucht uns nicht – wir brauchen sie!

Emil du Bois-Reymonds siebtes und letztes Welträtsel lautet: „Woher stammt der ‚freie', sich zum Guten verpflichtet fühlende Wille?" Dieser freie Wille gestattet es uns, unsere Welt zu bewahren – oder sie zu zerstören. Immanuel Kant hatte diese Freiheit bereits einhundert Jahre zuvor eingeschränkt: „Zwei Dinge erfüllen das Gemüt mit immer neuer und zunehmender Bewunderung und Ehrfurcht [...]: Der bestirnte Himmel über mir und das moralische Gesetz in mir." Wir hoffen, mit unserem Buch diese Ehrfurcht und Bewunderung vor dem bestirnten Himmel angeregt zu haben. Wir haben aber auch die tieferen physikalischen Ursachen für eine Welt beschrieben, die eine offene Zukunft hat und freien Willen ermöglicht. Nutzen wir unser Wissen und unsere Freiheit und bewahren wir unsere Welt, denn sie ist unser einzigartiges und unser einziges Zuhause.

DANKSAGUNG

Besonderer Dank geht an Dietmar Ebert, Werner Goldbaum, Johannes Knapp, Arnulf Möbius, Christian Spiering und Alexander Wolf für ihre Geduld und Sorgfalt bei der kritischen Durchsicht des Manuskripts und ihre zahlreichen hilfreichen Kommentare. Auch danken wir Edeltraud Heckmann und Sophie Hoffmann für ihre hilfreichen Einschätzungen aus Perspektive der Leserschaft. Ilja Bohnet dankt Ursula Bassler vom Strategy Advisory Board (SAB) der Helmholtz-Gemeinschaft für wertvolle Gespräche rund um die Teilchenphysik und Kosmologie. Thomas Naumann dankt der International Particle Physics Outreach Group (IPPOG) und dem European Particle Physics Communication Network (EPPCN) für viele anregende Diskussionen über die Kommunikation der Ideen der modernen Physik. Beide danken Rolf-Dieter Heuer für seine Unterstützung und das Grußwort zum Buch.

LITERATURHINWEISE

Welträtsel gestern und heute

Bohnet, Ilja: *Die 42 größten Rätsel der Physik*. Kosmos-Verlag, Stuttgart 2017.

du Bois-Reymond, Emil: *Die sieben Welträtsel*. Und: *Über die Grenzen des Naturerkennens*. In: *Reden, in zwei Bänden*, Hrsg.: Estelle du Bois-Reymond. Veit & Co., Leipzig 1912. Online in der Datenbank des Max-Planck-Instituts für Wissenschaftsgeschichte Berlin, ISSN 1866-4784, *https://vlp.mpiwg-berlin.mpg.de/references?id=lit37866*.

Haeckel, Ernst: *Die Welträtsel*. Contumax, Berlin 2016.

Helbig, Hermann: *Welträtsel aus Sicht der modernen Wissenschaften – Emergenz in Natur, Gesellschaft, Psychologie, Technik und Religion*. Springer, Berlin 2020.

Die Physik um 1900

Carroll, Sean: *Was ist die Welt und wenn ja, wie viele – Wie die Quantenmechanik unser Weltbild verändert*. Klett-Cotta, Stuttgart 2021.

Hawking, Stephen: *Das Universum in der Nußschale*. dtv Verlagsanstalt, München 2004.

Hermann, Dieter B.: *Das Urknall-Experiment – Auf der Suche nach dem Anfang der Welt*. Kosmos-Verlag, Stuttgart 2014.

Penrose, Roger: *The Road to Reality –A Complete Guide to the Laws of the Universe*. Knopf, New York 2007.

Wilczek, Frank: *Fundamentals – Die zehn Prinzipien der modernen Physik*. C.H. Beck, München 2021.

Der Makrokosmos und die Kosmologie

Greene, Brian: *Das elegante Universum – Superstrings, verborgene Dimensionen und die Suche nach der Weltformel*. Siedler Verlag, München 2000.

Guth, Alan: *Die Geburt des Kosmos aus dem Nichts – Die Theorie des inflationären Universums*. Droemer Knaur, München 2002.

Hawking, Stephen: *Eine kurze Geschichte der Zeit*. Rowohlt, Reinbek 2011.

Kragh, Helge: *Conceptions of Cosmos: From Myths To The Accelerating Universe –A History Of Cosmology*. Oxford University Press, Oxford 2013.

Peebles, P.J.E.: *Cosmology's Century – An Inside History of Our Modern Understanding of the Universe*. Princeton University Press, Princeton 2020.

Rees, Martin: *Vor dem Anfang – Eine Geschichte des Universums*. Fischer, Frankfurt am Main 2015.

Tonelli, Guido: *Genesis – Die Geschichte des Universums in sieben Tagen*. C.H. Beck, München 2020.

Vaas, Rüdiger: *Hawkings Kosmos einfach erklärt – Vom Urknall zu den Schwarzen Löchern*. Kosmos-Verlag, Stuttgart 2011.

Vaas, Rüdiger: *Hawkings neues Universum – Wie es zum Urknall kam*. Kosmos-Verlag, Stuttgart 2008.

Weinberg, Steven: *Die ersten drei Minuten – Der Ursprung des Universums*. dtv Verlagsgesellschaft, Stuttgart 1991.

Der Mikrokosmos und die Teilchenphysik

Barrow, John D.: *Das 1 × 1 des Universums – Neue Erkenntnisse über die Naturkonstanten*. Rowohlt, Reinbek 2006.

Rovelli, Carlo: *Die Wirklichkeit, die nicht so ist, wie sie scheint – Eine Reise in die Welt der Quantengravitation*. Rowohlt, Reinbek 2016.

Vaas, Rüdiger: *Jenseits von Einsteins Universum – Von der Relativitätstheorie zur Quantengravitation*. Kosmos-Verlag, Stuttgart 2016.

Vaas, Rüdiger: *Vom Gottesteilchen zur Weltformel – Urknall, Higgs, Antimaterie und die rätselhafte Schattenwelt*. Kosmos-Verlag, Stuttgart 2013.

Wilczek, Frank: *The Lightness of Being – Mass, Ether, and the Unification of Forces*. Basic Books, New York 2010.

Was sind Raum und Zeit?

Greene, Brian: *Der Stoff, aus dem der Kosmos ist – Raum, Zeit und die Beschaffenheit der Wirklichkeit*. Siedler Verlag, München 2004.

Hawking, Stephen, Penrose, Roger: *Was sind Raum und Zeit?* Klett-Cotta, Stuttgart 2021.

Randall, Lisa: *Verborgene Universen – Eine Reise in den extradimensionalen Raum*. Fischer, Frankfurt am Main 2008.

Rovelli, Carlo: *Und wenn es die Zeit nicht gäbe? Meine Suche nach den Grundlagen des Universums*. Rowohlt, Reinbek 2018.

Smolin, Lee: *Im Universum der Zeit – Auf dem Weg zu einem neuen Verständnis des Kosmos*. Deutsche Verlags-Anstalt, Stuttgart 2014.

Vaas, Rüdiger: *Tunnel durch Raum und Zeit – Von Einstein zu Hawking: Schwarze Löcher, Zeitreisen und Überlichtgeschwindigkeit.* Kosmos-Verlag, Stuttgart 2012.

Woraus besteht das dunkle Universum?

Halpern, Paul: *Edge of the Universe – A Voyage to the Cosmic Horizon and Beyond.* John Wiley & Sons, Hoboken 2012.

Pauldrach, Adalbert: *Dunkle kosmische Energie – Das Rätsel der beschleunigten Expansion des Universums.* Spektrum Akademischer Verlag, Heidelberg 2010.

Randall, Lisa: *Dunkle Materie und Dinosaurier – Die erstaunlichen Zusammenhänge des Universums.* Fischer, Frankfurt am Main 2018.

Silk, Joseph: *The Infinite Cosmos – Questions from the Frontiers of Cosmology.* Oxford University Press, Oxford 2008.

Spektrum Kompakt: *Dunkle Energie: Rätselhafter Antrieb des expandierenden Universums.* Spektrum der Wissenschaft, Heidelberg 2019.

Spektrum Kompakt: *Dunkle Materie: Die Suche nach dem Unsichtbaren.* Spektrum der Wissenschaft, Heidelberg 2015.

Leben wir in der besten aller Welten?

Barrow, J. D., Tipler, F.: *The Anthropic Cosmological Principle.* Oxford University Press, Oxford 1988.

Barrow, John D.: *Das Buch der Universen.* Campus Verlag, 2011.

Carr, Bernard (Hrsg.): *Universe or Multiverse?* Cambridge University Press, Cambridge 2007.

Davies, Roger et al. (Ed.s): *Fine-Tuning in the Physical Universe.* Cambridge University Press, Cambridge 2020.

Greene, Brian: *Die verborgene Wirklichkeit – Paralleluniversen und die Gesetze des Kosmos.* Siedler Verlag, München 2012.

Gribbin, John, Rees, Martin: *Cosmic Coincidences.* CreateSpace, 2015.

Gribbin, John: *In Search of the Multiverse – Parallel Worlds, Hidden Dimensions, and the Ultimate Quest for the Frontiers of Reality.* John Wiley & Sons, Hoboken 2010.

Kaku, Michio: *Im Paralleluniversum – Eine kosmologische Reise vom Big Bang in die 11. Dimension.* Rowohlt, Reinbek 2011.

Rees, Martin: *Das Rätsel unseres Universums – Hatte Gott eine Wahl?* dtv Verlagsanstalt, München 2006. Englisch: *Just Six Numbers.*

Rees, Martin: *Our Cosmic Habitat.* Princeton University Press, Princeton 2017.

Stenger, Victor: *God and the Multiverse – Humanity's Expanding View of the Cosmos.* Prometheus Books, Buffalo 2014.

Susskind, Leonard: *The Cosmic Landscape – String Theory and the Illusion of Intelligent Design.* Little Brown & Co, 2005.

Tegmark, Max: *Unser mathematisches Universum – Auf der Suche nach dem Wesen der Wirklichkeit.* Ullstein, Berlin 2016.

Was ist der Ursprung des Lebens?

Eigen, Manfred, Winkler, Ruthild: *Das Spiel – Naturgesetze steuern den Zufall.* Piper, München/Zürich 1975.

Eigen, Manfred: *Molekulare Selbstorganisation und Evolution.* Die Naturwissenschaften, Band 58 (10), S. 465–523, Springer, Berlin/Heidelberg 1971.

Greene, Brian: *Bis zum Ende der Zeit – Der Mensch, das Universum und unsere Suche nach dem Sinn des Lebens.* Siedler Verlag, München 2020.

Monod, Jacques: *Zufall und Notwendigkeit – Philosophische Fragen der modernen Biologie.* Piper, München/Zürich 1971.

Nørretranders, Tor: *Spüre die Welt. Die Wissenschaft des Bewusstseins.* Rowohlt, Reinbek bei Hamburg 1997.

Penrose, Roger et al.: *Consciousness and the Universe – Quantum Physics, Evolution, Brain & Mind.* Cosmology Science Publishers, Cambridge 2017.

Prigogine, Ilya, Stengers, Isabelle: *Dialog mit der Natur*. Piper, München/Zürich 1993.

Prigogine, Ilya: *Vom Sein zum Werden*. Piper, München/Zürich 1992.

Smolin, Lee: *The Life of the Cosmos*. Oxford University Press, Oxford 1999.

von Ditfurth, Hoimar: *Im Anfang war der Wasserstoff.* DTV, München 1997.

Gibt es ein Gesetz hinter den Dingen?

Halpern, Paul: *The Great Beyond – Higher Dimensions, Parallel Universes and the Extraordinary Search for a Theory of Everything.* John Wiley & Sons, Hoboken 2005.

Kaku, Michio: *Die Gottes-Formel – Die Suche nach der Theorie von Allem*. Rowohlt, Reinbek 2021.

Kragh, Helge: *Higher Speculations – Grand Theories and Failed Revolutions in Physics and Cosmology*. Oxford University Press, Oxford 2015.

Krauss, Lawrence: *Ein Universum aus Nichts: … und warum da trotzdem etwas ist.* Penguin, München 2018.

Ist Schönheit ein Kriterium der Wahrheit?

Herrmann, Dieter B.: *Die Harmonie des Universums – Von der rätselhaften Schönheit der Naturgesetze.* Kosmos-Verlag, Stuttgart 2017.

Hossenfelder, Sabine: *Das hässliche Universum – Warum unsere Suche nach Schönheit die Physik in die Sackgasse führt.* Fischer, Frankfurt am Main 2018.

Wilczek, Frank: *A Beautiful Question – Finding Nature's Deep Design.* Penguin, München 2016.

Was ist die Zukunft des Universums?

Mack, Katie: *Das Ende von allem – astrophysikalisch betrachtet.* Piper, München 2021.

Pauldrach, Adalbert: *Das Dunkle Universum – Der Wettstreit Dunkler Materie und Dunkler Energie – Ist das Universum zum Sterben geboren?* Springer, Berlin 2017.

Penrose, Roger: *Zyklen der Zeit – Eine neue ungewöhnliche Sicht des Universums.* Springer Spektrum, 2012.

PHYSIKALISCHE EINHEITEN

Maßeinheiten

In der Teilchenphysik wird die Energie in Elektronvolt (eV) angegeben. Das ist jene Energie, die ein Teilchen mit der elektrischen Elementarladung des Elektrons erhält, wenn es eine Spannungsdifferenz von einem Volt durchläuft. In einer Röntgenröhre werden die Elektronen bis auf über 0,1 Mega-Elektronvolt oder MeV beschleunigt. Die Umrechnung von Masse und Energie erfolgt gemäß Einsteins Formel $E = m c^2$. In diesen Einheiten hat ein Elektron eine Ruhemasse von 0,5 MeV/c^2. Die konstante Lichtgeschwindigkeit c wird häufig der Einfachheit halber gleich eins gesetzt, sodass sowohl Masse als auch Energie und Impuls in Elektronvolt angegeben werden. Ein Proton hat dann eine Ruhemasse von knapp 1 Giga-Elektronvolt oder GeV. Der LHC am CERN beschleunigt Protonen auf eine Energie von 7 Tera-Elektronvolt oder TeV, also 7000 GeV. Außerdem vermittelt die Boltzmann-Konstante k über die Formel $E = k \cdot T$ den Zusammenhang zwischen Temperatur T und Energie E. Der Energie von einem Elektronvolt entspricht eine Temperatur von 11.605 Kelvin.

Planck-Einheiten

Max Planck versuchte 1899 kurz vor der Einführung seines Wirkungsquantums ein natürliches System physikalischer Maßeinheiten zu schaffen, das ohne willkürliche Maßeinheiten wie das in Paris lagernden Urmeter oder das Urkilogramm oder die Sekunde auskommen sollte. Er suchte ein Einheiten-System, das sich ausschließlich auf fundamentale Naturkonstanten gründete und wählte:

› die Gravitationskonstante G für die Gravitation,
› die Lichtgeschwindigkeit c für die Elektrodynamik sowie
› die Boltzmann-Konstante k_B für die Wärmelehre.

Dabei bemerkte er, dass ihm für dieses Projekt eine weitere Konstante von der Dimension einer Wirkung fehlte und führte diese daraufhin ein. Kurze Zeit später benutzte er in seiner berühmten Strahlungsformel, die die Quantentheorie begründen sollte, eine solche kleinste Wirkung – das später nach ihm benannte Wirkungsquantum h. Heute wird meist das sogenannte reduzierte Wirkungsquantum $\hbar = h/2\pi$ verwendet. Max Plancks Idee, ein natürliches Maßeinheitensystem zu schaffen, hat ihm gewiss das Finden seiner Strahlungsformel erleichtert.

Die Formeln für die Planck-Einheiten und ihre Werte sind:

Planck-Länge	$l_{Pl} = \sqrt{\hbar G/c^3} = 1{,}6 \times 10^{-35}$ m
Planck-Zeit	$t_{Pl} = \sqrt{\hbar G/c^5} = 5{,}4 \times 10^{-44}$ s
Planck-Masse	$m_{Pl} = \sqrt{\hbar c/G} = 2{,}2 \times 10^{-8}$ kg
Planck-Energie	$E_{Pl} = m_{Pl}\, c^2 = 1{,}2 \times 10^{19}$ GeV
Planck-Temperatur	$T_{Pl} = E_{Pl}/k_B = 1{,}4 \times 10^{32}$ K

Zum Vergleich: Die Planck-Energie entspricht 534 kWh und damit dem Fünffachen der Ladung der aktuell größten Akkus von Elektroautos. Die Planck-Masse von 22 Mikrogramm entspricht dem Fünffachen des Gewichts einer menschlichen Eizelle. Beides ist gewaltig für Größen aus der Mikrowelt.

ORIGINALZITATE

Aufgeführt sind die Originalzitate, für die den Autoren keine verbindlichen Übersetzungen zur Verfügung standen.

1 – „We have reached a milestone in our understanding of nature. The discovery of a particle consistent with the Higgs boson opens the way to more detailed studies [...] and is likely to shed light on other mysteries of our universe." (Rolf-Dieter Heuer, *Press Release of CERN*, 2012)

2 – „Nambu [...] introduced the idea that what we perceive as empty space is, to a deeper vision, a medium that complicates the motion of matter we observe." (Frank Wilczek, *Physics World*, 2015)

3 – „It may be also allowed, that god is able to vary the laws of Nature, and make sorts of several parts and several sorts of the Universe." (Isaac Newton, *Opticks*, 1704)

4 – „[A]nd when they are shown that there are strong reasons for thinking that man is the unique and supreme product of this vast universe, they will see no difficulty in going a little further, and believing that the universe was actually brought into existence for this very purpose." (Alfred R. Wallace, *Man's Place in the Universe*, 1903)

5 – „Stating that the Universe (and hence the fundamental parameters on which it depends) must be such as to admit the creation of observers within it at some stage." (Brandon Carter, *Large Number Coincidences and the Anthropic Principle in Cosmology*, 1974)

6 – „It is not only that man is adapted to the universe. The universe is adapted to man. Imagine a universe in which one or another of the fundamental dimensionless constants of physics is altered by a few percent one way or the other? Man could never come into being in such a universe. That is the central point of the anthropic principle. According to this principle, a life-giving factor lies at

the centre of the whole machinery and design of the world.“ (John A. Wheeler, Foreword in: *The Anthropic Cosmological Principle* (John D. Barrow et al.), 1986)

7 – „If the anthropic effect works for the cosmological constant, maybe that's the answer with the Higgs mass – maybe it's got to be small for anthropic reasons.“ (Steven Weinberg, *CERN Courier*, 4. März 2021)

8 – „[as] an irrational process that cannot be described in scientific terms.“ (Helge Kragh quoting Fred Hoyle in: *Cosmology and Controversy*, 1999)

9 – „To create a picture in the mind of the listener, Hoyle had likened the explosive theory of the universe's origin to a ‚big bang'.“ (Simon Mitton, Fred Hoyle: *A Life in Science*, 2011)

10 – „It has been claimed that a multi-domain universe is the inevitable outcome of physical processes that generated our own expanding region from a primordial quantum configuration; they would therefore have generated many other such regions.“ (George Ellis, *Multiverses, Uniqueness, description and testing*, in: *Universe or Multiverse*, 2007)

11 – „The challenge I pose to multiverse proponents is: Can you prove that unseeable parallel universes are vital to explain the world we do see? And is the link essential and inescapable? As skeptical as I am, I think the contemplation of the multiverse is an excellent opportunity to reflect on the nature of science and on the ultimate nature of existence: why we are here… In looking at this concept, we need an open mind, though not too open. It is a delicate path to tread. Parallel universes may or may not exist; the case is unproved. We are going to have to live with that uncertainty. Nothing is wrong with scientifically based philosophical speculation, which is what multiverse proposals are. But we should name it for what it is.“ (George Ellis, *Does the Multiverse Really Exist?*, 2011)

12 – „Our entire universe is an oasis within the multiverse.“ (Martin Rees, *Just Six Numbers*, 1999)

13 – „[...] the string landscape may explain how the constants of nature that we observe can take values suitable for life without being fine-tuned by a benevolent creator.“ (Steven Weinberg, *Living in the Multiverse*, in: *Universe or Multiverse*, 2007)

14 – „What is Truth? said jesting Pilate; and would not stay for an answer.“ (Francis Bacon, *Essay Of Truth*, 1625)

15 – „My advice [...] is not to rely on abstract reason, but to decipher the secret language of Nature from Nature's documents, the facts of experience.“ (Max Born, *Experiment and Theory in Physics*, 1943)

16 – „One would be surprised if Nature had made no use of it.“ (Paul Dirac, *Proc. Royal Soc. London A133*, 1931)

17 – „It is more important to have beauty in one's equations than to have them fit experiment. [...] It seems that if one is working from the point of view of getting beauty in one's equations, and if one has really a sound insight, one is on a sure line of progress.“ (Paul Dirac, *The evolution of the Physicist's Picture of Nature*, 1963)

18 – „Nature has a great simplicity and, therefore, a great beauty.“ (Richard Feynman, *The Character of Physical Law*, 1965)

19 – „My work always tried to unite the true with the beautiful; but when I had to choose one or the other, I usually chose the beautiful.“ (Subrahmanyan Chandrasekhar, *Beauty and the quest for beauty in science*, 1979)

20 – „Do you believe in God? Prepaid reply fifty words.“ (Telegrammed question of New York's Rabbi Herbert S. Goldstein, 1929)

21 – „Fundamental physical laws are described in terms of a mathematical theory of great beauty and power.“ (Paul Dirac, 1963)

22 – „God is a mathematician of very high order and he used very advanced mathematics in constructing the Universe.“ (Paul Dirac, 1963)

23 – „Matter tells space how to bend. Space tells matter how to move.“ (Charles W. Misner, Kip S. Thorne, John A. Wheeler, *Gravitation*, 1973)

24 – „We believe that nature is best described in equations that are as simple, beautiful, compact and universal as possible.“ (Leon Lederman, *The God particle et al.*, 2007)

25 – „There is no excellent beauty which has no strangeness in the proportion.“ (Francis Bacon, *The Works of Lord Bacon*, 1854)

26 – „The fundamental equations of physics have more symmetry than the actual physical world does.“ (Frank Wilczek, *Fantastic Realities*, 2006)

27 – „Beauty is a very successful criterion for selecting the right theory. […] A beautiful or elegant theory is more likely to be right than a theory that is inelegant.“ (Murray Gell-Mann, *Beauty, truth and … physics?*, 2007)

28 – „The beauty of physical law is too impressive to be accidental.“ (Frank Wilczek, *Why Is Physics Beautiful?*, 2015)

29 – „We have an ‚anthropic‘ explanation of the laws' beauty: If they were not beautiful, we would not have found them.“ (Frank Wilczek, *What are charms of physics?*, 215)

30 – „Philosophy of science is about as useful to scientists as ornithology is to birds.“ (Richard Feynman zugeschrieben, beispielsweise von Steven Weinberg in: *Dreams of a Final Theory*, 1994)

SACH- UND PERSONENREGISTER

A

Abbott, Edwin 121
Aberration 31
AdS-CFT-Äquivalenz 131
Alpha Centauri 194
Alpha-Strahlung 82
Alpha-Teilchen 68
Alvarez, Luis 73
Anderson, Carl 69
Andromeda-Galaxie 241
Anthropisches Prinzip 167, 171, 175, 250
Antimaterie 69, 81, 116, 206
Antiteilchen 107
Anti-Wasserstoff 76
Aristoteles 18
Arkani-Hamed, Nima 168
Aspect, Alan 129
Asymmetrie 226
Äther 30, 94, 146, 150
Atommodell 36, 68
Auger, Pierre 59

B

Baryonen 72, 137, 163, 246
Baryonische akustische Oszillationen 45, 158
Becquerel, Henri 33, 205
Bell, Stewart John 129
Bellsche Ungleichungen 129
Beta-Strahlung, Beta-Zerfall 82
Bethe, Hans 204
Bewusstsein 189
Bifurkationspunkt 181
Big Bang 170
Big Chill 245
Big Crunch 156, 158, 245
Big Freeze 245
Big Rip 158, 244
Blasenkammer 72
Bohr, Niels 36, 38, 68
Bois-Reymond, Emil du 12, 13, 21, 178
Boltzmann, Ludwig 27, 104, 115
Boltzmann-Konstante 90
Born, Max 208
Bose, Satyendranath 83
Boson 84, 86, 142, 250
Brahe, Tycho 151
Broglie, Louis de 38
Bunsen, Robert Wilhelm Eberhard 30

C

Carr, Bernard 175
Carroll, Sean 173
Carter, Brandon 167
CAST (CERN Axion Solar Telescope) 140
Chadwick, James 69
Chandrasekhar, Subrahmanyan 229
Chaos 182, 189, 221, 231
Clarke, Arthur C. 197
Confinement 73, 92
Coulomb, Charles Augustin de 29
CPT-Theorem 107
Cronin, James 107
Curie, Marie und Pierre 82, 205

D

da Vinci, Leonardo 227
Dalton, John 169
Darwin, Charles 167, 185
Descartes, René 212
DESY (Deutsches Elektronen-Synchrotron) 78
Determinismus 38, 180
Dewdney, Alexander 121
Dirac, Paul 38, 229, 234
DNS/DNA 183, 184, 188
Doppelspaltexperiment 126
Dreikörperproblem 181
Dunkle Ära 62
Dunkle Energie 43, 53, 137, 157, 250

Dunkle Materie 42, 64, 135, 137, 250
Dynamik 250
Dyson, Frank 35
Dyson, Freeman 219

E
$E = mc^2$ 35
Eddington, Arthur Stanley 35
Ehrenfest, Paul 123
EHT (Event Horizon Telescope) 55
Eichinvarianz 104
Eichsymmetrie 104
Einstein, Albert 17, 33, 103, 126, 150, 199, 206, 215, 230
Einstein-Podolsky-Rosen-Paradoxon 129
Eisdiele 73
Élan vital 178
Elektrodynamik 24, 113, 180
Elektromagnetismus 29, 85, 215
Elektron 33, 75, 97, 161
Elektronvolt 76
Elementarteilchen 134, 216
Elemente, chemische 67
Ellis, George 172
Emergenz 115
Englert, François 94
Entropie 27, 28, 114, 182
Enzensberger, Hans Magnus 174
Ereignishorizont 54, 56
Erhaltungsgröße 102
Erkenntnistheorie 200
Euler, Leonhard 180
Evolution, kosmische 116
Exoplanet 194

F
Faraday, Michael 29
Farbladung 84
Feinstrukturkonstante 87
Feld, Begriff 29
Fermi, Enrico 70, 82, 87, 193
Fermi-Gammastrahlenteleskop 145
Fermi-Konstante 87
Fermionen 74, 76, 84, 142, 250
Fernwirkung, spukhafte 126
Feynman, Richard 83, 176, 229
Fitch, Val 107
Ford, Kent 42
Franklin, Rosalind 183
Fraunhofer, Joseph von 30
Friedmann, Alexander A. 42
Friedmann-Gleichung 42
Fritzsch, Harald 73

G
Galaxie M 87 55, 56
Galaxie 241
Galaxis 40
Galilei, Galileo 19, 208
Gamma-Strahlung 82
Gamow, George 41
Gedächtnis 191
Geiger, Hans 68
Geim, Andre 122
Gell-Mann, Murray 71, 238
Gesetz 199, 221
Gezeiten 54
Glaser, Donald 73
Gluon 84, 91
Gödel, Kurt 210, 220
Goethe, Johann Wolfgang von 240
Goldstein, Israel 230
Graphen 122
Gravitation 43, 61, 81, 90138, 146, 157, 212, 215
Gravitationsgesetz 25
Gravitationsgleichungen 119
Gravitationskollaps 40
Gravitationskonstante 86, 146, 157
Gravitationslinse 58
Gravitationswellen 35, 48, 54, 58, 60, 243, 253
Graviton 85, 86
Gross, David 99
Grundzustand 100

GUT (Grand Unified Theory) 88
Guth, Alan 48

H
Habitable Zone 194
Hadronen 74, 105
Haeckel, Ernst 22
Hahn, Otto 70
Harmonie 150
Hawking, Stephen 57, 166, 219, 220
Hawking-Strahlung 57, 243
Hayabusa 2 188
Heisenberg, Werner 38, 188, 216, 226, 233
Heisenbergsche Unschärferelation 222
Helium 116
Heliumhydrid-Ion 63
Helmholtz, Hermann von 21, 178, 249
Helmholtz-Maschine 192
Hess, Victor 59
Heuer, Rolf-Dieter 9
Higgs, Peter 94, 96
Higgs-Boson 9, 91, 96, 147
Higgs-Feld 91, 96, 147, 208, 237, 243, 252
Higgs-Mechanismus 97
Hintergrundstrahlung 41, 45, 135
Hohlraumstrahlung 36
Hologramm 130
Hoyle, Fred 169
Hubble, Edwin 41
Hubble-Parameter 41, 157, 244
Hydrodynamik 186

I
Inflation, kosmische 47, 243
Inflaton-Feld 49, 148, 170, 243
Interferenz 126
Invarianz 102
Isospin

J
James Webb Space Telescope 64

K
KAGRA 61
Kaluza, Theodor 215
KamLAND 205
Kant, Immanuel 112, 120
KATRIN (Karlsruhe Tritium Neutrino Experiment) 136
Kepler, Johannes 19, 151, 214, 232
Keplersche Gesetze 151, 214
Kernfusion 204
Kernphysik 70
Kirchhoff, Gustav Robert 30
Klein, Oskar 215
Klitzing, Klaus von 121
Kohlenstoff 69
Kolb, Edward W. 138
Kopenhagener Interpretation 126
Kopernikanisches Prinzip 43, 193
Kosmische Strahlung 59, 69, 70
Kosmologie 40
Kosmologische Konstante 41, 53, 161, 206, 235
Kosmos 224, 231
Künstliche Intelligenz 190

L
Lambda-CDM-Modell 47
Laplace, Pierre-Simon 20, 180, 219
Laplacescher Dämon 20, 25
Lederman, Leon 73
Lee, Tsung-Dao 106
Leibniz, Gottfried Wilhelm 165, 180
Lem, Stanislaw 196
Lemaître, Georges 41
Leptonen 74, 246
Lepto-Quark 217
LHC (Large Hadron Collider) 79
Lichtgeschwindigkeit 34
LIGO (Laser Interferometer Gravitational-

Wave Observatory) 58, 61
Linde, Andrei 48
LISA (Laser Interferometer Space Antenna) 48, 55
Lokale Gruppe 241
Lorentz, Hendrik 34
Lorentz-Invarianz 212
Lorentz-Transformation 35
Lüders, Gerhart 107

M
Madsen, Ernest 68
Makrokosmos 18, 40
Makromolekül 188
Maldacena, Juan 131
Mandelbrot, Benoît 187, 204
Mandelbrot-Menge 187
Marx, Karl 208
Maßeinheiten 261
Materie 68
Materie-Antimaterie-Asymmetrie 155
Matrizenmechanik 233
Maxwell, James Clerk 29, 180
Maxwell-Gleichungen 62, 105
Mechanik, klassische 24, 180
Mechanik, statistische 26
Meer, Simon van der 85
Meitner, Lise 70
Mendelejew, Iwanowitsch 67
Mesonen 74
Michell, John 211
Michelson, Albert A. 24, 31
Mikrokosmos 18, 67
Milchstraße 40
Minkowski, Hermann 111
Morley, Edward W. 31
Morus, Thomas 219
Multi-Messenger-Astronomie 59, 134
Multiversum 166, 169, 242, 250
Myon 69, 78

N
Nambu, Yoichiro 98
Naturkonstante 155
Neddermeyer, Seth 69
Neumann, John von 225
Neutrino 69, 75, 82, 135, 161, 196
Neutrino-Oszillationen 218
Neutron 69, 161
Newtonsches Gesetz 25
Newton, Isaac 14, 19, 164, 180, 214
Noether, Emmy 102
Novoselov, Konstantin 122
Nüsslein-Volhard, Christiane 187

O
Ockham, Wilhelm von 209
Olbers, Wilhelm 203
Olbers-Paradoxon 203

P
Parallelenaxiom 120
Paralleluniversen 172
Paritätsverletzung 106
Pasteur, Louis 179
Pauli, Wolfgang 69, 107, 213
Pauli-Prinzip 76, 142
Pechblende 205
Pendel 112
Penzias, Arno 41
Periodensystem der Elemente 67
Periodensystem 104
Perlmutter, Saul 43
Phasenübergang 49
Phosphin 195
Photoelektrischer Effekt 33
Photon 91, 163
Photosphäre 62
Physik, klassische 24
Pilatus, Pontius 207
Pion 71, 246
Planck, Max 22, 32
Planck-Einheiten 262
Planck-Länge 118
Plancksches Wirkungsquantum 32, 90
Planck-Skala 89, 110
Planck-Zeit 52, 117

Planet 193, 236
Planetenbahn 151
Platonische Körper 151
Podolsky, Boris 129
Poincaré, Henri 26, 181
Polchinski, Joe 131
Politzer, David 99
Popper, Karl 171, 211
Positron 69, 246
Prigogine, Ilya 178, 186, 189, 221
Primzahl 202
Protogalaxie 63
Proton 12, 97, 161, 246

Q
Qualia-Problem 190
Quant 32
Quantenchromodynamik 216
Quanten-Computing 130
Quantenelektrodynamik 38, 83
Quantenfluktuationen 48, 90, 110, 118, 170
Quantengravitation 117, 131
Quanten-Hall-Effekt 121
Quantenmechanik 176, 222
Quantentheorie 36, 38
Quark 71, 72, 74, 92, 97
Quark-Lepton-Symmetrie 78, 103
Qubit 130
Quintessenz 30, 43, 53, 146, 150

R
Rabi, Isidor Isaac 67, 70
Radioaktivität 33, 82, 205
Rationalismus 200
Raumdimensionen 125, 162
Raumkrümmung 45, 46, 50, 119
Raumzeit 36, 132
Rees, Lord Martin 175
Relativitätstheorie 33, 34, 40, 206, 234
Richter, Burton 73
Riemann, Bernhard 123
RNA 188
Röntgen, Conrad Wilhelm 33
Röntgenstrahlung 33
Rosen, Nathan 129
Rosenthal-Schneider, Ilse 229
Rotverschiebung 139
Rubbia, Carlo 85
Rubin, Vera 42, 138
Rucker, Rudy 123
Rutherford, Ernest 68

S
Sacharow, Andrej 107
Sagittarius A* 56
Sakar, Subir 43
Schiaparelli, Giovanni 195
Schmidt, Brian 43
Schmierinfektion 188
Schönheit 224
Schrödinger, Erwin 38, 233
Schrödingergleichung 113
Schwache Kraft 85
Schwarzer Körper 32
Schwarzes Loch 54, 57, 60, 140, 242
Schwarzschild, Karl 56
Schwarzschild-Lösung 56
Schwarzschildradius 211
Schwerkraft *siehe Gravitation*
Schwinger, Julian 83
SETI 196
Silk, Joseph 173
Sitter, Willem de 131
SKA (Square Kilometre Array) 55
Skalare Ära 146, 253
Skalares Feld 92, 98, 146, 238, 252
Smolin, Lee 175
SOFIA (Flugzeugsternwarte) 63
Sommerfeld, Arnold 80, 228
Sonne 62, 160, 194, 204
Sonnenfinsternis 35, 165
Spiegelkern 105
Spiegelsymmetrie 101

Spiegelwelt 143
Spin 76, 86
Standardmodell (der Teilchenphysik) 101
Starke Kraft 85
Steady-State-Theorie 169
Stringtheorie 118, 125, 171
SU-Gruppen 108
Super-Kamiokande-Experiment 246
Supernova 139, 193
Super-String 217
Supersymmetrie 142, 217, 246, 250
Susskind, Leonard 170
Sutherland, John 188
Symmetrie 101
Symmetriebrechung 94, 98, 163, 237
System, deterministisches 24

T
t'Hooft, Gerald 99
Teilchenphysik 67, 70
Teilchenzoo 71
Tengherlini, Frank R. 124
Theory of Everything 174
Thermodynamik 24, 26, 180
Thomson, Joseph Hohn 33
Ting, Samuel 73
Tomonaga, Joichi 83
Turing, Alan 190
Turing-Test 190

U
Universum 12, 154, 203
– Dichte 135, 158
– dunkles 134
– Entwicklung 44, 50
– Inventar 140
– Massenbilanz 137
– Zukunft 240
Unschärferelation 38
Urknall 42, 43, 52, 89, 110, 117, 148, 155, 169, 242
Urkraft 88, 89, 218

V
Vektorfeld 93
Veltman, Martinus 99
Verschränkung 128, 233
Virgo-Superhaufen 242
Virtuelle Teilchen 222
Virus 186
Vitruvianischer Mensch 227, 228

W
Wahrheit 207, 224
Wallace, Alfred Russell 167
Wärmetod 116, 179
Wasserstoff 69, 116
W-Boson 85, 94
Wechselwirkungen 80
Weinberg, Steven 88, 97, 167, 175
Weißer Zwerg 141, 241
Weizsäcker, Carl Friedrich 204
Welle-Teilchen-Dualismus 126
Weltformel 174, 213
Welträtsel 17, 21, 111
Weyl, Hermann 215, 230
Wheeler, John Archibald 119, 167, 235
Wilczek, Frank 99, 238
Wilson, Robert Woodrow 41
WIMP (Weakly Interacting Massive Particle) 143, 145
Wittgenstein, Ludwig 203, 221
Wu, Chien-Shiung 106
Wurmloch 174

XYZ
XENON-Detektor 145
Yang, Chen Ning 105, 106
Yukawa, Hideki 83
Zahlentheorie 202
Z-Boson 79, 85, 94
Zeilinger, Anton 129
Zeit 112
Zeitpfeil 115
Zelle 186
Zwergstern 194
Zwicky, Fritz 42